2012年6月,由国家发展改革委推荐,陈光辉董事长赴联合国可持续发展大会(里约+20峰会)进行技术交流

2019年6月20日,陈光辉董事长受邀参加"中巴经济走廊高峰论坛"

6月20日下午,巴基斯坦总理伊姆兰·汗在巴基斯坦议会大厦,会见了出席"中巴经济走廊高峰论坛"的蓝迪国际智库专家委员会主席赵白鸽及蓝迪企业代表团

2019年6月21日,陈光辉董事长在"中巴经济走廊高峰论坛"上做"多功能大循环农业将大有可为"主旨演讲

2019年6月19日,陈光辉董事长参加巴基斯坦农业研究理事会技术交流与座谈

2019年6月19日,陈光辉董事长参加巴基斯坦战略研究所技术交流与座谈

多维生态农业发展规划图

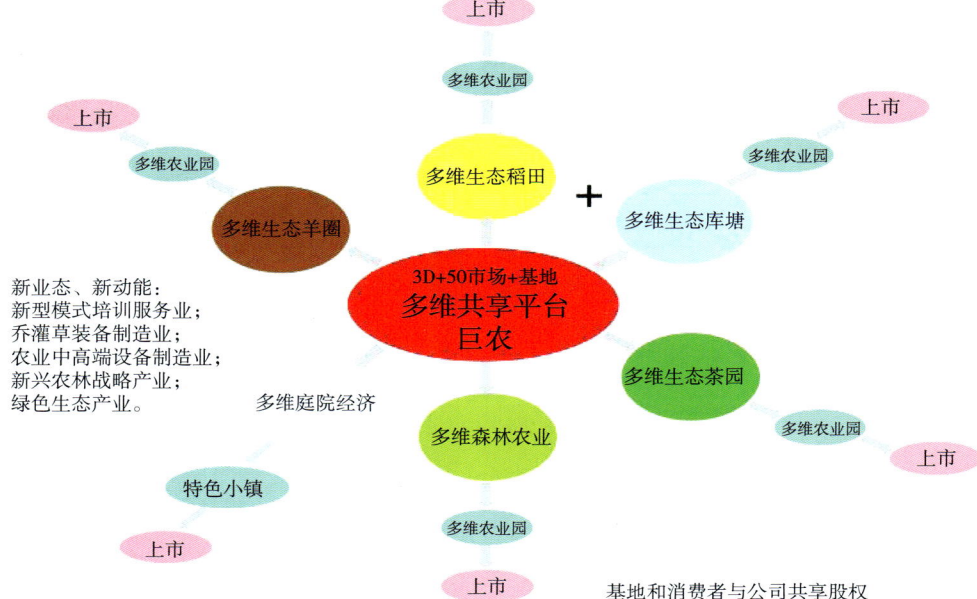

构建面积群体最大的6种新型农业模式：产—供—消全链绿色闭环大循环

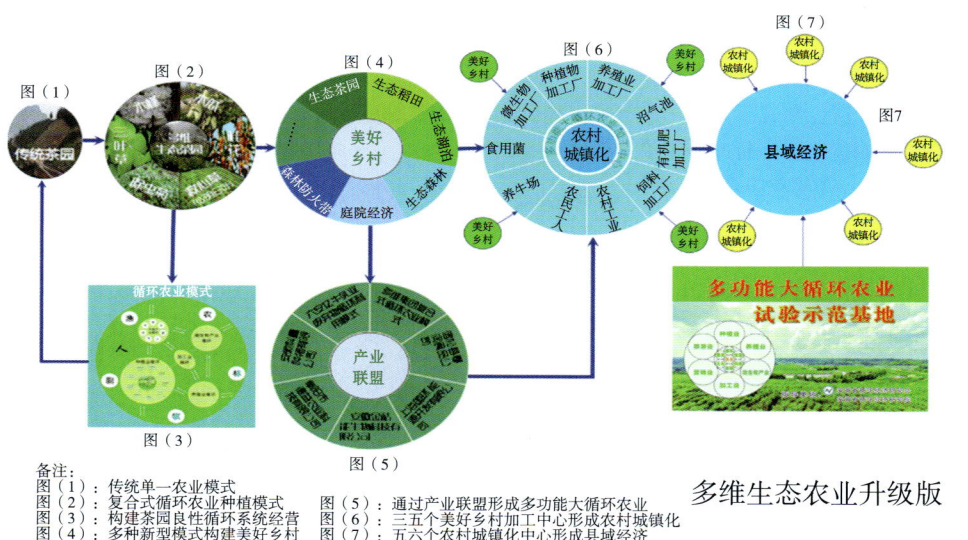

备注：
图（1）：传统单一农业模式
图（2）：复合式循环农业种植模式
图（3）：构建茶园良性循环系统经营
图（4）：多种新型模式构建美好乡村
图（5）：通过产业联盟形成多功能大循环农业
图（6）：三个美好乡村加工中心形成农村城镇化
图（7）：五六个农村城镇化中心形成县域经济

多维生态农业升级版

探索解决"三农"问题的新思路

人工智能多维生态茶园

人工智能多维生态稻田

山区草原县域、区域经济发展规划和实施方案

室内外生态康养植物

中草药防治病虫害植物

探索中国农业绿色发展新思路

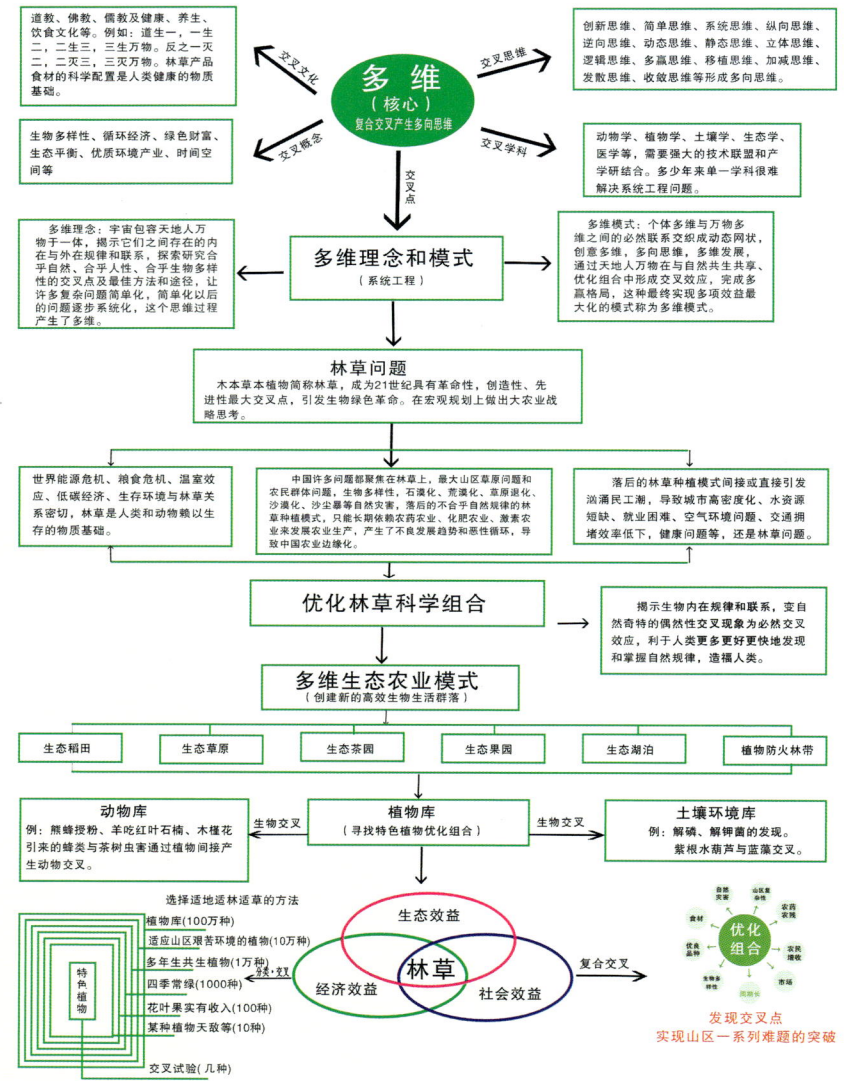

多维生态农业系统解决方案的形成过程

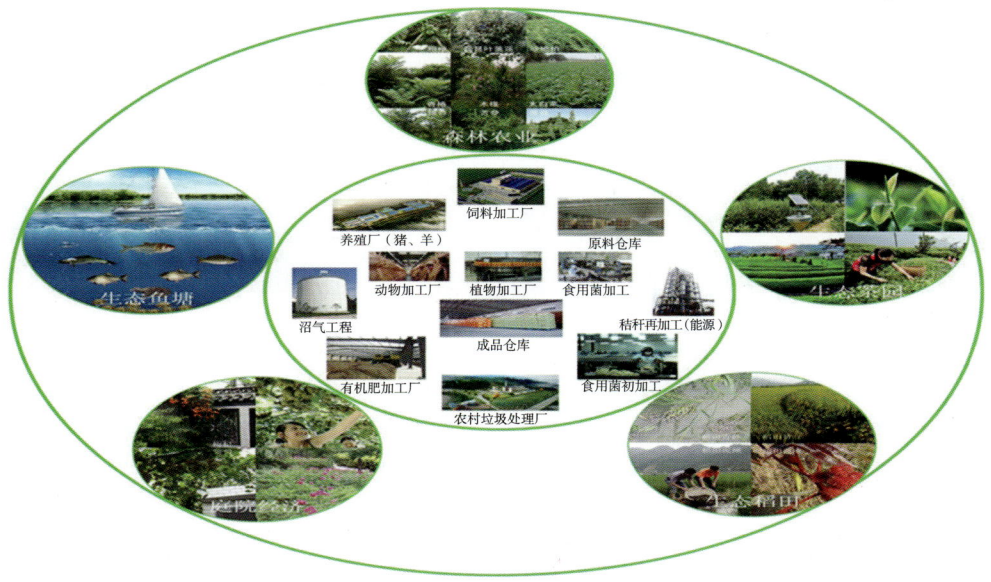

与多种新型模式田园综合体鲜产品加工相配套的农业园

彩色植物

北方四季常绿植物和彩色植物——让乡村更美丽,让中国更美丽

第十五届世界中医药大会在罗马召开，国际中医农业联盟首席科学家章力建向世界发声，中医农业受热捧

法国饮食文化与世界遗产使命团主席、法国酒文化研究会主席让−罗贝特·毕特与法国企业协会联合会主席蒂埃里·贝过一行到黄山市休宁县考察多维生态农业模式

2012年6月，陈光辉在里约+20峰会与国际友人进行技术交流、接受媒体采访

多维生态农业新型茶园模式《国家生态农业综合标准化示范区》汇编

中国技术市场协会为
多维生态农业培训中心授牌

培训班开班典礼集体合影

2011年10月安徽省原省人大副主任、
循环经济理论专家季昆森（左一）到
多维公司天津项目基地考察

国务院农村发展研究中心原顾问、原农业部
副部长、生态专家、农村问题专家石山（右
一），先后两次到多维霞溪生态农庄考察调研

中国科学院植物研究所专家到黄山市
多维生物（集团）有限公司进行技术指导

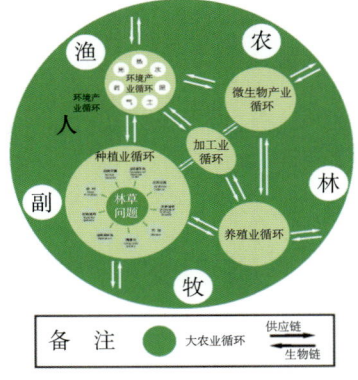

多物种多链循环模式图：提升农业系统
整体功能，综合效益显著提高

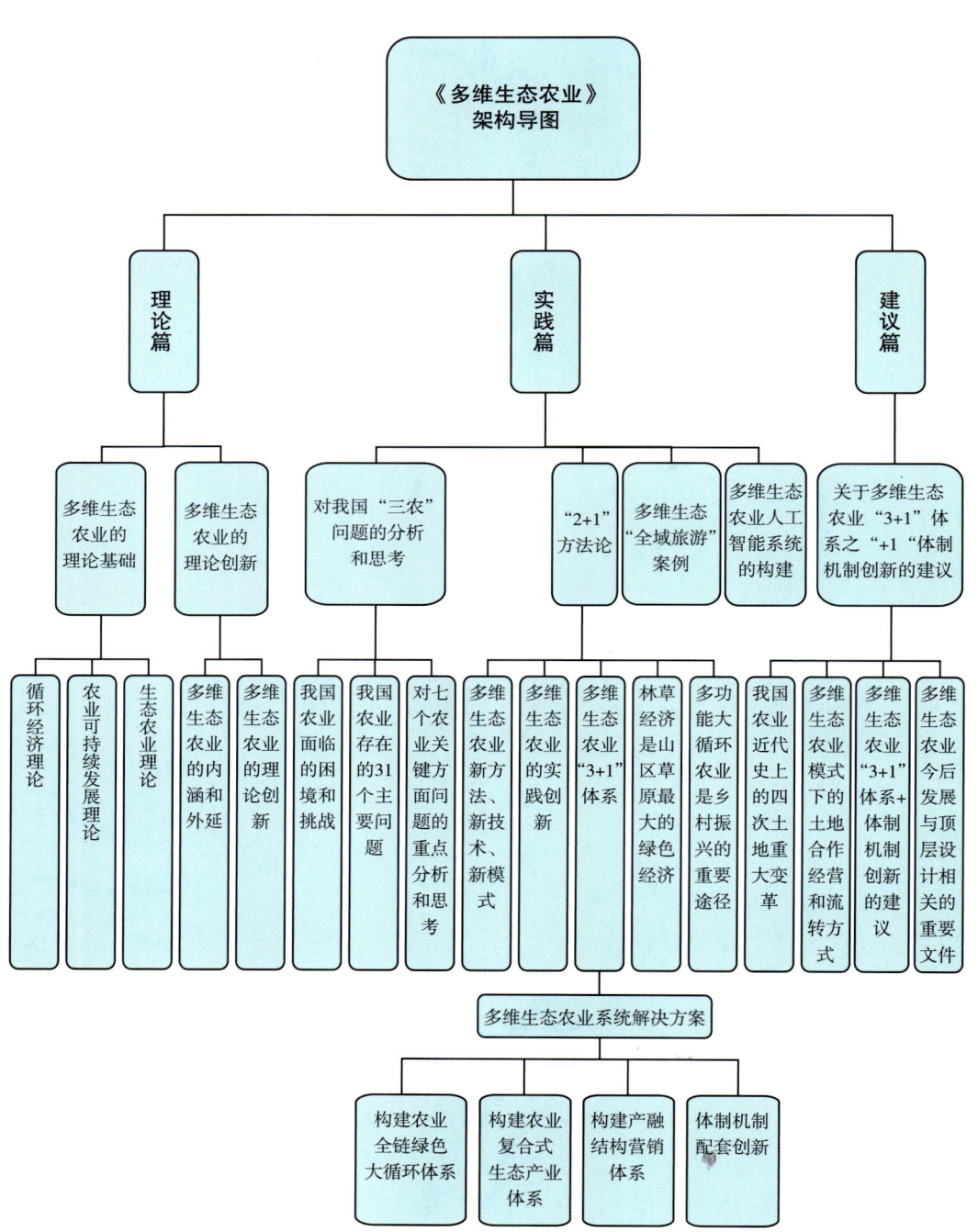

多维生态农业全链闭环架构导图

- 陈光辉　季昆森　朱立志
- 杨素荣　申秋红　姜艺　著

《多维生态农业》就是利用多学科交叉，对我国农业存在的100多个问题解决方案的多向思维形成系统工程思维。紧紧围绕农业绿色、高质量复合式生态产业体系进行一系列理论创新、实践创新和体制创新，助力乡村全面振兴战略的实施。

多维生态农业

（第二版）

中国农业科学技术出版社

图书在版编目（CIP）数据

多维生态农业/陈光辉等著.—2版.—北京：中国农业科学技术出版社，2019.7

ISBN 978-7-5116-4292-9

Ⅰ.①多… Ⅱ.①陈… Ⅲ.①生态农业 Ⅳ.①S-0

中国版本图书馆 CIP 数据核字（2019）第 141107 号

责任编辑　王更新
责任校对　贾海霞

出 版 者	中国农业科学技术出版社 北京市中关村南大街12号　　邮编：100081
电　　话	（010）82106639（编辑室）　（010）82109702（发行部） （010）82109709（读者服务部）
传　　真	（010）82106650
网　　址	http：// www.castp.cn
经 销 者	各地新华书店
印 刷 者	北京富泰印刷有限责任公司
开　　本	710mm×1 000mm　1/16
印　　张	21　　彩页8面
字　　数	389千字
版　　次	2019年7月第2版　2019年7月第1次印刷
定　　价	288.00元

版权所有·翻印必究

序一

解决全球气候变暖问题和寻找消除贫困人口的最大绿色经济，一直成为全球热点和焦点话题。多维生态农业通过交叉科学把这两个最难、最复杂的问题简单化为林草问题：（1）认为解决复杂的生态系统问题的最大交叉点是林草问题。林草是二氧化碳的最大吸收者，环境气候的最大调节者，次生灾害的最大保护者，国土一旦失去林草就会出现石漠化、荒漠化、沙漠化，近十年，全球毁掉了2.9亿公顷森林，意味着年年约1 450亿吨二氧化碳不能被森林吸收转化，还丧失了森林对1 350亿吨蓄水保水造水功能，这是造成极端气候重要因素之一；（2）认为解决三农问题的重要途径是开创多功能大循环农业。因为林草是生物链、产业链、生态链的链主，延伸后构成农业多功能全链大循环生态体系。而多维生态农业是这两个问题的具体探索和实践，构成了《多维生态农业》一书"2+1方法论"和"3+1体系"的理论篇、实践篇、体制篇。科学优化生物与环境的人工生产系统组合，有望成为消除全球贫困的最大绿色经济，新型多链循环种养模式会让农民亩收入提高到3～10倍，让社会物质变得极为富有。乔灌草简称林草，是人类和动物赖以生存和发展的物质基础和环境基础。

今天，我为这样的一本书写序，感到非常有意义。

在国际，2012年6月联合国可持续发展大会（里约+20）就把绿色发展作为千年目标，绿色生态产业将是21世纪最有希望、最朝阳的产业，紧密联系着人类大健康产业，共同成为下一个金矿。紧接着，中国提出"一带一路"，这一中国智慧、中国方案正在被越来越多国家接受。"一带一路"沿线有许多农业国家，他们需要国际智库的帮助，需要引进像多维生态农业这样原创的先进农业新技术、新方法、新模式和系统解决方案。

在国内，中国面临着100多个农业系统难题的挑战，与14亿人口大消费市场形成双向抉择。拉动内需、全面振兴乡村首先要解决三农问题，解决农村发展不平衡不充分问题在考验着中国智慧。海量的农业资产尚未激活，中国拥有76亿亩（15亩=1公顷。全书同）山区草原、18亿亩耕地、6亿亩内陆水域的农业用地面积，如果能使亩收入达到5 000～10 000元甚至几万元以上，将打开农业金融和资本市场巨大的财富倍增空间：30年土地承包不变×100亿亩×（5 000～10 000元）/亩=1 500万亿～3 000万亿元。这是产业扶贫的最佳方式和途径，惠及的面积最大、群体最多，能否为如此重要和重大意义的新型农业模式创新贡献中国方案？

从构建人类命运共同体来说，人工农业生产系统是地球生态系统的重要组成部分，直接影响人类的生存环境、食品安全和人民健康等，而《多维生态农业》立足国内，站在全球视野进行农业新型模式和解决方案的探索和创新，付出了20年的心血和巨大努力，其这本书的价值和产生的长远意义非同一般。而在中国攻克最难最大最复杂的农业问题背后将孕育和充满着巨大商机——14亿人口未来的发展大方向和新的突破口，全面振兴乡村将远远超越房地产业对中国经济的拉动作用，而且能够化解许多矛盾、问题和危机。

多维生态农业通过集成创新，对中国存在的100多个农业问题解决方案的多向思维形成系统工程思维。具体实施方案：（1）优化人、动物、植物、微生物与光热水肥土气环境的多维组合，发明了多物种多链循环种养模式的国家发明专利；（2）通过系统工程思维构建多维生态农业复合式生态体系，将加快农业从"原始森林农业——近代化学农业——高级生态文明农业"的进程。我们因地制宜，以一带一路巴基斯坦国家农业为例作进一步说明。如果巴基斯坦有这方面需求，我们一起来共同努力做这件事。通过优化陆地生物、水陆两栖生物、水生生物、多维空间生物与环境的人工生产系统科学组合，探索研究巴基斯坦农业最大面积的棉花、小麦、水稻、甘蔗、芒果、土豆、牛羊、库塘湖泊等多链循环种养模式和50万平方公里（1公里=1千米。全书同）山地丘陵高效森林农业模式，再建立与之配套的人工智能农业园进行深加工，创建多维复合式生态产业体系：多物种多链循环种养模式+多物种多层次保护生态+中医农业+农民多物种收入+企业多物种加工+多物种废弃物五化处理+多级物质能量流+产供消多维消费增值平台+体制机制配套创新=多级循环增值，完成农业全链闭环大循环。下一步，我们通过国际智库的产业联盟、技术集成，探索中国农业的"华为模式"，服务于"一带一路"更多的农业国家。

十二届全国人大外事委员会副主任委员
中国社会科学院一带一路国际智库专家委员会主席
蓝迪国际智库专家委员会主席

2019年6月9日

序二

农,天下大业,国之大纲。解决好"三农"问题一直是全党工作的重中之重。党的"十八大"以来,以习近平同志为核心的党中央致力于推动"三农"工作的理论创新、实践创新和制度创新。党的"十九大"首次提出实施乡村振兴战略,这是中国特色社会主义进入新时代做好"三农"工作的总抓手,体现了党中央对"三农"工作的高度重视,体现了对广大农民的深切关怀,体现了需求导向和问题导向,具有重大的战略意义。

改革开放40年来,我国农业现代化水平不断提高,农业科技含量不断提高,农业机械化、数字化、信息化进程加快,农业综合生产能力大大提高,我国以7%的耕地养活了占世界19%的人口,支撑了我国社会经济持续30多年的高增长。但是,这种增长是有代价的,从一定意义上讲,这只是短期内将粮食安全问题转化为生态安全和食品安全问题。

当前,我国农业在资源环境方面面临着两个问题:一是农业生态环境问题突出。我国人均耕地、人均淡水资源分别仅为世界平均水平的40%、28%,一些地区石漠化、沙漠化、荒漠化问题、耕地退化问题、草原退化问题日趋严重,这些是亟待通过乔灌草优化组合来解决的林草问题;但化肥过量使用,2016年化肥使用总量5 900多万吨,化肥利用率不足40%,化肥流失率高达60%~70%,农药年使用量约130万吨,只有约1/3能被作物利用,有60%~70%残留在土壤中,农药化肥抗生素等化学非自然物质可以寻找中医农业替代;我国每年45亿吨畜禽粪便,80%以上未经资源化利用,每年8.63亿吨的秸秆,再利用率不足1/3。然而这些农业废弃物都可以通过五化处理转变成肥料和饲料等农业投入品,既可以避免农业生产成本越来越高,又可以减少农业污染排放。二是农产品质量安全问题突出。在农业生产过程中,我国化肥、农药单位面积施用量分别是世界平均水平的2~3倍,农药、化肥及重金属残留和污染严重,有5 000万亩耕地受到严重污染,土壤酸化、有机质降低,各种污染严重影响了农产品的质量安全、生态安全、人民生活健康和农民增收,而且长期的化学农业脱离了农业的自然属性,亟待用新型高质量多维生态农业模式创造优质环境生态产业来转型升级。

我国农业面临的上述问题表明,不单是通过近几十年土地承包制发挥劳动者生产积极性和依赖化学农业强刺激产生短期效益来简单解决复杂的农业生产系统问题,以及政策制定者在低效污染化学农业生产方式基础上发展田园综合体和三产融合,或脱离农业重农固本去发展"康养+休闲+养老+旅游"大健康产业来解决当前存在的一系列三农问题,迫切需要寻求一种能够实现人与自然和谐、绿色高效循环、能够可持续发展的农业新方式,这个极为关键,也就是把传统单一的化学农业生产经营转型到多物种多链良性循环系统经营,通过多物种多链循环混合种养模式实现新型种养模式小生物圈系统总体功能的提高和综合效益更大化,如何处理好以上问题之间的重要、必要和主次关系?——探索先进生态农业模式全产业生态体系。

安徽省黄山市多维生物(集团)有限公司陈光辉同志在积累30余年基层工作经验的基础上,不断深入全国各地进行调查研究,积极努力寻求利用生物特性和自然组合规律来探索研究"三农"问题的系统解决方案,对在不同地区发现的100多个农业问题进行思考,将诸多农业问题归纳总结为31个主要问题和7个体制机制创新问题,利用交叉思维方法找到了解决这些问题的两个最大交叉点:一是破解农业生态系统问题的最大交叉点——林草问题,二是破解"三农"问题的最大交叉点——多功能大循环农业。这两个交叉点把复杂的农业问题化繁为简,提纲挈领,纲举目张,围绕两个最大交叉点设计系统解决方案解决中国农业低效问题、缺水问题、废弃物污染问题和质量安全等一系列问题。作者通过20年来的全产业生态链探索实践,认为围绕农业两个最大交叉点的系统解决方案框架基本形成,探索出来的多维生态农业新思路、新方法、新技术、新模式是这样的:农业是系统工程问题,必须用系统工程方法——多物种多链循环+中医农业+废弃物五化处理=农业全链绿色生产,再加上人工智能、多维消费增值平台、体制机制配套创新构成农业生物链、生态链、产业链、价值链、信息链、金融链等全链闭环的多功能大循环,把最难解决、最复杂的"三农"问题简单化。我们利用生物多样性、生物交互作用、生物功能和生物组合功能产生交叉点解决许多农业问题,通过生物交叉点+环境的优化组合创新多维生物组合技术,通过多维生物组合技术创新型高质量农业新模式,然后按照新型模式运用系统工程方法解决农业在资源环境上面临的以上两个问题。

具体做法,首先要创建适合不同地区发展的多种新型高质量农业模式实验区、示范区，做给农民看，教会农民干，利用生物多维组合技术把传统单一稻田、果园、茶园、库塘等通过增加新物种构成更加高级平衡的人工生产系统，通过新型农业生产系统模式的多种生物组合功能同时解决农药问题、化肥问题、除草剂问题、废弃物污染问题、农民增收难等问题，只有发展高效农业，才能解决多年不能解决的农业资产融资难问题。完成新型模式的具体方案和实施步骤大致有七步：一是设计多种新型农业生产系统构成人工生态系统高级平衡（创新型农业模式）；二是按照新型种养模式的生物组合功能建立种质资源圃（利用生物多样性）；三是按照新型模式繁育大量物种（形成生物种苗装备制造业）；四是利用繁育的大量种苗建立新型原料基地（生态化、规模化）；五是通过多种新型模式原料基地构建田园综合体（形成产业化的美丽乡村）；六是创建与田园综合体相配套的三产融合农业园，同时形成中高端农业装备制造业和与之配套的厂房基建、康养旅游、农事体验等投入；七是按照农业新方法、新技术、新模式、新路子制定与市场需求等各个环节相配套的政策方针和体制机制创新，完成全链模式的多功能大循环农业系统解决方案，是农业全产业生态链的顶层设计。可以预测，在新模式下中国农村将孕育出百万亿元级的农村新动能、新业态。

《多维生态农业》一书是在系统整理和归纳总结许多地方人民群众的发明创造、实践智慧和好的经验、做法的基础上，与中国农科院中医农业、安徽省循环经济研究院总结出来的多种专利模式、典型案例以及原创的一些示意图等合编而成，可作为新型农民教育或培训教材、基层干部以及农口工作人员的参考资料。以此书为基础的教学或培训过程，可向学员提供新型农业发展模式的理论基础、实践经验、基地观摩、视频短片等内容，提高新型职业农民的综合素质和生产经营能力，为中国农业向绿色、高效、生态、可持续发展转型服务。

本书作为教材的特点之一在于"新"，因为书中大部分内容由陈光辉等多位作者原创，其中许多内容是经过几十年的亲身实践探索和经历失败后总结出来的"干货"，这些内容来自理论和实践的不断反复提炼和升华，实属不易。

相信《多维生态农业》一书的出版将会为新时代背景下的农业工作者和经营者提供有益的经验和模式。

陈宗琛

2018年6月20日

序三

　　《多维生态农业》就是利用自然科学、社会科学、思维科学等多学科交叉，对我国农业存在的100多个问题解决方案的多向思维形成系统工程思维，探讨从常规单一的化学农业种植、养殖方法到生态化多物种多链循环种养模式的质变，再从多维生态农业绿色高质量、全链闭环到现代生态文明农业全产业生态链的量变与质变，这两种生产方式的转变会引发农业生物链、生态链、产业链、价值链、信息链、金融链等全方位、全链条的转型升级，这是一场农业大变革。最为关键的是，建议围绕以生态科技为核心的第一生产力要素，进行"农业全链绿色高质量生态过程"系统解决方案及其多维各个环节循环的一系列理论创新、实践创新和体制机制配套创新，探索具有中华民族五千年"天地人万物合一"文化特征的"华为农业模式"，服务于全国新型模式农业园区建设，助力乡村全面振兴战略的实施。

　　多维生态农业包括一维多学科交叉、一维地上部立体种养、一维地下部立体空间、一维生产系统、一维生态系统、一维循环系统、一维生物功能、一维生态位、一维中医农业、一维技术人才、一维人工智能、一维市场需求、一维土地确权、一维脱贫致富、一维资本金融、一维生产加工、一维食品安全、一维田园综合体、一维乡村振兴、一维三产融合、一维互联网+、一维政策法规、一维体制机制、一维关税壁垒……。复杂的农业问题经过1+1+1+……n次全国各地调查研究、1+1+1+……n次探索试验、1+1+1+……n个技术集成、1+1+1+……n个典型案例、1+1+1+……n个数据检测等，这时候我们看到了一切由量变发生了质变，诸多一维问题的交叉解决形成"三农"问题的系统解决方案，创造出一种农业新模式，即多维生态农业模式。

　　多维生态农业模式源于自然、效法自然，源于自然的规律和生物多样性，效法自然的生物组合功能和合理的空间生态位；并按照人类对美好生活、大健康需求升级自然、优化自然，在传统农业基础上进行生物多物种创新组合，从中找到了解决农业问题的生物交叉点，向自然学习过程中创新了生物多维组合技术，发明了复合式循环农业模式，通过人工生产系统与人造生态系统的高级平衡升级自然、优化自然和打造多维室内生态康养小自然，创造了一种先进生态农业新技术、新方法，探索一条绿色高质量、全链闭环的新路子，与即将到来的5G、数字化、智能系统相结合，开启中国农业人工智能+多物种多链循环的先河。具有四大鲜明特征：一是利用人工智能不需要农民再脸朝黄土背朝天；二是利用生物技术，借助生物动力和生物组合功能让农民省钱省肥省力省工省药；三是通过全链互联互通在办公室电脑里"种田"，创建产—供—消多维消费增值平台全程可追溯系统。四是通过多物种多链循环实现生物链、食物链、生态链传导途径的安全，多物种多链循环加快现代农业人工智能的发展进程。

以多维生态稻田稻鳖鱼虾药草模式为例，对最关键的多物种多链循环进一步说明如下：选择在南方抗倒伏、对稻飞虱产生抗体、营养价值高的高粱红稻优良品种，利用稻田养甲鱼吃虫，在甲鱼防逃栏、防天敌网内种植菖蒲配置中草药制剂杀虫，不使用农药；利用甲鱼天天爬行让农民不用耘田、除草；利用甲鱼吃得多、排泄得多的生物功能，农民不用施肥；为了防止大量甲鱼排泄物污染水源土壤，利用龙虾给甲鱼做环保，龙虾的壳是甲鱼的饵料，不污染水源；为了多养甲鱼我们在稻田环形沟放养鲫鱼，给甲鱼喂食，减少人工下脚料的喂养；为了给鲫鱼创造良好环境繁育后代，我们在环形沟种植茭白或芦苇，茭白、芦苇生长需要甲鱼为其提供粪便肥料；稻子收割后种上油菜和红花草，秸秆作为来年的绿肥，而且红花草富硒、根瘤菌生物固氮，产生绿肥被来年稻子吸收，生产富硒稻，若有稻瘟病发生采用H离子水灭菌，结合中医农业（中医农药、中医肥料、中医饲料、中医兽药等）完成整个稻田种养业的绿色生产……构成稻田小生态系统的高级平衡，使亩收入达到2万元甚至几万元以上（媒体报道：袁隆平院士的稻蛙组合模式亩收入达到5万元以上），新型模式使土地产出率提高3~10倍，如果在加上每隔一年在稻田利用稻草种植食用菌，效果会更好。生态化多物种多链循环模式可以同时解决稻田农药问题、化肥问题、除草剂问题、农民增收难等一系列问题，我们连续三年进行多维生态稻田稻鳖鱼虾药草和稻蛙鳅鱼菜草两种模式的实验都获得成功，为创建人工智能生态稻田采集和获取大数据。我们下一步将通过产业联盟、技术集成、人工智能装置、多维消费增值平台等创建与多种新型农业模式田园综合体相配套的多物种鲜产品深加工厂、多物种废弃物"五化"处理厂（能源化、饲料化、肥料化、基料化、原料化，而秸秆废弃物的再循环利用等于增加了1/3的土地面积）、中医肥药加工厂等组合而成的三产融合农业园，完成多种模式多功能大循环农业园实验区的创建，通过多种新型模式小生物圈良性循环提升整个农业生产系统和生态系统的整体功能，实现系统内多物种综合效益更大化，创造人类生存和生物生长的优质环境和条件，进行农业全产业生态链的探索实践。

通过多维生态稻田模式举一反三，创新人工智能+多维生态茶园、多维高效森林农业、多维生态库塘、多维生态果园、多维生态平原、多维康养庭院经济、多维生态羊圈等11项模式和产品的国家发明专利，通过多种模式多物种多链循环保护和修复生态链、生物链、食物链的传导途径安全，而且将生物链、产业链、废弃物循环到底，并利用6年时间完成了第一个新型茶园模式《国家生态农业综合标准化》体系的制定，历时13年完成了多维生态茶园全链模式的探索实践，并以99分的高分通过国家专家组验收，历时20年完成农业全链绿色闭环大循环的探索研究并构想出书。

《多维生态农业》第二版在第一版基础上增加了许多新内容。本书主要作者陈光辉等长期坚持刻苦学习，不断积累知识和经验，全身心、全资本进行深入探索实践研究，提出了农业创新发展的新思维、新思路、新模式、新方法、新技术、新标准、新体系、新平台、新金融、新机制、新课题、新品种、新业态、新动能等，本书与读者一一分享。例如，农业新金融——农业产融大循环：当农村最大面积的耕地、稻田、果园、茶园、库塘等通过多物种混合种养模式每亩土地的收入提高到5 000～10 000元甚至以上的时候，参照城市房产50～70年总价值估值方法计算，农村30年土地承包不变×30亿亩（18亿亩耕地+果园+茶园+山地等）×（5 000～10 000元/亩）=450万亿～900万亿元，中国农村会形成比城市房地产更巨大的土地流转和交易平台，一举解决多年不能解决的农业融资难问题和政府地方债问题，实现农业估值30年×（提高3～5倍/亩收入）=90～150倍的财富倍增，一旦新型经营主体与虚拟资本结合，将助推中国农业跨越式发展。总之，农业是肌体，农业金融就是血脉，两者共生共荣，需要同步创新。反之，低质低产低价低效的化学农业之路是不可能吸引金融和资本大量投入和提高新型农民生产积极性。再如，新型"生物工厂"：先进的生态农业种养新技术新方法将生物视为"工厂"，即生物技术带来的农业工业化。可以这样理解"生物工厂"，每一种生物及其功能就是一台不停运转的"生物机器"，动物、植物、微生物包括人与环境通过生物交叉点链接"生物机器"变成"绿色工厂"，通过生物多维组合技术把一座座"生物绿色工厂"组装起来，按照人类对美好生活需求形成互链互通，不停制造，永续循环，将废弃物循环到底，将生物链循环到底，将产业链循环到底，创造了一种多物种多链循环新型农业种养模式"生物智能化工厂"，将加速农业工业化、智能化、生态文明农业转型的进程。

《多维生态农业》市场前景广阔，可以星火燎原与复制推广。今后农业可能成为独角兽和上市公司的五大新动能、新业态、新板块，是百万亿元级的绿色生态产业：（1）新型农业模式技术培训服务业（全面振兴乡村需要培训非常多的新型农民）；（2）新型模式下的生物种苗装备制造业（76亿亩山区草原大部分乔灌草结构调优调顺调好，利用北方四季常绿树种打造平原耕地的北方绿城、绿水青山金山银山等多物种多链循环种养模式，修复生态，创造生物生长优质环境条件）；（3）农业中高端设备装备制造业（农业大国各省市县都需要有三产高效融合的农业园，需要大量的中高端农业智能装备和与之配套的厂房基建投入）；（4）新型模式带来的新兴农林战略产业和消费市场（替代亿万吨转基因粮棉油和饲料需要新增山地缓坡20亿亩，会创造很多很多针对现代文明疾病的功能性特色农业产业）；（5）中国农业智慧、农业方案创造的高效森林农业模式能否紧随"一带一路"走出国门，修复近十年毁掉的2.9亿公顷世界森林的强大调节功能，这需要千百亿株有根茎叶花果实收入的组合苗木，以此来降低全球极端气候灾害。

本书大部分内容以及很多新名词系陈光辉等多位作者原创。其中，多维生态农业相关内容在书中出现了若干次或雷同，作者对此的解释是：（1）多维生态农业实属原创，雷同部分多是全链每个环节的核心和精典部分，也是需要特别强调的关键部分；（2）多维生态农业产生多学科交叉、多种问题交叉、多级循环交叉、综合效益交叉等，呈现阶梯式环环相连、环环相融、环环交叉，这些内容需要在不同章节重复使用，唯有如此全链各个环节的主题才能表达完整且表达清楚，符合农业问题系统性、复杂性特点，敬请读者细品慢嚼。

之所以出版《多维生态农业》这本书，是因为目前我们还在延续传统单一、低效污染的化学农业生产方式，还在泛泛而谈生态文明农业，而且冠名的都是现代农业，实际上发展的是初级原生态农业、单链立体循环农业、白色污染农业、反季节大棚农业、化学农业田园综合体、碎片化三产融合，生产成本高而且低效，农民不愿干，没有生产积极性。到现在，"有的人"还没有搞清楚农业这个概念在"闭门造车"，农业是与自然紧密结合的生态农业，是农业生产系统和生态系统共同体的有机结合和高级平衡，是不允许化学物质肆无忌惮地全面介入农业，违背自然规律破坏农业的自然属性，应该让生物个体、种群、群落包括人生存在光热水肥土气的优质环境构成的良性生态系统之中，现代生态文明农业和新型农业种养方法应当首先解决"如何提高人工生产系统和生态系统的整体功能，实现构建生态系统中每个要素的综合效益更大化，以此提高农业资源的利用率、产出率，促进农民大幅增收"。

至今没有一本向绿色高质量农业模式转型的书，服务于中国化学农业向绿色、高效、循环、可持续发展的生态文明农业转型。说不完，道不尽，著书立说是一种很好的传播方式，作者的最大愿望是想写一本对中国农业具有指导性、政论性、系统性、创造性、先进性、可行性的好书，以此唤醒全社会更多的人对生产、生活、生态"三生"的高度重视，《多维生态农业》的出版正是为了抛砖引玉。

中国食品工业协会花卉食品专业委员会 刘连军

2019年3月28日

序四

  多维生态农业模式源于森林农业，我们向自然学习，创造了一种先进生态农业种养技术方法，探索出一条农业绿色高质量、全链闭环的新路子，完成新型农业模式案例的全产业生态链实践和总结。该序长达7 000多字，不然我们无法把最难、最复杂的农业问题讲清楚，把农业系统解决方案说具体、说到位，如果始终抓不住农业问题的重点要害，我们又如何解决久拖不决的"三农"问题？读后由衷发出感慨："多维生态农业这条路子来之不易！"

  寻找绿色高质量新型农业模式和探索"三农"问题的系统解决方案是《多维生态农业》一书的两大精髓部分，是作者长期深入山区20年为之奋斗的目标，本书由多维生态农业的理论篇、实践篇和建议篇三大部分构成，本序重点阐述三方面的重要内容：一是为什么要改变化学农业生产方式？二是为什么作者提出化学农业要向多维生态农业转型？三是这次农业转型和变革的重大意义。下面围绕本书两大精髓部分、三方面的重要内容一一与读者分享。

  序的重要内容之一是为什么要改变化学农业生产方式。作者下面这段话说得非常到位、非常清楚、非常具体：因为化学农业和废弃物的污染切断了生物链、食物链、生态链，危害"三生"——生产、生活、生态和人类的健康，对生态系统的破坏越来越大，所以化学农业必须转型。现在，发展到一定阶段和程度的化学农业已经处于两难境地，不转型不行，而要转型难度又太大，转后吃什么？怎么个转法？以上这些理由可归纳为一句话：勿以化学农业恶小而为之，不破不立，破旧才能立新。

  这些年来，化学农业年年把危害年年一点一滴地侵入空气水土，终究酿成今天"生态链恶性循环"，延续了几十年的化学农业已经到了不可持续发展阶段，需要通过创新型模式来替代和颠覆化学农业生产方式：单一化学农业+废弃物排放+人空气水土食品污染+人畜禽鱼虾使用抗生素等+生物抗药性=生态链恶性循环，这样的农业生产方式我们还能走多远！需要进一步说明的是，化学农业曾经帮助我们实现了粮食增产增收，解决了温饱，但这些年我们使用世界1/2的农药和除草剂，不断地向土壤注入毒素和农残；我们使用世界1/3的化肥，而且肥越施越多，榨干了土壤有机质，每年约45亿吨粪便、8.63亿吨秸秆废弃物资源大都变成了污染物，塑料、化肥、农药等非自然物质全面介入农业，污染了空气、水、土和食品安全，为了获得食物，污染严重的地区不得不在种植养殖过程中添加激素、添加剂、抗生素等，结果是人与生物因为使用大量抗生素出现了抗药性；还有转基因食品与千年物种的稳定性、与生物链食物链生态链安全、与人民群众健康等问题都有待进一步科学论证（详细内容见第十章建议篇）；全民防患于未然应摆到重要日程，现在13亿多中国人有几亿"三高"人群，而且每年有800多万心血管、癌症等重大疾病患者死亡，呈现越来越年轻化，医院每天车水马龙，许多家庭为之付出巨大代价，有的因病致贫；再加上这些年过度超采的地下水都到地上部活动，化肥农业让土壤渗透性越来越差，遇雨即涝、遇晒即干，反季节大棚蔬菜与人体医学规律，塑料农业与致癌物，最严重的是近十年全世界毁坏2.9亿公顷森林（减少大量碳氧转化、降低蓄水保水功能，这是一个惊人数字），工业废气废水废物"三废"的污染，战争破坏以及少数国家退出巴黎协议等等，在多重因素的共同影响下，这些都进入大气和生产生态循环系统，危害人类健康和生命，在世界不同地方到处兴风作浪，导致全球生态系统恶性循环，这些年海啸、暴热、久旱不雨、百年不遇洪涝、2019年中国南方数月阴雨连绵、昆仑雪山融化造成青海湖面增大1/3、美国遭遇罕见酷寒天气等极端气候愈演愈烈，北极出现罕见的32度高温，雪山冰川开始融化，海平面上升，地球的生物多样性由原始的5亿～10亿种减少到现在的3 000多万种，物种还在继续减少，种种异象让世人警醒，但现在很多人好像感觉还处于不知不觉、不急不火的"温水煮青蛙"临界状态。

有人说：农业是最大的内部国防。食物对于维持人类生命极限周期为7d，60年代三年自然灾害曾饿死数千万人。农业兴亡，关乎国家兴亡，农业兴亡匹夫有责。以上这些问题关系到我国农业的总体安全，关系到中华民族子孙后代的繁衍生息，这些问题会导致我国农业陷入多重困境，全世界都在呼唤"构建人类命运共同体"。

影响农业生态系统安全的因素很多，实践已经证明化学农业这条老路已经走不下去，现状令人堪忧。耕地在退化，土壤在板结，生产成本越来越高，空气水土食品污染日益严重，农民亩收入低，低质低产低价低效的农业带来贫富两极，农民不愿干，基层政府不感兴趣，金融资本不想投入，青壮年农民大都外出打工，农村出现空心化老龄化……这些会导致"三农"问题久拖不决；化学农业让孩时的蛙声听不见了，燕子没了，啄木鸟看不见了，传花授粉的蜂类数量在锐减，土壤里蚯蚓还有多少，厨房老鼠、螳螂、蚂蚁、苍蝇这些坏东西似乎销声匿迹；禽流感、SAS病毒、非洲猪瘟也来了，气候不对劲了，医院病人多起来了……各种征兆的出现，告诉人类生态系统出问题了，似乎"寂静的春天"来的早了些。如果农业再不转型，照这样的生产方式继续下去，不仅生态系统会出问题，农业会出问题，人民健康会出问题，人类生存环境会出问题，食品安全会出问题，我们不能以生物灵长自居，惨害其它万物和生命，毫无敬畏自然之心，对自然肆无忌惮想干什么就干什么，极端气候频繁出现就是因果报应的开始，物种突然死亡绝迹就是征兆……因此，必须清醒地认识以上这些问题，如果这个社会人人都以"金钱自我为中心，不顾及社会公益"，让德不配位，必有灾殃，厚德才能载物，"种田"也要学文化讲科学，必须遵循、了解、发现、掌握更多的自然科学规律，才能转型从事与自然友好的生态文明农业，在中国培养一支庞大的懂农业、爱农民、爱农村的复合型农业人才队伍。

习近平总书记谆谆告诫我们："绿水青山就是金山银山，要像保护自己的眼睛一样保护生态，万物并育而不相害，道并行而不相悖"。党中央审时度势，提出了2018—2050年乡村全面振兴战略、农业优先发展方针，一旦政府集思广益，集人民群众的发明创造和智慧，创造一种合乎自然规律、合乎生物多样性、合乎人类美好需求、天地人万物合一、高级平衡的农业生产生态系统，实现化学农业向绿色高质量农业转型，这是我们中华民族五千年文化应该有的、具备的、能够做到的、可以创造出来的中国智慧、中国方案——人工智能+先进生态农业种养技术的全链创新，开启中国农业生态文明新时代的到来，具有划时代的重大战略意义。

序的重要内容之二是为什么作者提出化学农业要向多维生态农业转型。因为多维生态农业是人民群众集体智慧和发明创造的共同结晶，创建了农业全链绿色高质量、闭环大循环的理论与实践体系，而且是按照系统工程思维方法从农业全产业生态链实践中总结出来的。过去是种瓜得瓜种豆得豆，现在是多物种多链循环模式种茶可以得多物种根茎叶花果实，种稻可以得稻鳖鱼虾药草等，让农民亩收入提高3～10倍，甚至更多，并且做到绿色安全有机，全过程不污染环境，通过多物种多链循环来保护和修复生物链、食物链传导途径和生态系统的安全。《多维生态农业》第二版比第一版在回答这个问题上、在解决农业系统问题上更具有完整性、系统性、突破性、可行性、科学性，思路更清晰，让读者一目了然，通过"2+1"方法论与多维生态农业"3+1"体系形成"三农"问题的系统解决方案，下面从四个方面进行论述。

首先，研究先进生态农业新技术新方法。多维生态农业模式源于自然、效法自然，并按照满足人类对美好生活的需求升级自然，从中找到一条农业绿色科学发展的新路子。人类祖先以原始森林中的鸟兽昆虫、花叶果实、食用菌等野味狩猎为生，过着半饥半饱的生活，称之为原始森林农业。多维生态农业受原始森林农业原汁原味自然文化的启发，反复认真学习研究森林农业这种强大的生物组合功能和方法，学习森林农业利用自然生长方式和在各自合理的生态位赐给人类多项农林成果，如果我们人类利用现代人工智能系统跟踪观察野猪、野鸡、野兔、野菜、野菌、野果、药材等生物活动规律和生物生长规律，通过跟踪发现、了解和掌握更多的生物特性和规律，构建野猪、野兔、野菌等新型人工生产生态系统，即多物种多链循环的生物群落，"吃干榨尽"的洁净循环农业技术，创新一种高效森林农业模式，把传统单一农业转变成多物种多链循环的复合式生态产业体系。于是，我们提出通过知识农业、创意农业、创新农业、智能农业、工业农业、产业农业这种循序渐进的方法发展高效森林农业，把76亿亩山区草原的缓坡地变成中国最大的立体粮仓和野生肉食品、野菜生产基地，而优化生物组合这是一门大学问，需要我们通过努力学习多学科基础知识，才能掌握现代先进生态农业种养技术方法：生物交叉点+生物多维组合技术=先进生态农业。

其次，研究新型农业模式全产业生态体系。多维生态农业从探索先进生态农业种养方式中找到了一种农业新方法生物交叉点，一种农业新技术生物多维组合技术，创造了一种经济效益+生态效益+社会效益较传统模式更大化的复合式循环农业新模式：多物种多链循环种养模式+中医农业+多物种收益+多物种加工+多物种废弃物循环利用+多级能量物质流+多级循环增值+多维消费增值平台=多级财富倍增，通过产业联盟、技术集成41颗"多维生态农业芯"，探索中国农业的"华为模式"，服务于中国3 000多个县域新型模式农业园区建设。华为不仅拥有自己的"中国芯"，同时集成了世界先进技术"零部件芯片"，完成国际集成创新和"世界工厂"组装，中国农业同样需要有这样的大手笔——华为模式的农业国际集成创新和农业系统工程思维。

其三，研究三农问题系统解决方案。通过全链闭环绿色生产过程构建多维生态农业"3+1"体系，与破解复杂的生态系统最大交叉点林草问题、乡村全面振兴重要途径之一多功能大循环农业形成"三农"问题的系统解决方案——"2+1"方法论，"2+1"方法论详细内容见本书第四章。

现在我们用数学公式来表示多维生态农业"3+1"体系：农业全链绿色大循环体系+复合式生态产业体系+多维消费增值平台+政府体制机制创新=多维生态农业。对全新的多维生态农业"3+1"体系和其中的新概念、新名词进一步重点说明和解释如下。

（1）农业全链绿色大循环体系：创新把生物多样性、生物交互作用、生物组合功能与100多个农业问题结合起来，创造一种农业新方法——生物交叉点，利用生物交叉点可以创新多物种多链循环模式来解决农业问题，在上序多维生态稻田生产过程中，我们利用生物动力和生物组合功能同时解决农药问题、化肥问题、除草剂问题、农民增收难等问题，让农民省钱省肥省力省工省药，再结合中国农科院中医农业，借助中医农药、中医化肥、中医饲料、中医兽药替代农药化肥抗生素等非自然物质介入农业，完成种养业全过程绿色生产；我们在加工过程中再结合安徽省循环经济研究院总结出来8个典型循环经济案例的技术集成，把粪便秸秆进行饲料化、肥料化、能源化、基料化、原料化"五化"加工处理，完成农业生产过程的全链绿色大循环，绿色种养生产过程与绿色加工生产过程两者构成全链绿色闭环，周而复始，实现农业全生命周期接近零成本的永续循环，完成农业全链绿色大循环体系的创新。

（2）农业复合式生态产业体系：以生态保护优先，通过多物种多链循环种养、多物种多层次保护生态、农民获得多物种收益、企业进行多物种加工、多物种废弃物再循环利用、形成多级物质能量流、多级政府体制机制配套、多级循环增值，完成一种集经济效益、生态效益、社会效益一体化的复合式生态产业体系的创新。

（3）农业产融结构营销大循环体系：通过产—供—消多维消费增值平台创新，让消费者热心投资农业生产，为消费者量身定做，让生产者以销定产，通过新型高效农业模式给消费者高回报，让消费者享受免费消费、体验康养旅游，还通过消费增值，解决农产品销路不畅问题和农业融资难问题，创意农业产—供—消多维消费增值平台，实现产—供—消三者共赢的互联互通，完成农业产融结构营销大循环体系的创新。

（4）体制机制创新体系：多维生态农业"3+1"体系其中"+1"就是政府政策体制机制的配套创新，与以上所述三大体系创新相结合，共同形成多维生态农业"3+1"体系。陈光辉在担任十二届全国人大代表期间，联名31个代表提出《关于系统解决"三农"问题的建议》《关于创新型农业模式实验区的建议》《关于对"十三五纲要"农业现代化重大工程提几点建议》等36个建议，全国人大常委会办公厅先后出了4个文件，要求农业部会同财政部、国家发改委、国家林业局共同办理。2017年两会期间，陈光辉代表向李克强总理递交一个光盘——新型农业模式影视片、一封信——关于农业问题的系统解决方案、一本书——《多维生态农业》新方法、新技术、新模式、新思路。汪洋副总理（时任全国政协主席）、李建国和吉炳轩两位副委员长都对多功能多循环农业模式作了重要批示，多部委也多次、多批深入多维公司进行专题调研，但因为"各自为政"不能成系统，就不能像大飞机、航母一样由多家企业、成千上万的零部件组装形成农业产业联盟、技术集成、设备组装、标准化制定等，当然也就无法将多功能全链闭环大循环农业实验区落实落地。农业大国至今还没有与新型农业模式配套的农业园，农业要素是由综合效益、金融、财政、人才、技术、加工、生产、市场、土地、资源配置、政策、体制机制等组合而成的系统工程——围绕"科学技术是第一生产力"的新型高质量农业模式、全链绿色生产构建郡县制下中国3 000多个特色县域经济农业全链大循环体系、复合式生态产业体系、产融结构营销体系，让大农业、大产业、大金融、大消费、大市场、大网络火起来，让广阔农村海量资产活起来，成为我国国民经济发展新的强劲增长点。多维生态农业"3+1"体系是系统工程，是农业系统解决方案，需要政府政策体制机制的创新配套。

其四，为什么作者要反复强调体制机制要创新配套？农业是一个复杂的系统工程，作者刚开始从事农业的想法，只限于通过创新先进的生态农业种养技术方法，解决茶园农药化肥除草剂等带来的食品安全、环境污染问题，通过多物种多链循环解决茶农增收问题，就算任务完成了。可随后问题来了，还必须投资办厂解决农民多物种鲜产品加工出路问题，接下来，还要把多物种深加工产品卖到市场上去，在实施国家发改委重大循环经济项目10 000亩多维生态茶园全链升级改造中，遇到新资源食品论证、标签法、经营用地、三产融合环评报告、禁养区问题、农业资产融资难、虚增农业资产等一系列问题，最后不得不深入下去，研究多种新型模式农业的全链闭环大循环包括体制创新配套。因为每一个环节缺一不可，必须环环相扣、环环相连，产供销种养微加与政府体制机制都有着密不可分的联系，如果新生事物的农业全链创新涉及"红线"太多或政府文件"师出多门"频发，一不小心碰到一个政策、踩到红头文件的"红线"，几个环节一脱节全链断裂，就循环不下去了，20年辛辛苦苦探索出的绿色高质量、全链闭环新路子就会成为"先驱"。之所以提出这一深层次比较敏感的问题，是因为作者在多年来进行全链探索过程中在这方面有多次亲身经历和感受，特别是作者在创建多功能大循环农业园一个项目中，就遇到多层障碍和无意识的阻扰，遗憾的是，通过产业联盟、技术集成、41颗"农业芯"组装的全链绿色多功能大循环农业园不能展示在读者目前（本节内容在第十章第四节附文件批示说明）。

党的"十八大"以来，以习近平同志为核心的党中央和国务院一直在不断进行深化农村改革，在努力解决最后"一公里"问题，让政策能够上下贯穿自如，让人民公务员能够真正为人民服务、办实事、办好事，始终坚信中国农村体制机制随着改革深入会越来越好。

综上所述，我们用科学家钱学森说过的一句话进行总结："农业是一个复杂大系统，要用系统工程的方法搞个规划，否则，谁来指挥都是瞎指挥"。成功在细节，我们也从这里找到乡村全面振兴和解决长期久拖不决"三农"问题的答案。

序的重要内容之三是这次农业转型和变革的重大意义。集人民群众发明创造和智慧的多维生态农业会给2018—2050年乡村全面振兴带来什么？多物种多链循环高质量种养模式替代传统单一低效农业模式，多维生态农业绿色闭环生产方式替代化学农业生产方式，会引发农业体制机制、农业全链、全方位的巨大变革和颠覆。

（一）我们找到一条农业绿色高质量发展的新路子。过去，传统单一农业种瓜得瓜种豆得豆。现在，生态化多物种多链循环模式种茶得多物种根茎叶花果实，种稻得稻鳖鱼虾药草，从单一网箱养鱼改良到整个水生生态系统都让农民受益，通过种北方四季常绿植物来构建北方林区、水区、粮区、牧区农林牧副渔全面发展的大循环生态体系等等。

（二）调结构转方式。《多维生态农业》通过农业新品种、新方法、新技术、新模式、系统解决方案的研究构成多级循环增值生产方式，来替代传统单一、污染、生产成本越来越高的化学农业生产方式，完成真正意义上的调结构转方式；

（三）不破不立，优胜劣汰。由动植物、微生物、矿物质等自然物质形成的中医农业药肥加工厂替代化学农业非自然物质全面介入农业，会让生产农药化肥除草剂等企业减量、转型关门，应当像当年朱镕基总理在上海大胆改革、淘汰纺织厂"砸锭子"一样的勇气和胆量，而这些国内外利益集团会亲自动手吗？创建新型高级平衡的人工生产系统与人工生态系统共同体会改变我们的生产、生活、生态，遏制化学农业恶性循环下去，降低农业生产成本，从源头、根本上改善人类生存环境、食品安全和增强人民健康，让医院减量化、药费减量化、药厂减量化，与之相关的疾病患者会大幅减少，这些利益集团会革自己的命吗？还是希望病人越多越好、药卖得越多越好呢？

（四）破旧才能立新，新生事物才能层出不穷。多维生态农业采用多种新型模式构成田园综合体，多链循环种养的多物种根茎叶花果实、畜禽鱼虾等深加工以及它们的废弃物集中"五化"处理厂，会带来与之配套的农业园厂房基建增量化、新兴农业人工智能装备制造业增量化、功能性食品增量化、精细化包装增量化以及农业复合型人才培训就业、农业金融流、物质能量流、康养休闲养老产业等要素全链的顶层设计，从而引发农业全链及相关大健康产业的全方位变革，破旧是为了立新，同时会创造更多更大、符合社会进步的新业态、新动能，中国农村政策法律体制机制也将进入与科学技术第一生产力新模式相配套、相吻合的实质性深化改革阶段，而不是长期始终围绕农民不愿干的化学农业制定新政策、新方针，也不是脱离重农固本去搞休闲旅游康养等，现代农业是绿色、循环、可持续、高质量、三产融合的生态文明农业综合体。

（五）探索中国农业"华为模式"，强大的多功能农业才具备国内外市场竞争力。中国新型农民将通过多物种多链循环先进生态农业技术方法组装形成多种农业新模式增收致富，多种新模式组装形成天人合一的田园综合体，多个田园综合体通过农业技术集成创新、产业联盟、设备组装、标准化制定、互联网+5G组装形成一个个与田园综合体配套的农业园，多个农业园形成的康养特色产业小镇构建县域经济大循环农业体系，创建国家起引导和决定性作用下的市场总体供需平衡，满足13亿人口物资生活需求宏观区域规划下的不同地区新型农业模式微循环体系、田园综合体小循环体系、农业园中循环体系、县域经济特色农业大循环体系，将引发农业全生物链、全产业链、价值链、信息链、生态链、制度体制机制等全面深化改革，完成农业全产业生态体系的探索实践和顶层设计，这是一条新路，这是一条好路，这是一场农业革命，迫切需要尽快创建以先进生产力为代表的农业改革实验区、展示区，通过全链绿色大循环的41颗"多维生态农业芯"探索中国农业"华为5G模式"，服务于全国农业园的创新建设（彩图3所示），开创多功能大循环农业。创建农业实验园区犹如乡村挂职第一书记一样需要实践和检验，通过新型农业模式实验区进行有益尝试，深入下去才会发现农村更多的问题，才能解决"三农"问题，为今后乡村全面振兴扫清障碍。

2014年3月9日，习近平总书记在在安徽团听取陈光辉代表发言后说："复合式循环农业模式这条路子值得好好总结"、"我看这种模式很好（多功能大循环农业），可以逐步推广。"这些话语重心长，一直鼓励和激励着我们进行好好总结，著书出版就是为了更好落实总书记的"好好总结"。我聆听作者呼吁：为了唤醒全社会更多的人"发展高质量农业"意识，为了人民健康、为了生存环境、为了食品安全、为了全面小康、为了给子孙留下一片净土，还是尽快完成中国化学农业的转型吧！多维生态农业将永远走在追梦的路上。

中国科学院植物研究所 蒋高明

2019年3月30日

努力发展

多维生态农业

袁隆平

二〇一九三月六

多维生态农业

许智宏
二〇一八年十月

光摇花夕
辉映水际
花老矣

山区建设的
有益而深入探索

石山 二〇〇八年一月

前　言

  1998—2018年的20年间，在安徽省循环经济研究院季昆森主任、中国科学院植物研究所、中国农业科学院、上海交通大学农学院等百位多学科院士、专家、教授的技术指导下，笔者全身心、全资本投入农业领域，深入全国调查研究，深入山区探索实践，刻苦自学多学科基础知识，通过把自然科学、社会科学、思维科学等多学科的交叉与系统工程思维相结合，进行农业全产业生态链的探索实践和总结，形成了《多维生态农业》一书的理论篇、实践篇、建议篇三大部分，加上多年来深受石山、郭书田等多位专家老领导《通讯》内刊的影响和人大代表履职、专题培训学习，使笔者认识和看待问题的视野能够上升到一定深度、高度和广度。

  其中，物联网、交叉科学与系统工程相结合是多维生态农业模式创新的动力和源泉。21世纪具有革命性、创造性的新东西就是直奔解决问题交叉点。该书首次提出对《生物多维组合学》新课题的研究，从研究学习瑞典植物学家卡尔·林奈生物分类学到探索研究生物多维组合学，从创新先进生态农业技术方法到多维生态农业系统工程的跨越。

  "多维"首次把中国历朝历代的农业发展划分三个阶段：初级生态农业——近代化学农业——生态文明农业，其中化学农业才几十年就不可持续发展。第一阶段是生物自然组合学+自然环境研究（原始森林农业和传统农业）；第二阶段是生物与非自然物资组合学+人工自然环境研究（近代化学农业）；第三阶段是人工智能与生物组合学+人工自然环境研究（生态文明农业）。这三个阶段的划分，有利于形成"三农问题"的综合性、整体性、突破性解决方案研究，加快推进中国农业进入生态文明农业的高级阶段，从宏观、微观上以及生产、生活、生态方面构想构建中国农业四大立体粮仓。

  《多维生态农业》是一个农业系统解决方案。针对中国"100亿亩农业用地、100多个农业问题、3000多个县域新型农业模式农业园建设"的国情特点，通过动物、植物、微生物包括人和环境产业的优化组合，构建了农业全链产融绿色大循环体系+复合式生态产业体系+多维消费增值平台+政府体制机制的三产融合"3+1"体系，通过41项发明专利的技术集成构建农业全链绿色大循环的"中国农业芯"。

关于农业全链绿色闭环大循环"3+1"体系的由来。首先，通过创新多物种多链循环高效农业模式，从源头上解决最大面积、最大群体种养业农民增收难问题和食品安全问题、环境污染问题、种养业农业资产融资难问题，为三产绿色高质量融合打下良好的基础，提升农产品市场竞争力；然后采用中国农科院中医农业（中医农药、中医兽药、中医肥料、中医饲料等）替代化学农业农药化肥生产方式；再融合集成安徽省循环经济研究院总结出来的废弃物五化处理技术，通过以上资源整合完成了农业全链的绿色高质量生产和新生出来的优质生态环境产业形成农业绿色高质量循环体系——"木桶原理"的绿色闭环；在多物种多链循环产品市场营销上，学习研究武汉中恒三三集团发明的产融结构营销模式，创新了产—供—消多维消费增值平台；在完成多维生态农业全链循环创新过程中，有时候会撞到一些体制机制和红头文件的"红线"，觉得与新型模式不配套或滞后，或者说适合化学农业和土地承包制的生产方式。为了形成全链系统解决方案，作者综合以上相关内容，提出了多维生态农业"3+1"体系的创新，关于其中"+1"指的就是全链大循环的体制机制创新配套问题，作者先后向国家多部委提出了36个建议，反映了100多个农业问题，服务于政府决策，积极献言献策，形成多功能大循环农业——"木桶原理"的全产业生态体系。

让中国农业走一条新路，走一条好路。为了给农民"授之以渔"，这条路子我们走了20年，有时一年解决几个问题，有时几年解决不了一个问题，就这样我们一步一步走出艰辛，一步一步走出精彩。这种学会享受艰辛历程的酸甜苦辣、这种社会责任担当、这种企业家创新精神常常让自己引以为豪：知识改变农民命运，知识创造绿色生活，探索农业再难也不止步，盼望有朝一日看到多维生态农业推动了社会绿色、公益、公平的发展，通过多物种多链循环新模式让广大农村、农业、农民海量资产得以激活，通过全链绿色闭环大循环让大面积的农业与人类生存生态环境得到改善修复，通过创新型生态农业种养新技术让亿万中国人食品安全，医院不再车水马龙，让大面积、最大农民群体亩收入提高到 $5\,000 \sim 10\,000$ 元甚至以上，能够实现产业扶贫致富奔小康……这就是作者多年全身心全资本为之奋斗的理想和目标，一个从小在农村长大的农民孩子，内心深处多年来根植着那种对农村、农业、农民难以忘怀的深厚情怀。

北京大学原校长许智宏院士、航天科工贸徐部长分别考察了多维公司和霞溪农庄，在听取作者这段介绍后给予这样的评价："没想到您们会整合这么多资源，用系统工程方法来解决这么多复杂的农业问题，创新农业多链循环种养模式，并提出对'三农'问题系统解决方案的思考。"许智宏院士亲自为《多维生态农业》第二版题写书名，陈宗懋院士为《多维生态农业》第一版序签名，范光陵院士考察多维霞溪农庄后挥笔写下了八个字"光耀农户 辉映国际"，2019年3月5日作者邮寄《多维生态农业》一版书、二版序、二版前言，3月23日收到3月16日袁隆平院士阅后为《多维生态农业》二版题字签名"努力发展多维生态农业"。2008年、2009年原农业部副部长、农业问题专家石山不顾九十五、六岁高龄两次考察多维霞溪农庄，欣然提笔为作者写下"山区建设的有益而深入探索"，中国社会科学院一带一路国际智库专家委员会主席、蓝迪智库专家委员会主席赵白鸽为多维生态农业写序。

我们集众人的智慧共同编写了《多维生态农业》。该书阐述了主要作者等利用交叉科学在研究"三农"系统问题上产生多方面的突破，积极探索农业绿色科学发展转型之路、高效之路、循环之路、可持续发展之路、农业生态文明之路。该书通过40多项发明专利来构建农业全链绿色大循环"中国农业芯"。书中还总结了不少地区人民群众的发明创造、智慧和经验。期冀本书的出版能够为新时期我国农业发展模式的创新和转型提供理论参考和实践借鉴。如彩图12所示，《多维生态农业》一书共10章33节，其中"循环经济理论""生态农业理论""可持续发展理论"这三部分由中国农业科学院创新工程团队首席科学家朱立志教授撰写；"中医农业模式和案例"由中国农业科学院原副院长章力建、医学世家传承人贺乙峰等专家和院士共同编写；"生物土农药配方"由已故中国科学院植物研究所研究员刘金提供；"生物多样性与生物功能"由中国科学院植物研究所张四维教授指导编写；"北方四季常绿树种、室内健康生态植物与美丽中国彩色植物"由教授级总工程师刘忠章先生提供；"多功能大循环农业是乡村振兴的重要途径"由安徽省循环经济研究院院长季昆森主任编写；"林草经济是山区草原最大的绿色经济——大苗进村是加快新农村建设新思维、新方法"由农业问题专家、国务院农村政策研究中心原顾问、原农业部副部长石山赐稿；"8个典型循环经济案例""废弃物五化处理""有农模式""农业物联网智能系统"由陶立、邓佩刚、杨政、徐海波等专家级董事长和企业家编写；"教师应用能力工作站、校企共建基地、复合型人才培训、新型模式影视片"由黄山学院吕顺清、何村、钱丽萍、柏晓辉等教授、博士编写而成；"全域旅游与新安江生态补偿"由黄山市政府与休宁县政府提供初稿；多维生态农业的理论创新、"三农"问题的最大交叉点、构建农业全链绿色大循环体系、复合式生态产业体系、产融闭环结构营销体系、生物交叉点农业新方法、生物多维组合农业新技术、复合式循环农业新模式、多维生态农业系统解决方案、新型茶园之国家生态农业综合标准化体系、100多个中国农业问题、农民土地合作经营与流转方式、农村土地四次变革、给部委的建议提案"等由陈光辉、汪威力、洪光辉、吴燕飞等同志编写。非常感谢农业部等多部委同志的关心和多年来的项目支持，在此感谢所有支持、关心和帮助多维事业发展的人们！

《多维生态农业》第二版比第一版内容更丰富。第二版新增了生态补偿机制、中医农业典型案例、复合型农业人才培训、人工智能区块链、解决"三农"问题的"2+1"方法论、多维生态农业"3+1"体系、主要作者的建议提案等丰富内容，与2018年年底完成的《多维生态农业》加密视频讲座、新型模式影视片、实践基地等形成第二版完整的理论篇、实践篇、建议篇。

非常荣幸的是，《多维生态农业》作为农业绿色转型的教材，先后得到了四位院士和原农业部副部长石老的题字签名与厚爱，感觉分量很重，在此表示由衷的谢意。

本教材涉及农业复杂系统问题，是一个系统解决方案，为了进一步完善该书内容的系统性，我们对第二版进行了多次修改。为了更好表达崭新的多维生态农业生产方式，书中还采用了不少新名词。由于时间仓促，受学科和知识的局限，难免会出差错，敬请批评指正。

作　者

2019年6月26日于黄山

目 录

理论篇

第一章 多维生态农业的理论基础 ……………………………………… 3
 第一节 循环经济理论 ………………………………………………… 3
 第二节 农业可持续发展理论 ………………………………………… 9
 第三节 生态农业理论 ………………………………………………… 21

第二章 多维生态农业的理论创新 ……………………………………… 33
 第一节 多维生态农业的内涵和外延 ………………………………… 33
 第二节 多维生态农业的理论创新 …………………………………… 35

实践篇

第三章 对我国"三农"问题的分析和思考 …………………………… 47
 第一节 我国农业面临的困境和挑战 ………………………………… 47
 第二节 我国农业存在的31个主要问题 ……………………………… 48
 第三节 对七个农业关键方面问题的重点分析和思考 ……………… 52

第四章 探索"三农"问题的系统解决方案——"2+1"方法论 …… 58
 第一节 多维生态农业新方法、新技术、新模式 …………………… 59
 第二节 多维生态农业的实践创新 …………………………………… 78
 第三节 "2+1"方法论之一：林草经济是山区草原最大的绿色经济 … 86
 第四节 "2+1"方法论之二：多功能大循环农业是乡村振兴的
     重要途径 ……………………………………………………… 96
 第五节 "2+1"方法论之三：多维生态农业"3+1"体系 …………… 106

第五章 构建农业全链绿色大循环体系——多维生态农业"3+1"体系之一 … 109
 第一节 多物种多链循环种养模式案例 ……………………………… 110

第二节　中医农业模式案例……………………………………… 120
　　第三节　废弃物"五化"处理案例……………………………… 139

第六章　构建农业复合式生态产业体系——多维生态农业"3+1"体系之二 … 163
　　第一节　茶园立体栽培的单个品种和产品功能………………… 164
　　第二节　多维生态茶园技术原理和产品标准…………………… 175
　　第三节　多维生态立体茶园的作用……………………………… 179
　　第四节　"郡县制"特色县域农业大循环体系的创意与构建… 182

第七章　构建产融结构营销体系——多维生态农业"3+1"体系之三… 185
　　第一节　产融结构营销体系之一：农业资产的产融循环模式创新……… 186
　　第二节　产融结构营销体系之二：产—供—销多维消费增值平台……… 189
　　第三节　产融结构营销体系之三：中国农业产融大循环……… 192

第八章　多维生态"全域旅游"案例……………………………… 194
　　第一节　休宁县旅游资源概况…………………………………… 194
　　第二节　休宁县多维生态"全域旅游"经验做法……………… 195

第九章　多维生态农业人工智能系统的构建……………………… 198
　　第一节　项目背景和意义………………………………………… 198
　　第二节　发展多维生态农业物联网的战略意义………………… 199
　　第三节　现代都市多维生态农业产业园智能农业系统………… 202
　　第四节　多维生态农业的区块链技术…………………………… 217
　　第五节　多维生态农业复合型人才培训………………………… 225

建议篇

第十章　多维生态农业"3+1"体系之体制机制创新的建议…… 241
　　第一节　我国农业近代史上的四次重大土地变革……………… 242
　　第二节　多维生态农业模式下的土地合作经营和流转方式…… 244
　　第三节　关于多维生态农业"3+1"体系之体制机制创新的建议… 246
　　第四节　多维生态农业今后发展与顶层设计相关的重要文件… 275

结　　语……………………………………………………………… 288
参考文献……………………………………………………………… 293
致　　谢……………………………………………………………… 295

理论篇

第一章 多维生态农业的理论基础

第一节 循环经济理论

一、循环经济理论的提出

经济系统中的物质单元在系统中某个子系统的同级循环增值或各子系统间的多级循环增值是循环经济的本质要求。通过系统中物质单元的循环增值，经济系统可以用同样的资源量创造更大的价值量。只有经济系统内部所有未附在产品上的物质单元都尽可能地循环增值，才能为经济系统带来更大的价值。这里的价值是"正价值"去掉"负价值"后的"净价值"。所谓"正价值"，就是经济活动过程及产品对生态环境和经济社会产生的正面效用对应的价值增量；所谓"负价值"，就是经济活动过程及产品对生态环境和经济社会产生的负面效用对应的价值损失。经济活动过程及产品对生态环境和经济社会方面的正反效用对应的正负价值有时候不直接体现在当前，而是在未来的一段时间里逐渐显现。衡量某个经济系统的好坏，既要衡量当前的"正价值"，又要衡量当前的"负价值"，还要衡量未来的正负价值，现值应该是当前的净价值加上未来一段时间的净价值。

经济系统内的物质单元如果附在效用产品上（成为劳动成果的有效成分）走出经济系统，就会形成"正价值"；如果附在非效用产品上（成为废弃物的组成部分）走出经济系统，就会形成"负价值"。物质单元只有在经济系统内充分循环，多次经过生产过程，才能更多地附在效用产品上，而不是附在废弃物上走出经济系统，经济系统才会在同样资源投入的前提下形成更大的"正价值"，同时"负价值"也必然更小。然而，只是从产品角度衡量价值还不全面，我们必须进一步考虑经济活动过程对生态环境和经济社会等方面产生的净价值。例如，在经济活动过程中产生的环境正效益，如秸秆循环利用修复产地环境、增加土壤有机碳等对应的正价值；产生的环境负效益，如产地环境污染、地下水超采等对应的负价值，所有这些经济活动过程的最终结果必须综合考虑。

如何才能使未附在效用产品上的物质单元在经济系统内多次地经过生产过程实现充分循环增值呢？只有用价值链条拉动物质单元才能形成畅通的循环通道，因为经济系统内的各子系统，如各部门以及不同环节是不同的理性单位，他们需要通过价值链进行交易，也就是说，他们计较的是价值，价值流是物质流和能量流的实际拉动力。循环经济运行的必要条件，即经济系统内价值流、物质流和能量流协调循环的前提条件，是系统内物质和能量再利用和资源化的费用低于系统外对应资源输入的增加费用。可以通过提高技术水平降低系统内物质和能量再利用和资源化的费用，也可以通过政策补贴内化循环经济的正外部性（对生态环境和社会经济的正面影响）以抵消系统内物质和能量再利用和资源化的部分费用。

二、循环经济增值原理的基本观点

循环经济增值机理主要包括3个方面，即循环增值的法则、减少价值流失的目的和畅通循环的机制，现展开剖析如下。

1. 循环经济的关键法则是系统内的物质单元多次经过生产过程以产生循环增值

常规经济与循环经济的对比可用图予以简单直观描述，如图1-1所示。图中的弱循环链和强循环链反映系统中的物质单元是否多次经过生产过程的状况。为简单示意起见，这里的生产过程被描述为单一的闭路循环，但实际上多是链、环、网式复合多级生产过程。

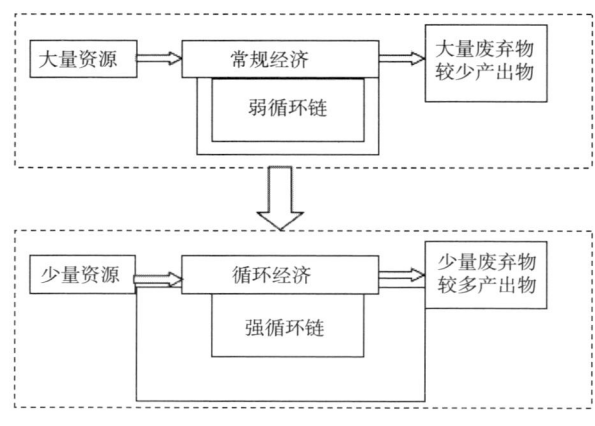

图1-1　常规经济与循环经济的对比

农业废弃物多为有机剩余物，对其收集并加以处理可以增加农业生产资料，如种植业的有机肥、畜牧业的饲料、菌菇业的基料等，这是农业循环经济的重要内容。实际上，农业中的复合产业体系，如一二三产业融合是实施循环经济的广阔天地，作物种植、畜禽养殖、水产养殖、菌菇生产、产品加工以及休闲餐饮等，完全可以利用循环经济链条连成一体，把以生产农产品为目的的动脉产业和以处理废弃物为主的静脉产业穿插结合，谋求资源的高效利用和废弃物的"低排放"，甚至"零排放"，充分体现循环经济的本质要求，以实现农业产出价值高增长、农业资源消耗零增长、农业污染排放负增长的发展格局。

从实质上来讲，废弃物是资源经过生产过程后输出的产物之一，对应的是一定量的资源消耗。例如，我国每年生产6亿多吨粮食，同时也生产了约8亿吨秸秆，其中有3亿吨秸秆白白腐烂和焚烧，这就等于白白浪费和消耗了生产3亿吨秸秆的耕地、淡水和其他农业投入品等资源。如果这3亿吨秸秆通过农业系统内部的循环重新经过生产过程加以利用，那么对应的物质单元循环利用率就等于3/（6+8），即21.4%。

一般来说，如果物质单元经过每一级生产后还能为下一级所利用的利用率为r（为简化起见，假设每级利用率不变），1个物质单元的原始资源经过n级循环利用后相当于资源量y，那么y的计算公式如下：

$$y=1+r+r^2+r^3+\cdots r^n=(1-r^n)/(1-r)$$

由于r小于1，当n很大时，可以用1/（1-r）表示y的值。

因此，如果我国目前尚未得到利用的3亿吨秸秆能被多级充分循环利用，1个单元农业资源就转变成了1/（1-21%）=1.27单元，相当于增加了27%的耕地、淡水和其他农业投入品等资源。

如果在生产结构保持不变的情况下，就等于增加了27%的产出效益。当然，实际情况一般是在21%～27%。例如，简单的秸秆还田只能带来21%左右的资源增加效果，如果秸秆用来做畜禽养殖业的饲料，其带来的资源增加效果就一定会大于21%，甚至接近27%。正是由于这个原因，目前一些地方用于做饲料的秸秆价格已经上升到了每吨300～500元。另外，畜禽粪便肥料化后还会带来资源、环境和生态方面的正面效益。

2015年吉林省秸秆膨化饲料资料显示，秸秆的循环增值主要体现在替代常规饲料、降低成本、增加利润空间方面。用秸秆膨化饲料，1头育肥牛每天可降低成本9元，其中节省粮食1.75kg以上。1头牛180d育肥期，降低饲料成本1 620元，可节省粮食315kg。吉林省畜牧管理局在四平市、松源市、农安县做了秸秆膨化饲料养猪实验，1头猪120d降低饲料成本150元，可节省粮食72kg。

可以看出，系统内物质单元的循环利用可以带来循环增值效应。物质单元的循环利用率越高，其循环增值就越大。单个循环增加输出的效果未必十分明显，但一个系统中多个子系统的多级循环带来的整体效应就十分突出了。例如，通过"种植—（秸秆+食用菌+养殖）—（菌渣+粪便）—（沼气+有机肥）—种植"的复合循环，秸秆中的物资单元通过多个环节最后又回到土壤，形成作物养分，这样的循环增值就会更加显著。因此，循环经济作为一个复合资源利用系统，它所产生的多重循环增值是不可估量的。而且，不单是价值得以循环增值，用于生产化肥等农业生产资料的原始资源的开采也会大量减少；同时，伴随着废弃物的资源化利用，生态环境的破坏就越小，系统资源的永续利用性就越大，必将有力地推动可持续发展。

如果从不同层面考察，循环经济可分为企业层面小循环、园区层面中循环，以及社会层面大循环。企业层面小循环对应的是最小经济系统内的物质单元的循环利用和价值增值；园区层面中循环实际上是不同企业层面的超循环构架和价值互增，这种构架是一种企业间的动态联合，随着时间的推进而有所变化。社会层面大循环对应的是广义循环经济，是生产者、消费者以及还原者通过一、二、三产业交叉循环链形成的复合增值大系统，以维持社会与生态大耦合的良性循环，并进一步推动社会经济系统整体的可持续发展。

2．循环经济的主要目的是物质单元较少地附在废弃物上走出系统以减少价值流失

任何一个经济系统，在产生效用产品的同时，总是要产生非效用的物质。如果这些非效用的物质走出经济系统，就会形成废弃物，带来污染的同时又增加了价值流失。相反，如果这些非效用的物质在系统内被资源化利用，其中的物资单元就可以较少地附在最终的废弃物上，而是附在产品上走出经济系统，就可以减少价值流失。循环经济最终的希望是物质单元较少地附在废弃物上走出经济系统以降低污染排放，这样就可以更多地附在产品上走出经济系统以带来更大的产出量。即使某些物质单元短期内还不能附在产品上，但只要不走出经济系统，仍然在系统内某些环节循环，就会不断地附在产品上而不是废弃物上，价值流失就会不断减少。

种植业的秸秆原本是有机剩余物，但如果作为基料被食用菌产业所利用，不仅会增加食用菌产出，而且食用菌废弃基料（菌渣）又可以作为有机肥返还田里以增加农作物产品的产出；如果秸秆作为饲料被养殖业所利用，则可以增加养殖业的产出。这样，秸秆中的物质单元就不再是农业系统所排放的废弃物中的组成部分，而被转化为农产品中的有效成分。国家发展改革委、农业部、财政部《关于印发"十二五"农作物秸秆综合利用实施方案的通知》指出，4吨秸秆的饲料营养价值相当于1吨粮食，如果假设用加工成的秸秆饲料替代饲料粮2 500万吨，需消耗1亿吨秸秆，就等于减少了1亿吨秸秆的污染；同时，1亿吨秸秆饲料喂养的牲畜所产生的粪便也得到肥料化利用，可产生有机肥0.4亿m^3，不仅减少了相应的牲畜粪便污染排放，还改善了土壤并保护了生态环境。

一般来说，物质单元在一个层次内循环，不像在多个层次间多级循环那样能较多地附在效用产品上。例如，秸秆直接还田不如通过畜禽养殖业过腹还田的效果好。一个经济系统内的生产结构（子系统构成）越丰富，越能让物质单元更充分地循环，从而更多地附在效用产品上走出经济系统以增加产出量，而不是形成大量的废弃物排放出经济系统产生负价值。同时，每级循环的转化水平也是影响物质单元能否更多地附在产品上的关键因素，如果这一级循环的转化水平较高，物质单元通过这一级就能较多地附在产品上。技术水平在各级循环的转化水平上起决定作用，也必然是物质单元较少成为废弃物走出系统以降低污染排放的重要前提。

3. 循环经济的有效机制是用价值链条拉动系统内的物质单元以实现畅通循环

只有让经济系统内的物质单元在经济系统内多次地经过生产过程，才能不断地循环增值，才能在为经济系统创造更高的价值、带来更多产品的同时，显著降低污染物排放减少负价值量。但是，让物质单元在经济系统内畅通循环并不是一件简单的事，这就是为什么不少地方还存在秸秆焚烧现象、不少规模化养殖场的畜禽粪污还在随意污染环境的重要原因之一。

实践证明，要让物质单元在各个生产层次和各个生产环节畅通流动，必须建立合理的经济保障机制。我们知道，经济系统内的各子系统是不同的理性人，如种植业和养殖业。秸秆和粪肥中的物质单元要在它们之间畅通循环，必须有来源于利益刺激的动力拉动，而这种利益刺激的背后是价值的分配。换句话说，他们关注的主要是价值回报。循环经济要稳定运行，一方面，依赖于各子系统通过市场机制相互联系，主要通过契约管理和规范来完善价值链条，实现利益的合理分配；另一方面，政府对循环经济产生的生态环境正外部性应实施资金补贴，这有利于经济系统实现价值平衡，这是加固循环经济价值链条的重要手段。

以沼气项目为例，要让其维持运转，首先必须弄清楚单位沼气的价值平衡点。这就要求在工程建设成本、运行成本以及资金机会成本的基础上，计算单位供气生产成本。据2014年中国农业科学院成都沼气所资料，以成都市居民燃气售价为1.89元/m^3为例，天然气甲烷含量为95%，沼气甲烷含量为50%~70%，按比例折算沼气价格为1.2元/m^3。从单位供气投资、单位运营成本、单位供气成本来看，最经济的规模是供气800户。以800户的沼气项目来说，1m^3沼气的价值平衡点是2.83元，比实际价格高1.63元。因此，要使沼气项目维持运营，必须有1.63元/m^3的价值量注入，这可以由国家补贴，也可以通过沼渣、沼液作为种植业肥料产生的收益来弥补。当然，如果考虑沼气项目生态环境的正效应，国家补贴对应的价值量还应高于现行市场体系中的价格差额。

保障循环经济的发展需要建立一定的经济机制，其本质就是用价值链条拉动物质单元以在经济系统内构建畅通的循环通道，这也是循环经济得以有效运行的根本保障。例如，种植业的秸秆通过养殖业饲料化过腹形成粪便，再肥料化还田回到种植业，种植户（部门）和养殖户（部门）之间需要在秸秆的价值链条上合理交易，这样才能保证循环经济模式的高效运行，在一些地方还有秸秆收集中介、秸秆专业合作组织等。当然，在很多情况下政府的资金补贴也是必要的驱动力。也就是说，秸秆中的物质单元只有在完善的价值链条拉动下才能在种植业与养殖业之间畅通无阻地循环。

三、循环农业价值分析理论模型的初步构想

根据循环农业的运行特征及循环经济增值机理，初步构思了循环农业价值分析的理论模型。该模型由总体价值分析模块、边际价值分析模块、价值分布分析模块和布局优化分析模块组成。

循环农业价值分析理论模型：

$$V = \sum a_i A_i + \sum b_i B_i + \sum c_i C_i$$

$$Y = AV^\alpha X_1^\beta X_2^\lambda X_3^\gamma$$

$$S = 1 + \left(\sum V \cdot Y - 2\sum V \sum Y\right) / \left(\sum V \sum Y\right)$$

$$R_j = y_j / \sum y_j - V_j / \sum V_j$$

V 为物质循环利用价值量，a_i 为各类种植的物质循环利用价值系数，A_i 为各类种植面积，b_i 为各类畜禽养殖的物质循环利用价值系数，B_i 为各类畜禽养殖标准头数，c_i 为各类水产养殖的物质循环利用价值系数，C_i 为各类水产面积；Y 表示产品价值产出，X_1 表示耕地面积，X_2 表示劳动力，X_3 表示物质投入，α、β、λ、γ 为投入产出弹性；S 为物质循环利用价值分布洛伦茨系数，Y 产品价值产出；R_j 为研究区域内 j 地区的物质循环利用结构偏差。

模型运算的直接输出结果为：总体和各产业的物质循环利用价值量、物质循环利用产出弹性、物质循环利用价值分布洛伦茨系数和内部不同地区物质循环利用分布结构偏差。物质循环利用价值量不仅本身能反映物质循环利用情况，还能进一步分析和评价循环经济的重要依据和数据来源；物质循环利用产出弹性能反映循环经济的物质再利用和资源化的边际效用；物质循环利用价值分布洛伦茨系数能反映循环农业布局的合理性，同时判断是否需要进行物质循环利用分布结构偏差分析；内部不同地区物质循环利用分布结构偏差能反映各地区提高物质循环利用率的潜力，并给出优化调整循环农业布局的方向。

第二节　农业可持续发展理论

一、农业可持续发展理论的提出

世界各国很早就开始研究农业可持续发展的课题。世界银行与自然资源保护协会于1981年首次提出持续农业的概念，认为"持续农业是继承传统农业遗产和发扬现代农业优点的基础上，以持续的发展观来解决生存与发展所面临的资源与环境问题最有效的手段，从而协调人口、生产与资源、环境之间的关系。"最早将持续农业的理念运用于实践的是美国。早在1985年，美国就制定了《可持续农业教育法》，之后又制定了《可持续农业法案》。1991年，联合国粮农组织（FAO）召开国际农业与环境会议，通过了具有历史意义的文件《丹波宣言》，其主题是农业和农村的可持续性发展问题，呼吁各国"必须密切关注环境问题，必须重新研究农业与环境的关系"。1992年，"环境与发展"会议上联合国发言代表向各国首脑郑重提出"可持续农业"的概念，并引起各国领导人的广泛关注。

二、农业可持续发展理论的内容

1．经济可持续性

经济可持续性要求经济方面农业发展能够自我发展和维持。在市场经济条件下，农业既要提高生产效率又要降低成本，同时还要保证其生产的产品具有一定的竞争力。经济可持续性是针对农业生产和销售体系能否长期持续并稳定满足社会系统各方面对其提出的要求进行全面衡量。

2．生态可持续性

生态可持续性是针对农业生产所依靠的自然生态系统能否持续为农业生产提供物质和环境基础进行的全面考量。对农业生态环境的良好保护，以及对农业资源可再生性和自我修复能力的维护是保障农业可持续发展的基本前提。按照可持续发展理念，生态可持续性要求人类在自然生态环境中利用农业资源的过程一定要保证不超出生态系统的承受范围，这样才能保障农业生态系统的持续供能，才能为人类后代保持完善的农业生态系统，从而促进代际公平的实现。

3．社会可持续性

社会可持续性要求满足人们食、衣、住等基本生活需求，要使农村社会环境得到持续改善，缩小城乡差距。农村社会环境改善主要包括人口素质提高、社会公平度提升、资源利用逐渐优化、农村剩余劳动力就业机会不断增加和提高农民收入等。它直接着眼于社会系统，度量的是当今社会系统的质量及其动态变化，可以归纳为需求满足与代内公平两个方面。

三、农业可持续发展的目标

联合国粮农组织（FAO）明确了农业可持续发展的定义，具体表述为："采取某种方式，对技术革新和机构改革的方向进行调整，采取保护和管理措施维护自然资源基础，以确保子孙后代对于农产品需求的获得和持续满足。这种农业的可持续发展能够对动植物遗传资源、土地资源和水资源等进行保护，是一种满足经济、技术要求的，能被大家所普遍接受的农业生产形式。"FAO专门提出了农业可持续发展的实现目标。

1．农村脱贫致富和综合发展

要努力转变农村当前的贫穷落后状态，通过增加农村劳动力就业来提高其收入水平，真正实现农村的脱贫致富和综合发展。

2．粮食持续增产及安全

以自力更生为基本原则，努力实现自给自足，不断增加粮食产量，确保粮食供应的稳定与安全，结合具体情况进行适当的粮食调剂与粮食储备，尤其要保证贫困者获得粮食的权利。

3．环境良性循环和资源保护

营造良好的生态环境，积极保护并合理利用自然资源，使资源与环境协调可持续发展，为后代的生存和发展创造良好的条件。

四、农业可持续发展的特征

与现代常规农业相比，可持续农业具有全新的指导思想和发展目标，具体实践模式也不同于现代常规农业，主要特征如下。

1．社会可持续性

社会可持续性主要涉及在社会经济资源和农村自然资源的利用上体现公平原则，努力消灭贫困，农村社会财富公平分配等；信息化和社会化服务水平不断提高，确保农村科技事业和医疗卫生方面得到持续的发展；农村居民的生活水平和生活质量得到不断提高，不断缩小城乡差别。

2．经济可持续性

实现农业可持续发展，必须以经济可持续作为主要条件。一方面，使农业生产能够获得盈利。技术选择不片面追求高新技术，以适用为原则；以获得较高产出率为原则进行资源的投入；实现农业的自我维持、自我积累、自我发展。另一方面，在较长时间内使农业产出维持较高水平。实现稳定增产和持续高产，这对农业比较落后的国家具有特别重要的意义。

3．人口可持续性

不断提高农业人口素质，并以适当速度将农村剩余劳动力从农业中转移出去。从数量上，农业人口既不能太多也不能太少。过多的农业人口会导致资源环境压力，不利于农业可持续发展；而过少的农业人口会导致农业劳动力缺乏，难以维持正常的农业生产。只有高素质人口会形成生产力，而人口素质过低，只能作为消费者。

4．资源可持续性

为了确保农业可持续发展，必须实现资源可持续性。农业生产所必须的自然资源能够实现可持续地利用，并采取多种措施对自然资源进行保护，涉及可持续地利用水资源、维护生物的多样性、稳定和增加耕地总面巧、稳定及提高土壤肥力等。

5. 环境可持续性

作为农业可持续发展的另一重要物质基础，环境可持续性主要是指良好地维持及改善影响和制约农业生产的生态环境，包括生产安全无毒的农产品、卫生健康的农民工作条件及环境，以及水资源、大气等农业生产环境的良好保持。农业发展需要有废弃物消纳的途径和载体，而环境恰恰为此提供了物理空间。

专栏：我国农业可持续发展

促进农业可持续发展，是贯彻党的"十八大"和十八届三中全会关于生态文明建设的重大举措，是加快转变农业发展方式、增强农业发展后劲、确保粮食安全的迫切需要。我国农产品供需形势严峻，耕地和水资源紧缺、环境污染和生态退化、自然灾害多发重发等问题日益突出，农业发展面临的挑战和风险不断加大，大力推进农业可持续发展十分必要。

一、有中国特色的农业可持续发展的内涵

我国的基本国情是人多地少水缺、生态类型多样、粮食安全压力大，我们必须科学选择有中国特色的农业可持续发展道路。一是在发展路径上，在加强农业环境治理的同时，通过深化结构调整、加强基础设施建设、推进农业科技创新，着力提高农业资源利用效率。二是在发展目标上，着力实现国内生产、国际贸易及农业"走出去"的供给能力与资源休养生息的动态平衡，坚持"把饭碗牢牢端在自己的手中"。三是在发展步骤上，科学规划，有序推进，试点先行，突出重点，先易后难，优先在生态环境问题严重、防控治理技术成熟的地区开展试点，然后逐步示范推广。

有中国特色的农业可持续发展道路要突出资源高效利用、环境有效治理和生态安全保护，旨在调整我国农业的发展思路和目标，使之从"保供增收"拓展到生产、生活、生态"三生共赢"。要以转变农业发展方式为主攻方向，以保障粮食等主要农产品有效供给和促进农民增收为前提，以体制机制改革、科技创新和技术推广为动力，以资源环境可持续利用为原则，借鉴历史和国际经验，有效应

对面临的严峻挑战，突破地少水缺的资源环境约束，充分利用已有的工作基础与条件，谋划重大举措，切实推进现代农业与可持续性农业同步发展。

有中国特色的农业可持续发展道路要顺应时代要求，坚持家庭经营与多种经营形式的共同发展，坚持传统精耕细作与现代技术装备的相辅相成，坚持高产高效与资源生态永续利用的协调兼顾，坚持政府支持保护与市场决定资源配置的功能互补，加快构建新型农业经营体系，深入推进农业发展方式转变。

二、我国农业可持续发展面临的挑战

20世纪八九十年代，我国在可持续发展方面开展了理论探索，积累了宝贵经验，确立了实施可持续发展的国家战略，提出了建设资源节约型和环境友好型社会的方针。多年以来，我国农业可持续发展已经从理论研究、局部试验，发展到今天的全面规划、深入实施。

我国在农业可持续发展方面的成绩是显著的，然而挑战也是严峻的。长期以来，我国的农业发展理念没有从深层次上对接可持续发展，在体制机制上没有实现科学转变，在政策上体现得也不够充分，更没有科学完整的措施体系保障，加上内外部因素叠加，新旧矛盾交织，我国农业可持续发展面临的形势不容乐观。

（一）农产品需求刚性增长与资源保障硬性约束之间的矛盾尖锐

近年来，我国人口总量每年增加700多万、城市人口每年增加1 000多万，由于人口数量增加和人口结构变化，加上农产品用途的拓展，全国每年粮食供需缺口不断加大。另外，资源对农业发展的约束持续加剧。我国是一个人多地少水缺的国家，人均耕地、淡水分别为世界平均水平的40%和25%。从耕地资源来看，随着工业化城镇化推进，每年还要减少耕地600万～700万亩（15亩=1hm^2。下同）。据有关部门的测算，城市化率每提高1个百分点，耕地减少600万亩，加上违规违法用地现象屡禁不止，守住18亿亩耕地红线任务十分艰巨。同时，耕地长期超强度开发利用，导致土壤退化问题越来越严重。从水资源来看，水资源配置工程建设滞后与水、粮配置严重失调并存；工程老化失修严重，农田水利基础设施仍然薄弱；缺乏长效政策措施保障，农田水利管理体制机制不完善；水资源过度开发，水环境污染难以控制。我国50%以上的耕地属于水资源紧缺的干旱、半干旱地区。同时，每立方灌溉水只能生产1kg粮食，每亩每毫米降水只能生产0.5kg粮食，这仅是发达国家的一半。低效的水资源利用助推了资源性缺水，加上水体污染造成的污染性缺水，使得农业用水的缺口进一步加大。

（二）工农业综合污染导致农产品产地环境问题突出

一是工业"三废"和城市生活污染大面积扩散，镉、汞、砷等重金属不断向水土渗透。我国每年因重金属污染而减产粮食1 000多万吨。此外，重金属污染还导致农产品有毒成分超标，威胁人体健康。二是由于不重视农业有机剩余物的循环增值利用，导致化肥农药大量投入。我国化肥单季利用率仅为30%左右，低于发达国家20%以上，每亩耕地化肥施用量是美国的3倍，多余的N、P已成为部分地区环境的主要污染物。农药利用率仅为33%左右，低于发展国家20%~30%，农产品农药残留超标事件时有发生。全国约有1.4亿亩耕地受农药污染，土壤微生物群落因此受到不利影响。此外，畜禽粪便过度排放、秸秆不合理处置、农膜残留等造成的污染也日趋严重，农产品产地环境堪忧。

（三）生态系统遭破坏和功能持续下降长期限制农业发展后劲的提升

我国部分区域重要生态功能不断退化，生物多样性面临严重威胁，生态保护监管能力薄弱，生态示范建设水平有待提升。我国森林覆盖率不到世界平均水平的2/3，居全球第136位；自然湿地仅占国土面积的3.77%，远远低于8%~9%的世界平均；由于长期超载过牧，草地质量不断下降，退化、沙化、碱化面积每年以200万公顷的速度增加，90%的天然草原出现不同程度的沙化退化；全国有沙化土地173万km^2，石漠化土地12万km^2，6亿多人受到威胁，5 000多种野生动植物受到威胁或处于濒危状态。因围垦开发等致使大量天然沼泽和湖泊消失，近10年我国湿地面积减少了2.9%，湖泊水面面积由7.1万km^{2}减少到5.2万km^2。地表水资源过度开发导致河流入海水量减少、河口淤积萎缩；地下水开采量显著增加导致超采区面积已达23万km^2，严重影响了当地的生态用水，以致地表植被枯萎。全国水土流失面积达356万km^2，占国土总面积的37.1%，每年流失土壤45亿多吨，损毁耕地90多万亩。渔业水域由于过度捕捞和水体污染，生态恶化问题也越发严重。我国生态脆弱地区总面积已达国土面积的60%以上。

（四）国内外市场风险不断增大使得统筹利用两种资源面临更大阻碍

2013年我国谷物净进口271.6亿斤，大豆净进口超过1 267.5亿斤，而十几年前我们还是出口大国。我国农产品贸易依存度已经由2001年的14%上升2012年的21%，我们已经利用了国际上相当于7亿亩播种面积的土地。由于世界各国对土地利用均有严格的限制，在国外从事农业的企业面临各种各样的困难。在国内粮食生产确保谷物基本自给、口粮绝对安全的前提下，为减轻国内资源环境压力、弥补部分农产品供求缺口，既要适当增加进口、加快农业"走出去"步伐，又要合理配置资源、防止给农民就业增收和种粮积极性带来冲击。在新的形势下，构建积极稳妥地利用国际农产品市场和国外农业资源的长期战略、健全农产品市场调控制度的任务十分繁重。

（五）农业经营能力滞后与效益不高对农业稳定发展产生明显制约

从经营能力来看，一是经营主体乏力，农村劳动力转移2亿多人，还留下2亿多，虽然总量仍有富余，但农业劳动力素质明显下降，许多地方留乡务农的大都是妇女和五六十岁的老人，而新生代农民工不愿务农、不会种地。二是生产能力低下，目前我国稻谷单产是美国的81%，小麦单产是新西兰的60%，玉米单产是以色列的23%。从经营效益来看，一是农业比较效益不高，这是影响农民生产积极性的主要原因。据抽样调查，2012年夏收小麦、早稻和夏收油菜籽每亩纯收益分别只有152元、321元和55元，加上经营规模不大，土地流转缓慢，近期内农业比较效益仍将大幅度低于非农产业。二是农业日益显现"高成本"特征，过去忽略不计的人工成本因青壮年劳动力大量外出务工也快速提高。同时，农产品跨区域流通量增大、运距拉长，物流成本普遍增加。

综上所述，我国农业已进入资源约束趋强、环境压力趋大、生态安全趋弱、国外资源利用风险上升和国内经营驱动不力的特殊时期，挑战十分严峻。同时，全面建成小康社会、城乡一体化和农业现代化对农业可持续发展提出了新的要求，全球气候变化给农业带来了不利影响，我们必须坚持走有中国特色的农业可持续发展道路，统筹规划、协调推进。

三、我国农业可持续发展的战略思路

（一）发展方向

我国农业可持续发展的努力方向是，用10年左右的时间，在守住耕地红线、基本农田和农田灌溉用水量不减的前提下，使农业资源利用效率、环境治理和农业生态保护与建设取得突破性进展，粮食等主要农产品供给得到稳定保障，农业结构和布局科学合理，农产品质量安全和科技支撑体系完善，生产经营方式和产业体系优化，全面实现资源节约型和环境友好型农业，形成生产发展、产品安全、农民富裕、生态文明的农业发展新格局。

1. 农业资源利用方面

优化水土资源开发方略、控制水土资源开发强度、提高水土资源利用效率、形成与资源环境承载能力相适应的农业生产布局与农作物种植结构，土地生产率和劳动生产率显著提高，土壤有机质丰富，全面实现资源节约型农业。

2. 农业环境治理方面

有效治理重金属污染耕地，主要污染物入河湖总量控制在水功能区纳污能力的范围之内；规模化畜禽养殖场（小区）基本全部配套建设废弃物处理设施，全面实现养殖废弃物综合利用率和畜禽养殖无害化处理，农业面源污染得到有效控制，全面实现环境友好型农业。

3. 农业生态保护和建设方面

划定森林、湿地、草原植被、荒漠植被生态保护红线，在维护自然生态系统基本格局的基础上，通过开展生态系统保护、修复和治理，确保生态系统结构更加合理；石漠化治理基本完成，水土流失治理能力、防灾减灾能力、应对气候变化能力、生态服务功能和生态承载力明显提升，外来生物入侵得到控制，生物多样性基本恢复，支撑农业可持续发展的国土生态安全体系框架基本形成。

4. 农业科技支撑方面

农业结构更加合理，物质装备水平明显提高，科技支撑能力显著增强，生产经营方式不断优化，农业产业体系更趋完善，粮食综合生产能力和农民人均纯收入持续提高，形成技术装备先进、组织方式优化、产业体系完善、供给保障有力、综合效益明显的新格局。

（二）重要原则

1. 要同时兼顾资源的数量和质量

现有发展模式主要是依靠资源的数量，而对资源的质量考虑得不够。例如，只考虑耕地的数量，很少考虑土壤的有机质含量、理化性能、污染状况。近年来，东北耕地的黑土层变薄就是典型的案例。再如，农业用水方面只考虑水量的配置，对水质的污染却欠考虑，一些地方存在严重的污灌现象，这是造成土壤污染的主要原因之一。

2. 要充分考虑生态环境的承载力

现有发展模式主要关注经济增长目标，虽然也考虑生态环境，但只是泛泛而谈，无法对随后的实施方案形成实质性影响。例如，华北地区由于片面追求粮食增产，消耗了大量的地下水，地下水漏斗十分严重，地面绿色植被的生态用水缺口很大，如果再继续下去，很有可能产生不可挽回的生态灾难，最终也将威胁到粮食生产。

3. 既要谋划地上生产量，还要关注地下生产力

现有发展模式侧重于地上生产量，对地下生产力的变化关注不够。其实，要解决农业可持续发展问题，虽然涉及很多方面，但不能不关注地力问题。地力问题解决好了，农业即使增长的幅度小也不可怕，因为"藏力于地，心有底气"。也就是说，提升了深藏土壤中的地下生产力，我们就可以不断地从土地中拿农产品了。早在3个多世纪前，英国经济学家威廉·配第（William.Petty）就曾经说过："土地是财富之母，劳动是财富之父。"这句话对人均土地面积很少的中国人来说，应时刻牢记心中。很难想象，在土地掠夺性经营的道路上，我们的农业还能走多远。

4. 要重视系统内的物质循环，不偏重投入

我国每年施用大量化肥、农药，导致了农业污染逐年加剧。更可怕的是，靠化肥提升的农业综合生产能力榨干了土地的有机质，靠农药保证的农业生产给土地注入了越来越多的毒素，传统农业中作为肥料资源的畜禽粪便在常规农业中成为主要的农业污染源。因此，可持续发展一定要重视系统内的物质能量循环。农业系统内的物质循环系统就好比人的血液循环系统，如果这个系统出现了阻塞，人就不会健康。同样，农业的生态循环没有搞好，农业也不能健康可持续发展。所以，要关注秸秆、畜禽粪便等农业有机剩余物的循环利用，使系统内的物质单元更多地附在产品中走出农业系统，而不是附在废弃的污染物上排出。

5. 要分区"休养生息"，追求总体发展效果

诺贝尔经济学奖得主阿马蒂亚·森（Amartya Sen）认为，增长与发展是有区别的。在不合适的地方、不合适的时间出现的增长会破坏可持续发展，农业亦是如此。虽然我国不能像西方国家那样实施耕地休耕制，但可以在局部耕地上实施"相对休耕"，即这些耕地可以不增产，甚至允许一定量的减产，只要不危及国家总体发展计划。就像人一样，长时间的快跑会使体力过度衰竭，放慢速度有利于体力恢复。"相对休耕"不是永久的，当这些地区的耕地生产能力恢复到一定程度，必然又会为农业增长做出大的贡献，甚至可以部分取代主产区，让主产区腾出时间进行局部轮换地"相对休耕"。我们提倡在占国土面积40%以上的草地上轮牧，让草场休养生息，难道就不能让占国土面积10%左右的稀缺而又宝贵

的耕地"喘口气"吗？

6. 要同时利用好国内、国外两个资源

通过国际贸易进口农产品就等于进口了土地、水和劳力资源，至于潜力有多大需要科学论证。要重新认识"负责任的大国"，试想一下，如果我国的农业不能长期可持续增长，就不能说是"负责任的大国"，毕竟我国人口和面积占世界的比重很大，对中国负责任，是"负责任的大国"首先应该考虑的。用好国际资源，还有一个方面就是去别人的土地上进行农业开发，至于潜力如何应该在今后的发展中正确把握。

7. 应开辟"立体粮食"资源，不片面追求"耕地粮食"

未来我国粮食发展应该走"耕地粮食"为主、"山水粮食"为辅的"立体粮食"战略，改变单一的"耕地粮食"格局，在提高我国粮食安全性的同时，又可以减轻宝贵的耕地资源所承受的压力。我国水域辽阔、山地广袤，但在粮食范畴内，水生植物淀粉一直被忽视，山林植物淀粉的生产潜力也没有充分发挥出来。在三年自然灾害期间，水边和山里的农民基本上靠这些非耕地粮食渡过了难关，但在正常年景人们就立即忘掉了这些珍贵的粮食资源，尽管这类粮食对人们的健康更有利。山、水、田、林，到处都是粮食的源泉，发展"立体粮食"战略将大有可为。

（三）主要任务

1. 农业资源利用方面

大规模建设"田地平整肥沃、水利设施配套、田间道路通畅、林网建设适宜、科技先进适用、优质高产高效"的旱涝保收高标准农田；针对测土配方施肥和土壤肥力提高，加强技术集成创新，突破秸秆还田、种植绿肥、施用有机肥等方面的技术瓶颈，推进土壤质量提升技术集成；按照农业生产布局与水土资源条件相匹配、农业用水规模与用水效率相协调、工程措施与非工程措施相结合的要求，集成农业节水技术体系，增加节水灌溉科技含量，加快高效节水技术体系建设。

2. 农业环境治理方面

加大耕地污染治理力度，对耕地污染进行监测和摸底调查，调整种植业结构，推进耕地质量修复技术模式的集成组装；加快治理规模化畜禽养殖污染，推广应用粪尿分离、干湿分离、雨污分流、沼液农田利用、种养结合、固体废弃物有机肥生产等实现废物循环利用;通过示范推广农田残膜捡拾回收相关技术,充分调动农户的主动性和积极性,重点扶持建设农田残膜资源化利用企业及回收网点,建立完善市场化运行机制;建立农药废弃物处置和危害管理平台,研发安全可靠、简便易行的安全处置及资源化利用的技术和设备,组织废弃农药、废弃包装物等的存放、回收、处置等信息申报;建立较完善的秸秆田间处理、收集、储运体系,推广秸秆肥料化、能源化、饲料化、基料化利用技术,形成布局合理、方式多元的秸秆综合利用产业格局;增加生态净水和循环用水设施设备,改善水产养殖设施条件和养殖水域生态环境,推广应用循环水和生态健康养殖模式。

3. 农业生态建设方面

保护和恢复林草①植被,遏制植被退化、沙化,增强水土保持、涵养水源能力,对于部分重金属污染严重地区、部分25°陡坡地、过度开垦的草原地区继续实施退耕还林还草;推进草原禁牧休牧轮牧,实现草畜平衡,促进草原休养生息,推进南方及重点地区草地保护建设,促进草原畜牧业由天然放牧向舍饲、半舍饲转变;建立起比较完善的平原农田防护林体系,初步建成由点、带、片、网组成的平原农区森林生态系统,全面控制基本农田;加大黄土高原去水土流失及荒漠化综合治理力度,继续石漠化综合治理,加强重点区域水土流失综合治理和坡耕地改造等水土保持工程建设,治理东北黑土地水土流失,对关中盆地、四川盆地以及南方部分地区的坡耕地,进行综合治理与改造;针对地下水开采严重的地区要稳妥调整种植结构。

(四)保障措施

1. 加强组织领导

建立由国务院有关部门参加的农业可持续发展部级联席会议制度,加强对规划实施的统一领导和统筹协调,明确工作责任主体,搞好政策衔接,共同解决规划实施中遇到的重大问题。省级人民政府要切实负起总责,抓紧制定省、地、市(县)级农业可持续发展规划,做好地方各相关部门的统筹协调,打破条块分割局面,创新工作机制,形成部门合力。探索编制自然资源资产负债表,对领导干部实行自然资源资产离任审计,建立生态环境损害责任终身追究制度。

2. 强化科技支撑

加大国家科技计划对资源利用、环境治理和生态保护领域的研究支持,加快

---

① 林草是所有乔灌草植物的简称

关键技术研发。加强国家和省级农业资源与生态环境领域的科技创新平台、重点实验室等条件能力建设，促进科技创新条件与人才队伍、研究任务、产业发展相配套，加快农业资源与生态环境领域重大成果和关键技术的推广应用，加快资源节约型、环境友好型农业的人才培养与教育培训。

3. 完善扶持政策

加大"三农"投入中用于资源保护、环境治理和生态恢复建设的比重。各项投资要向耕地重金属污染治理区域、重要水源地面源污染治理区域、东北黑土地治理区、重点生态修复区倾斜。健全和完善已有补贴政策，扩大补贴范围和规模，完善补贴方式，提高补贴精准度。启动实施土壤修复奖励政策，加大对东北黑土地质量建设的投入，建立地力补偿基金。实施产业结构调整补贴，对东北地区粮豆轮作、重金属污染治理区域种植结构调整、地下漏斗区改种节水作物给予补贴。实施有机肥、加厚地膜补贴，启动高效缓释肥补贴和低毒低残留农药补贴试点。研究建立秸秆还田或打捆收集补贴机制、高耗能老旧农业机械报废回收制度，探索实施报废更新补贴。通过以奖代补方式，大力推广节水农艺措施。

4. 健全法律法规和加大执法力度

提高对农业资源与环境违法行为的处罚力度，健全重大环境事件和污染事故责任追究制度。对环境法律法规执行和环境问题整改情况开展督察，建立跨行政区环境执法合作机制和部门联动执法机制。划定永久性农田，修改土壤重金属污染评价标准，修订完善农用地膜国家标准体系，对农膜厚度、可降解性等指标给予强制性规定，建立并完善污染土壤调查和监测制度、环境影响评价制度、整治与修复制度、土壤污染整治基金制度以及土壤污染的法律责任制度，加大对农业面源污染的监测力度，将产区土壤、灌溉水、大气、农业投入品等全部农业生产要素及农产品纳入监测范围。

5. 创新体制机制

建立和完善严格监管所有污染物排放的环境保护管理制度，独立进行环境监管和行政执法。建立陆海统筹的生态系统保护修复和污染防治区域联动机制。及时公布环境信息，健全举报制度，加强社会监督。完善污染物排放许可制，实行企事业单位污染物排放总量控制制度和处罚制度。加快建立资源环境承载能力监测预警机制，对水土资源、环境容量和海洋资源超载区域实行限制性措施。加快资源及其产品价格改革，全面反映市场供求、资源稀缺程度、生态环境损害成本和修复效益。探索建立国家生态补偿专项资金，开展污染治理生态补偿试点。加强政府引导与支持，运用市场机制和经济手段，鼓励社会各方参与农业可持续发展工作，吸引社会资本投入生态环境保护的市场，推行环境污染第三方治理。发挥新闻媒体的宣传和监督作用，广泛动员公众参与农业生态保护和监督，完善信访、举报和听证制度。

第三节 生态农业理论

一、马克思的生态农业理论

1．马克思的土地自然肥力思想

马克思提出："土地最初以食物、现成的生活资料供给人力，它未经人的协助，就作为人类劳动的一般对象而存在。"马克思在这里说的土地就是土壤，土壤由于有一定的肥力，能够提供绿色植物生长的必要条件，这也是有肥力土地的主要功能。

马克思提出了肥力的两个范畴，即土地的自然肥力和人工肥力。"自然肥力是指土地不依赖于人的生产活动，而由自然过程赋予土地的肥力，它是自然历史过程的产物；人工肥力是通过人的生产活动赋予土地的肥力。""人工肥力是由资本能够固定在土地上，即投入土地所致，其中有的是比较短期的，如化学性质的改良、施肥等，有的是比较长期的，如修排水渠、建设灌溉工程、平整土地、建造经营建筑物等，它属于固定资本的范畴。"

在农业生产活动中，绿色植物所需要的经济肥力不能被自然肥力直接表现出来，经济肥力的形成要以自然肥力为基本条件，在一定的自然肥力的基础上，经过人们的生产劳动来形成人工肥力，人工肥力与土壤本来具有的自然肥力相结合就形成了经济肥力。

马克思指出了经济肥力和自然肥力的区别，充分肯定了人类活动在人工肥力形成中的作用，自然肥力向经济肥力转化是客观事实。

2．马克思的自然生产力思想

劳动生产力高低的决定因素之一就是自然条件的丰度。这里的自然条件可以归结为人本身的自然（如人种等）和人周围的自然。马克思说："外界自然条件在经济上可以分为两大类：生活资料的自然富源，例如土壤的肥力，鱼产丰富的水等；劳动资料的自然富源，如奔腾的瀑布，可以航行的河流，森林，金属，煤炭等。"在人类文明初期，前一类自然富源具有决定性的意义，而在发展到较高的阶段之后，后一类自然富源具有决定性的意义。劳动外部的自然条件在经济上能够分为两大类：属于生活资料的自然富源和劳动资料的自然富源。撇开劳动的社会条件不说，那么因为劳动的自然条件的优劣差异，劳动生产力的高低就会有差异。比如，在农业中，土地自然肥力越好，气候越好，维持和再生产生产者所必需的劳动时间就越少，所以在单位时间内能够生产的产品数量就越多。

在农业中大规模地把自然力应用在生产中要比在其他生产部门中应用自然力要早。只有在工业发展到比较高的阶段时，在工业生产中使用自然力才表现得较明显。自然条件是劳动必不可少的条件之一。各种不同的自然条件，比如，土地是否肥沃，矿源是否丰裕，阳光是否充足等，不同程度地制约着劳动的生产力和社会经济发展。土壤自然肥力越大，气候越好，就越有利于农业生产的发展。自然条件越好，对于航空、航海、架桥、修路、开矿和加工工业就越有利。另外，在不同的自然条件下，人们必须满足的自然需要也有不同，例如生活在热带的人比生活寒带的人要少穿衣服，这就造成了劳动再生产的不同条件。受自然条件制约的劳动生产力和由社会条件决定的劳动生产力是互相联系的。劳动的合理社会结合等可以使巨大的自然力为生产服务，提高劳动强度可以加强对自然物质的利用。

二、西方的生态农业理论

生态学的核心问题之一就是生态系统。1866年，德国生物学家海克尔在《有机体普通形态学》一书中最先提出了生态学这个词。海克尔给出的生态学的大概解释是探索生物有机体和无机环境相互联系的科学。地球上没有单独存在的生物，就好比一个人不可能脱离人类社会是一个道理，生物之间由于各种方式彼此联系而共同生活在一起，从而形成了生物的社会，也就是生物群落。

生物群落与环境之间的关系是非常密切的，它们彼此依存，彼此制约，共同成长，很自然地就成了一个整体。他的思想在19世纪末就在欧美各国的科学文献中体现。生态学家但斯利在对植物群落的探究上归纳了很多人的研究结果，提出了生态系统这个概念。

生态学系统的基本概念是物理学上使用的"系统"整体，这个系统包含了有机复合体和形成环境的整个物理因子复合体。生态系统学说提出，有机体包含多个生物的个体、种群和群落,它们一起生存在蕴含着水、热、光、土、空气及生物等要素所构成的环境里。有机体与无机环境是连接在一起的整体,它们在特定的规律下组合起来,相互依附,相互制约,并处在不断运动和转变的过程中。每个因子不单单自身起作用,且相互之间发生作用,不仅受周围其他因子的作用,反过来还作用于其他因子。如果当中一个因子发生改变,那么一系列的连锁反应就会发生。这就是生物与非生物因子之间纷繁复杂的能量流动和物质循环。因此,生态系统是特定空间范围内生物与非生物之间通过能量流动和物质循环,协同连结而成的一个生态学单位,也可以概括为一个简单的公式:生态系统=生物群落+环境条件。

专栏:新时期我国生态农业建设

党的十八大将生态文明建设纳入"五位一体"总体布局,确立了生态文明在新阶段社会主义建设中的突出地位。农业是国民经济的基础,也是与自然联系最为紧密的生态产业。然而,目前农业发展状况堪忧,化肥农药过量使用、农业废弃物资源化利用不到位、养殖业用药和饲料添加剂不规范等成为破坏农业生态系统的主要原因。这些做法有悖于生态文明建设的宏伟目标,应借当前高度重视生态文明建设之机,突破传统生态农业的局限性,加快发展现代高效生态农业,引导推进广大农村地区的生态文明建设。

一、生态农业的特征

(一)建立在高效利用自然资源基础上

根据区域自然条件和资源基础,生态农业可以灵活选择农业生态系统构成复合生态系统模式,进而提高空间和光能利用率,这有利于物质和能量的多层次利用,增加生物质产量。复合生态系统中物种的多样性,一方面为有害生物防控提供了天然条件,从而减少化学药剂的使用量;另一方面提高了物质循环和能量转化的效率,对有机剩余物进行资源化利用,既增加了养殖业的饲料来源,又降低了种植业的化肥投入量。这样,在降低生产成本、提高经济效益的同时,又减少了农业污染,提高了农产品质量。

（二）注重发挥生态系统的整体功能

生态农业是涵盖农、林、牧、渔等种养业在内的综合经营体系，目的是在有限的土地和养殖水域上发挥生态系统的整体功能，实现综合效益的最大化。因此，生态农业要求根据当地的具体情况对种养业进行合理搭配，瞄准最高的整体产出水平。传统生态农业是小规模的种养业搭配，在最终效益上是有限的；而现代生态农业强调的是适度规模化的种养业搭配，能够充分发挥整体农业生态功能，实现最佳的产出效益。

（三）注重提高生态环境质量

生态农业本身有很强的自净能力，可以在很大程度上减轻生产活动对生态环境的干扰。同时，生态农业注重恢复和提高土壤的肥力，减少化肥和农药的用量，使土地退化和生态环境污染得到控制，使农业与农村生态环境持续得到改善。此外，生态农业能够确保农产品的安全性，提高生态系统的稳定性和持续性，增强农业发展后劲。

二、我国生态农业面临的挑战

早在20世纪80年代初期，我国就开始了生态农业建设。在"八五"和"九五"期间，100多个生态农业试点示范县总结实践了大量有效的生态农业模式，初步形成了生态农业技术体系，取得了一些社会、经济和生态效益。但由于政策理论研究、生产经营和管理体系方面存在不足，目前我国的生态农业还徘徊在小规模、低转换、微效益的传统生态农业阶段。

（一）生产主体小，产业化水平低

我国的生态农业基本上是原有家庭承包基础上的一家一户经营，不仅规模小，而且主要停留在生产阶段，农业产业链的其他环节都十分不健全，因此很难达到规模经济，这必然制约着生态农业建设的规范化发展，也导致了抵御来自较大的经济环境和生态环境冲击的能力较弱。另外，小的生产经营主体一般生态意识差，对生态农业的发展认识不足，农民往往追求眼前的经济利益，对规范化生态农业难以接受，导致生态农业技术不易推广和广泛应用。

（二）研究点散面窄，缺乏系统性

一个完整的农业生态系统包含很多组成成分，需要严密的理论支撑才能设计出适用的复合系统。以往针对生态农业的研究多侧重于单一学科，未形成系统、综合的研究。同时，对于发展生态农业的法律对策、战略方针、检测体系和标准化评价体系等问题的研究与生态农业发展相脱节。此外，传统的生态农业技术体系基本上是对单一技术的简单加整，对复合生态农业系统的设计缺乏综合性技术措施的研究。此外，实用技术到位率差，科技立项与农民的知识水平和经济承受能力脱节，技术结构不合理等问题也比较突出。

（三）政策法规保障乏力，资金短缺

目前，缺乏全国性生态农业建设的总体目标、指导思想、发展措施和保障机制等纲领性的文件，生态农业建设的政策激励机制不健全，实施主体缺乏积极性；全国性生态农业建设法规条例还未制定，仅靠《全国生态农业建设技术规范》等指导性文件进行生态农业建设；此外，传统生态农业建设无法取得独立的财政扶持，资金渠道有限，建设项目难以全面展开，长期处于初级阶段，建设进程缓慢甚至停滞。

三、生态农业发展要注重核心机制建设

农业如同人一样，是否健康不能只看外表，要看它的内在系统，例如"血液循环系统"如何？"经络系统"如何？"代谢系统"如何？等。可以说，各地的农业都做得"有鼻子有眼"，但这个"有鼻子有眼"的农业是否健康？这不取决于表面现象，内在系统才是关键。

笔者认为，生态循环机制是决定农业内在系统是否健康的关键机制，也是新时期生态农业的核心机制。人的身体内在系统如果出现阻塞，人就不会健康。同样，生态循环机制没有建好，农业也不可能健康可持续发展。例如，秸秆是否循环利用了？畜禽粪便是否循环利用了？如果做好了生态循环的文章，农业内在系统就健全了，农业上的很多根本性问题就能迎刃而解，如土壤的有机质含量就会不断提高，土壤的理化性状就会越来越好，耕地质量也随之提高。在这样好的土地上，农业不仅会实现可持续增长，而且农产品质量也能从源头上得到保证。

（一）生态农业核心机制建设的理论依据

1. 生态循环农业的由来

笔者长期从事生态循环农业研究，参与了大量的生态循环农业模式的实践工作。在实践过程中，为了让团队的每个成员都能准确把握生态循环的要点，根据传统生态农业的精髓和市场经济环境的要求，归纳总结了"价值循环理论"。同

时,在与基层工作人员的合作中、在与专家学者的座谈和研讨中,笔者发现"价值循环理论"有助于把握工作和思维的方向。因此,"价值循环理论"可以作为发展现代高效生态农业、促进农业可持续发展的最直接的理论之一。

2. "价值循环理论"概述

现代社会经济体不仅仅创造和实现价值,更应关注价值循环。从本质上来看,价值循环可以保证在有限的资源条件下更多地创造和实现价值。如果经济体内部的所有物质单元,包括无机物和有机体都能充分地以价值形式实现循环,那么就能向经济体外提供最大的价值总量。这里的价值总量是"正价值"量减去"负价值"量后的"净价值"量。所谓"正价值",就是经济体提供的产品所体现的符合购买者需求的效用价值;所谓"负价值",就是经济体的行为对资源环境和经济社会造成的负面影响对应的价值损失,这种价值损失有时不是直接体现在当下,而是在未来的一段时间里逐渐显现。衡量经济体的好坏不能只衡量"正价值"量,也就是说,经济体的成果中应该减去相应的"负价值"现值。

经济体内部的物质单元如果附在产品上走出经济体,就会形成"正价值",如果附在不再被循环利用的废弃物上走出经济体,就会形成"负价值"。只有物质单元在经济体内充分循环,多次地经过生产过程,才能更多地附在产品上走出经济体,经济体才会在同样资源投入的前提下形成较大的"正价值"量和较小的"负价值"量。

如何使物质单元在经济体内多次地经过生产过程从而实现充分循环呢?只有用价值这只船载上物质单元,才能使他们畅通循环,因为经济体内部的各部分也是完全或不完全的经济理性单位,他们需要通过价值链进行交易,也就是说,他们计较的是价值。

(二)生态农业核心机制建设理论的诠释

1. 生态农业的精髓是物质单元多次经过经济体内部的生产过程

农业废弃物多为有机废弃物,收集并加以资源化处理,不仅可获得补充或代替能源,而且还可以增加农业生产资料,如种植业的有机肥、畜牧业的饲料、菌菇业的基料等,这是生态循环机制的一项重要内容。农业中的复合产业体系是实施生态循环机制的广阔天地,种植业、养殖业、畜牧业、菌菇业、农产品加工业以及新兴的旅游业、服务业等,完全可以利用生态循环链条连成一体,把以农产品生产为目的动脉产业和废弃物处理为主的静脉产业穿插结合,为物质单元多次经过生产过程创造条件，谋求资源的高效利用和废弃物的"零排放"，充分体现生态循环的本质要求，以实现农业产出高增长、农业资源消耗低增长、农业环境污染负增长的发展格局。

2. 生态农业的目的是物质单元更多地附在产品上走出经济体

此部分是以上一部分为前提的，也就是说，经济体内部的物质单元只有多次经过生产过程，才能向经济体外提供更多的产品量，产生更大的价值总量。

任何一个经济体，在产生产品的同时，总是会排放废弃物，尽管我们努力朝着零排放的目标努力，但排放或多或少，一时无法完全避免。如果物质单元多次经过生产过程，就可以更多地附在产品上，而不是附在废弃物上走出经济体。例如，种植业的秸秆原本是有机剩余物，大多数情况下被当作废弃物，但如果还田或通过其他途径再利用，秸秆中的物质单元就可以转化为产品中的物质单元，不再是经济体排放的废弃物中的物质单元，经济体就可以提供更多的产品。

附在产品上走出经济体就会形成"正价值"，附在废弃物上走出经济体就会形成"负价值"。因此，衡量经济体的好坏不能只衡量产品价值量，即"正价值"量，还应该减去相应的"负价值"。由于这种"负价值"对社会经济和生态环境的损耗不是完全直接体现在当下，而是在未来的一段时间里逐渐显现，因此每年减去的"负价值"应是分摊的现值。

3. 生态农业的保障是用价值之船载上物质单元在经济体内畅通循环

由上可知，只有让经济体内的物质单元多次经过生产过程，才能使物质单元更多地附在产品上走出经济体。但是，让物质单元在经济体内实现充分循环并不是件简单的事，必须有合理的运行法则来保障。此外，经济体内的各部分也是完全或不完全的经济理性单位，其动力来源主要是利益刺激，而利益背后是价值分配，也就是说，他们关注的主要是价值。

因此，保障生态农业的发展需要建立这样的运行法则，它的基本内容就是用价值之船载上物质单元在经济体内畅通循环，这是"价值循环理论"的核心，也是生态农业得以有效运行的根本保障。例如，种植业的秸秆通过养殖业作为饲料过腹再还田回到种植业，它们之间（在一些地方还有秸秆收集中介、秸秆专业合作组织）需要在秸秆的价值链条上合理地交易才能保证这种生态循环模式的更好运行，也就是说，秸秆中的物质单元只有通过价值这只船才能在种植业与养殖业之间畅通无阻地循环。

四、国外生态农业的经验做法

"生态农业"一词由美国土壤学家威廉·阿尔布瑞奇（William Albrecht）于1970年提出后，迅速得到广泛的重视和响应，1969年北大西洋公约组织各国率先成立了现代社会挑战委员会，处理有关部门环境问题的多边实验项目，生态农业是其中的重要项目之一。美国罗代尔研究中心和大学生态研究所、英国的国际生物农业研究所先后开展生态农业研究，德国、荷兰、瑞士等国也先后建立了不同类型和规模的生态农场，生态农业得以迅速发展。发达国家的生态农业能得到迅速发展，关键是以完善的法律体系为基础（梁剑琴，唐忠辉，2008）。

（一）欧共体（European Communities）

欧洲国家生态农业起步较早，其政策法规较为完善。20世纪90年代初，德国和英国构建了"适当的农业活动准则"，对不宜施肥期的施肥量进行严格控制，规定河流附近的畜产农户必须有家畜粪尿的处理设施，对于所发生的损失，由政府财政给予补贴（梁剑琴，唐忠辉，2008）；1992年欧共体在德国《施肥令》和英国《控制公害法》基础上颁布了《关于生态农业及相应农产品生产的规定》，扩大了"污染者负担"原则的适用范围，明确规定了产品如何生产，哪些物质允许使用，哪些物质不允许使用。1999年又补充了有关动物性生产的条款（姜亦华，2001）；1993年欧共体各国出台了对生态农业资助的政策法规，并投入相当大的资金在全国范围内统一实施，欧盟各国所有的资助项目都规定农民必须按照生态农业标准耕种5年才能得到资助，否则必须退还所领款项（姜亦华，2001）。

德国生态农业的发展得到政府的大力支持。为扶持农业，德国政府为农业提供的补贴金额大大增加，不仅仅是生产方面，更包括生态农产品的加工和销售（徐永祥，2010）；德国有一套完善的农业法律法规，农产品种植必须遵循7项法律法规，包括《种子法和物种保护法》《肥料使用法》《自然资源保护法》《土地资源保护法》《植物保护法》《垃圾处理法》《水资源管理条例》，2001年德国正式实施《生态标识法》，通过标识区分生态产品和传统农产品，这对生态农业的发展来说意义重大。2003年德国制定了《生态农业法》，规定对已注册的生态农业企业的经营活动及其产品的监测、检查或检测，以及对违法经营者的处罚，以此来确保欧盟的条例指令能够得到充分的实施（贾金荣，2005）。

（二）美国（United States of America）

美国的农业立法以农业法为基础和中心，与之配套的重要法律达100余个，因此农业法律体系十分完善，并将发展生态农业的各项措施具体化到各部法律之中。1953年的《水土保持法》、1997年的《水土资源保护法》《清洁水法》等都规定了对农业生态环境的保护；1983年指定的《有机农业法规》对有机农业进行了界定，并要求所有农药必须在联邦农业部登记，在使用州注册，使用者必须经过培训，合格后方可领证；1985年颁布的《土壤保护法》对占全美耕地24%的易发生水土流失地实行10~15年休耕，对农民直接补贴；1990年制定了《有机食品生产法》，1991年又发布了《有机食品证书管理法》（徐永祥，2010）；《2002年农场安全与农村投资法案》授权农业部实施《保护保障计划》《保护保存计划》《湿地保存计划》《环境质量激励计划》《草地保存计划》《私有牧场保护计划》《野生生物栖息地激励计划》《农牧场土地保护计划》等，设立了营销援助贷款和贷款差价支付、直接支付或直接补贴、反周期支付3种补贴方式，加大了对农业生态环境的保护力度，调整了补贴方式，扩大了补贴范围，对实施生态保护计划的农民进行补贴，使农民直接受益（孟繁华，2004）。

（三）日本（Japan）

20世纪七八十年代，日本开始重视农业环境问题，提倡发展循环型农业，有机农业在全国普遍兴起，相继出台了《废弃物处理法》《环境基本法》《资源有效利用促进法》《推进循环型社会形成基本法》《农药取缔法》《土壤污染防治法》等，有机农业、生态农业、农药化肥的减量使用开始逐步实施；1999年日本正式颁布了《食品、农业、农村基本法》，作为21世纪的基本方针，其核心在于实现农业的可持续发展和农村的振兴，确保粮食的稳定供给，发挥农业农村的多种功能（梁剑琴，唐忠辉，2008）。随后又颁布了农业环境三法，即《家畜排泄物法》《肥料管理法（修订）》《可持续农业法》，将发展有机农业作为环境保全型农业的首选。2001年实施有机食品国家标准及检查认证制度，制定了《有机食品生产标准》《有机农产品及特别栽培农产品标准》《有机农产品生产管理要领》等，确定了有机农产品生产技术路线和检查认证的制度（周玉新，唐罗忠，2009）。21世纪初，随着消费者对食品安全和环境问题的关注度的提升，日本相继出台了《农药危害防止运动实施纲要》《农药残留规则》《农地管理法》，加强了对农药的审定、生产保管及使用的监察和管理。2005年颁布了新的《食物、农业、农村基本计划》和《农业环境规范》，提出全面实施环境保全型农业是享受政府补贴、政策贷款等各项支持措施的必要条件，2006年和2007年先后出台了

《关于推进有机农业的法规》和《关于有机农业推进的基本方针》（周玉新，唐罗忠，2009）。

五、新时期我国生态农业发展的基本思路

进入"十二五"，生态农业发展迎来了新的机遇。在环境污染日益严重、食品安全问题频发的现实压力下，公民的环保意识逐渐提升。同时，农业生产的主体也呈现多元化，专业大户、家庭农场、农业企业、合作社等经营主体逐渐替代一家一户的传统经营，为生态农业模式及技术体系的实施创造了条件。2012年党的"十八大"将"大力推进生态文明建设"独立成章，凸显了生态文明对我国未来发展的重大意义，为新时期生态农业的发展提供了良好的政策环境。

新时期生态农业的发展目标就是建设现代高效生态农业。现代高效生态农业不同于传统生态农业，需要系统化的政策法规保障、规模化的运营模式承载、现代化的科学技术武装。

（一）用系统化的政策法规保障生态农业

现代高效生态农业与一般农业发展模式相比，具有更强的正外部性，但同时也承担着更大的机会成本，弥补的办法就是实施扶持政策，建立激励机制，引导农业生产者的行为。同时，参考国际上成功的做法，我国还要完善相应的法规体系，建立相应的约束机制，规范农业生产者的行为。目前这些机制建设还处于起步阶段，因此，需要在深入进行经济分析和研究农民意愿基础上，制定出能引导和保障现代高效生态农业快速发展的政策法规，并尽快形成有效机制。

（二）用规模化的运营模式承载生态农业

农业适度规模经营，可以促进专业化生产、集约化投入、规模化产出，不断降低单位面积生产成本，不断提高经营主体的效益总量。同时，规模化是现代高效生态农业的前提，可以保障农业生态系统各子系统间的高效物质循环和能量转换，有效抵御大的自然灾害。当前，我国正在加速城镇化发展，农村土地闲置或利用不充分问题日益突出，开展农业适度规模经营具备了基本条件。因此，建议政府能够积极引导，提前制订规划；健全培训教育体系，加快培育生态农业职业农民；完善相关政策法规体系，在激励的同时加强监管；健全农业社会化服务体系，提供生产和市场保障。

（三）用现代化的科学技术武装生态农业

面临保障农产品有效供给与保护资源环境双重压力的我国，农业发展必须依靠科技，现代高效生态农业的核心支撑也是科技。要充分认清生态农业发展的技术需求与创新方向，既要注重挖掘传统生态农业技术精髓，又要创新现代农业技术，并进一步集成创新。传统生态农业的技术特点是精耕细作，重视资源环境与生态系统的保护，缺点是生产规模小、效率低、抵御自然灾害能力差。因此，要在挖掘传统生态农业技术精髓的基础上，采用现代农业技术弥补其缺陷，使生态农业转变成现代高效农业。然而，用现代农业技术优化传统生态农业技术，并不是简单拿来，而是根据生态农业的不同类型进行集成，属于一种创新过程，这样才能使生态农业真正具有现代高效的技术内涵。

（四）小结

农业是与自然最为紧密的生态产业，农业生态系统和生产系统是一个共同体，不仅包括农田生态系统，还涉及与农业生产相关的其他生态系统，如草地、林地、水体、湿地等，典型的有北方牧区、南方草地、经济林、林下种养、湖泊和江河以及近海网箱养殖、池塘放养、水生种植、水禽以及水生动物饲养等。承载农业生产的农业生态系统是一种人工生态系统，建立在特定生物群落与其环境之间能量和物质交换及其相互作用的基础上，是人类开发程度最大、依赖程度最高的生态系统。农业既然是一种生态产业，就不能仅仅关注资源节约、环境友好，还应该上升到更高的生态层次，关注生态保育。生态保育（Ecosystem Conservation）包含生态保护（Protection）与复育（Restoration）两个内涵。生态保育型农业就是在保护现有农业生态系统的同时，修复受到人类和自然冲击的农业生态功能，培育有利于农业可持续发展的生态承载力。

"十八大"报告在"大力推进生态文明建设"这一部分与以往政府报告中"资源环境、生态环境"等表述有着明显不同，把"资源""环境""生态"三者分开，以表明它们的区别，但同时又并列表述，以示它们的紧密相关性。可以看出，这不仅仅是文字上不同，同时在更深层次上反映出报告对于人与自然关系的深刻认识。必须树立尊重自然、顺应自然、保护自然的生态文明理念，这是党的十八大报告针对资源约束趋紧、环境污染严重、生态系统退化的严峻形势，明确提出来的自然生态观。我们必须将这种自然生态观融入新时期经济建设、政治建设、文化建设、社会建设各个方面和全过程，特别是农业这个涉及国土面积最大、对生态文明建设影响较大的产业。同时，我国农业发展面临的资源、环境与生态问题，是生态文明建设无法回避的，必须解决这些问题，否则生态文明建设无从谈起。只有全方位转变农业发展方式，探索以生态保育型农业为最高层次的多维生态农业创建之路，扎实推进生态文明建设。

多维生态农业与农业可持续发展的关系集中体现在三个方面。一是多维生态农业注重选择适宜的农业复合模式，提高空间和光能利用率，促进物质充分循环和能量的多级利用，从而增加生物质产量。二是多维生态农业可以在很大程度上减轻对环境的干扰，可以为有害生物防控提供天然条件，化害为利，从而从环境安全保障方面保证农业可持续发展。三是多维生态农业有利于在有限的时空内发挥生态系统的整体功能，注重提高生产系统的稳定性和持续性，增强农业发展后劲和长期效果。

第二章 多维生态农业的理论创新

第一节 多维生态农业的内涵和外延

一、内涵

多维生态农业就是通过自然科学、社会科学、思维科学等多学科交叉与系统工程相结合,对解决中国100多个农业问题形成多向思维和系统工程思维,完成从传统单一化学农业种养方法到生态化多物种多链循环种养模式的质变,再从多维生态农业绿色高质量、全链闭环到乡村全面振兴产生更大的量变与质变,这两种生产方式的转变会引发农业生物链、食物链、生态链、产业链、价值链、信息链、金融链等全方位、全链的转型升级,这是一场农业大变革。其关键和核心是:建议围绕科学技术是第一生产力的"全新农业模式""全链绿色生产过程"进行体制机制的配套创新,探索中国农业的"华为模式",服务于全国新型模式农业园区建设。

多维生态农业包括一维多学科交叉、一维地上部立体种养、一维地下部立体空间、一维生产系统、一维生态系统、一维循环系统、一维生物功能、一维生态位、一维中医农业、一维技术人才、一维人工智能、一维市场需求、一维土地确权、一维脱贫致富、一维资本金融、一维生产加工、一维食品安全、一维田园综合体、一维振兴乡村、一维三产融合、一维互联网+、一维政策法规、一维体制机制、一维关税壁垒……。复杂的农业问题经过$1+1+1+……n$次全国各地调查研究、$1+1+1+……n$次探索试验、$1+1+1+……n$个技术集成、$1+1+1+……n$个典型案例、$1+1+1+……n$个数据检测等。最后,我们看到一切由量变发生的质变,诸多一维问题的交叉解决形成"三农"问题的系统解决方案,创造一种农业新模式——多维生态农业模式。通过多维生态农业的理论与实践探索构建农业产—

供—销全链全新绿色闭环大循环。

二、外延

《多维生态农业》涉及多学科领域和100多个农业及相关问题，外延比较大，论述的是一个农业系统工程解决方案，有三大特点：（1）利用人工智能系统让农民不再脸朝黄土背朝天，实现全链互联互通；（2）利用生物技术，借助生物动力和生物组合功能，让农民省钱、省肥、省力、省工、省药；（3）通过技术集成、产业联盟完成多物种多链循环，构建了农业全链产融绿色大循环体系+复合式生态产业体系+多维消费增值平台+政府体制机制的三产融合，通过41项发明专利的技术集成构建农业全链绿色大循环的"多维生态农业芯"，探索中国农业"华为5G模式"，逐步不断放大多维生态农业的外延。

《多维生态农业》提出"2+1"方法论三者兼容，从宏观、微观上与生产、生活、生态形成农业问题的系统解决方案，打造中国农业升级版，构想构建中国农业四大立体粮仓，五大新业态、新动能，包括新型农业模式技术培训服务业、乔灌草装备制造业、农业中高端人工智能设备装备制造业、新兴农林战略产业、绿色生产方式的中医农药、中医肥料、中医饲料、中医兽药以及秸秆粪便饲料化、肥料化、能源化、基料化、原料化的生产加工经营，改善提高和解决人类的基本生存环境、食品安全、人民健康等一系列问题。

多维生态农业以先进的生态农业种养技术合方法为基础，旨在打造一个以多维绿色高效、高质量生态产业为依托，集生产、开发、旅游、休闲娱乐、康养等多种功能于一体的现代产业综合体，其外延主要介绍其中的4个方面。

1. 产业的多维

多维生态农业以重农固本为基石，既不是将休闲康养旅游业和工业作为农业的附属，也不是着重发展其中两者而忽略第三者，而是统筹协调农业、工业与休闲康养旅游业的关系，三者相互促进，共同发展，并带动服务、饮食、医疗等附属相关产业化的发展，构成兼容并包、和谐有序的多维产业体系，实现区域经济、文化、艺术等社会各方面的全面发展。

2. 空间的多维

在多维生态农业模式下，每一个品种的根茎叶花果实、畜禽鱼虾等都有合理生态位，都能成为产业，每一种方法、每一项技术、每一种模式均对资源、自然人工环境与空间有着高效的利用。多维生态农业是由传统的间种、套种、复种及种养微加销一体化模式发展而来的,指的是通过生物与时空的合理结合、物质与能量的循环利用建立起来的多物种、多种资源、多链循环整合,包括立体种植业、立体养殖业、立体微生物业、立体环境产业以及它们相结合的集约型产业。例如,通过多维空间及其人工自然环境产业的研究,利用室内外、楼顶、树林、果园、空间等发展悬浮式、壁挂式多维空间生物组合农业和健康产业,系统研究昆虫、微生物等大宗农产品"天敌资源库"的开发利用,再加上"粮仓走出国门"多维空间农业的战略转移,构建中国农业的第四个立体粮仓等等。

3．功能的多维

多维生态农业是多功能大循环农业的具体实践,满足人民群众对高质量生活、生态、生产的美好需求,不只限于农产品的产出、农民增收,更大限制农药化肥等非自然物质全面介入农业,同时侧重农务体验、科普教育、田园风光游览、体育运动、生态养老、北方绿城、闻香园、室内外康养生态植物、植物盆景艺术造型、美丽中国彩色植物培育等功能的发展模式,以服务产业带动第一产业的经济升级和第二产业的发展,从而形成服务产业链,提高附加价值,构建产供消多维消费增值平台,实现农业产业化升级。

4．相关性多维

农业是复杂的生态系统问题与社会群体问题共同交织起来的"三农"问题,相关性关联性非常强,不能局限于农业本身,必须进行多维思考,如政治、体制、机制、人才技术、文化艺术、市场流通、金融资本、资源配置等等。多维生态农业多物种多链混合种养模式替代传统单一低效农业模式,多维生态农业闭环大循环生产方式替代化学农业生产方式,这两种生产方式的转变会引发农业生物链、产业链、价值链、信息链、生态链、金融链等关联性、全方位的转型升级,更加迫切需要围绕"科学技术是第一生产力"的全新农业模式、全链绿色生产过程进行体制机制的改革创新配套,由此产生了"多维生态农业以外"的许多相关性方面内容,把它变成相关性"多维生态农业以内"的内容,还会继续发现"多维生态农业以外"的相关性内容,螺旋式上升。

第二节 多维生态农业的理论创新

多维生态农业理论是在掌握生态与自然规律以及考虑经济、生态与社会三者综合效益共赢发展的情况下，结合现有"三农"问题进行多学科交叉、多物种混合种养、多物种综合效益、多级物资能量流、多级循环增值、多级财富倍增、体制机制等多种相关性研究产生了多向思维，形成"多维生态农业"系统工程；从宏观需求、微观调节与生产、生活、生态三要素考虑，形成螺旋式上升，即单一传统化学农业模式——多物种混合种养模式的微循环——多种模式形成田园综合体的小循环——与田园综合体配套农业园的中循环——构建县域特色农业的大循环，运用系统工程方法构建农业全链绿色大循环体系、农业复合式生态产业体系、产融结构营销体系、制度体系，形成多维生态农业的系统解决方案，以此来保护和修复生物链、食物链、生态链的传导途径安全，保护生态系统安全就是维护国家农业总体安全。

利用交叉科学在研究"三农"系统问题上产生多方面的突破，从传统单一化学农业种养方法到多物种多链循环种养模式发生的质变，再到多维生态农业绿色高质量、全链闭环的量变，将引发农村两种农业生产方式的大变革。积极探索农业绿色科学发展之路、高效之路、循环之路、可持续发展之路、生态文明之路。集众人智慧，通过40多项发明专利来构建农业全链绿色大循环"中国农业芯"，即多物种混合种养模式专利芯片+中医农业专利芯片+废弃物五化处理专利芯片+人工智能系统专利芯片，利用"中国农业芯"探索中国农业的"华为5G模式"，服务于全国新型模式的农业园建设。多维生态农业的精髓有二：一是创造一种农业多物种多链循环的混合种养模式替代传统单一低效的农业模式；二是利用系统工程方法构建农业全链绿色闭环大循环的理论体系、实践体系与制度体系，创造发明多维生态农业闭环大循环生产方式替代不可持续发展的化学农业生产方式。多维生态农业理论创新主要有四部分重要内容构成。

一、多维生态农业模式源于自然

人类的祖先以原始森林中的鸟兽昆虫、花叶果实、食用菌等野味为生，过着半饥半饱的生活，我们将之称之为原始森林农业、原生态农业。在当时条件下，根本就没有农药、化肥、除草剂等非自然物质介入，依靠自然界数亿种生物相互依存、相生相克形成的强大生物功能组合体——生物群落，它们自生自长自灭，年年茂盛地生长，这种靠自然原汁原味文化形成的合力能够较好地抵御自然灾害，我们进行认真研究观察，向自然学习，掌握自然规律，了解自然规律，运用自然规律发展绿色生态农业。

多维生态农业受大自然原生态农业的启发，从深入了解生物多样性和掌握自然规律出发，反复学习研究森林农业这种强大的生物组合功能和方法，创新把生物多样性、生物功能、生物交互作用与解决100多个农业系统问题结合起来，通过人工智能+生物功能+农业问题+人工与自然环境的优化组合，创造了一种源于森林农业的多物种多链循环混合种养新模式——复合式循环农业种养模式。通过人工智能系统跟踪研究、发现野猪、野兔、野菜、野菌、野果、药材等生物规律，构建新型多物种生物组合体，利用生物组合功能创新了一种先进生态农业混合种养技术合方法，把传统单一农业构成多物种的复合生态产业体系，利用76亿亩山区草原发展高效森林农业，生产更多的木本草本粮棉油饲料和畜禽野生肉味食品，通过大农业战略思考，构想中国面积最大的立体粮仓。

我们向自然的森林农业学习，率先在山区茶园进行多物种立体混合种养实验，以创新的多维生态茶园《国家生态农业综合标准化》全链模式为示范，在面积最大、群体最多的稻田、茶园、果园、平原耕地、湖泊库塘、菜地等不同地区展开《生物多维组合学》的探索研究，构成完整的高级生产与生态循环系统、废弃物经络系统、生态保育系统，从而创造了一种新型多维生态农业模式。按照这种思路，黄山市多维生物（集团）有限公司（以下简称多维公司）通过6年的调查研究，历经14年探索实践，在茶园林上、林中、林下及林边四周种植木瓜、桂花、明日叶、木槿、除虫菊以及赖以其生存的动物、微生物进行立体混合种养，将模式中多物种及多物种加工产生的废弃物循环到底，利用生物引虫吃虫治虫、抑制杂草生长、增香提质等多功能，形成人工生态系统体内与体外多级循环增值的多维生态茶园模式（国家发明专利号为ZL200810244516.5）；在稻田进行稻鳖鱼虾药草或稻蛙鳅鱼菜草等多物种立体混合种养，形成多物种及多物种废弃物能量物质流，变废为宝，利用生物动力耕田、施肥、除草、吃虫等多功能，形成人工生态系统体内与体外多级循环增值的多维生态稻田模式（国家发明专利申请号为ZL201710581622.1），这样的模式一旦在最大面积的平原耕地等不同地区应用推广开来（多维生态平原模式国家发明专利号ZL201210109005.9，通过北方四季常绿植物等多物种打造经济作物带、病虫害防护带、风沙防护带，构建北方平原林区、牧区、粮区、水区、湿地蛙地农林牧副渔全面发展的大农业循环体系），将加快中国生态文明农业前进的步伐，新型模式的多物种多链内外循环，还可以帮助我们通过人工智能和大数据尽快实现互联互通，在电脑办公室里"种田"，新型模式利用生物为农民打工，让农民省钱、省肥、省工、省力、省药，通过人工智能+生物技术不需要农民再脸朝黄土背朝天。我们共申请获得11项多种新型模式及产品的发明专利。

多维生态农业把降低频繁的灾害性气候作为农业命脉之一，通过学习森林农业的生物组合规律，优选那些根茎花叶果实有收入、具有生物多功能的乔灌草，与人工智能生物组合技术相结合，在面积、坡度不大的山区草原发展野猪、野兔、野菜、野菌、野果、药材等多物种混合种养模式的高效森林农业——"建设中国山区草原立体大粮仓"与构建复合式生态产业体系紧密结合起来，如多维生态羊圈专利模式，国家发明专利申请号为ZL201710633089.9。同时，逐步修复被切断的生物链、食物链、生态链，实现真正意义上"绿水青山就是金山银山"的科学论断。发挥高效森林农业的减灾功能，通过发展大面积、立体多层次高效森林农业可以增强碳氧转化，降低温室效应，调节频繁极端气候，增强森林农业的蓄水、保水、造水、分流、抗旱、抗涝功能。其理由是，现在每年愈演愈烈的极端灾害性气候已导致一些农作物大幅减产，甚至危及人民生命和财产安全，这是必须要解决的农业致命问题，而森林农业是温室气体的最大吸收者、极端气候的最大调节者、次生灾害的最大保护者，1公顷森林可以蓄水保水500吨，吸收转化约460吨二氧化碳，放出400吨氧气。所以，要通过发展高效森林农业来增厚山区草原绿色，降低自然灾害和次生灾害，发挥76亿亩山区草原的优势和气候调节功能，并通过高效森林农业模式随"一带一路"走出国门，修复近10年来被毁掉的2.9亿公顷森林面积，以此应对世界极端气候的变化，构建人类命运共同体。

综上所述，多维生态农业是人民群众集体智慧的结晶，是一个伟大创举，总结创造了一条农业绿色转型的新路子，它源于自然、优于自然、升级自然，又合乎自然、合乎人性、合乎生物多样性，创新了一种农业人工生产系统多物种混合种养模式、构建多物种多链内外循环、多物种综合效益，形成多级能量物质流、多级循环增值、多级财富倍增的全链绿色生产大循环体系、复合生态产业体系和产融结构营销体系。"三农"问题将因新型农业模式的诞生而得到系统解决，其解决了农业最关键的核心问题——创新型模式解放土地生产力和形成"三农"问题的系统解决方案。这是多维生态农业的两大精髓部分，源于实践的多维生态农业的理论创新（如彩图12所示）。

二、《多维生态农业》原创的内容很多

《多维生态农业》一书作为多维生态农业的理论概括和总结，颠覆了化学农业生产方式，是全方位全链创新，其中大部分内容属原创。该书第二版比第一版在解决农业系统问题上更具有完整性、系统性、突破性，思路更清晰，让读者一目了然。该书的主要作者长期坚持刻苦学习，不断积累知识和经验，不计成本，全身心、全资本进行深入研究和探索，提出了农业创新发展的新思维、新观点、新思路、新模式、新方法、新技术、新标准、新体系、新平台、新金融、新机制、新成果、新课题、新教育、新品种、新业态、新动能。

例1：新金融——农业产融大循环。当农村每亩土地的收入通过新型农业模式提高到 5 000~10 000 元甚至以上的时候，参照城市房产 50~70 年总价值估值方法计算，农村 30 年土地承包不变×30 亿亩（18 亿亩耕地+果园+茶园+山地等）×（5 000~10 000）元/亩=450 万亿~900 万亿元，中国农村会形成巨大的土地流转和交易平台，一举解决农业融资难问题和政府地方债问题，实现农业估值 30 年×（3~5）倍/亩收入=（90~150）倍的财富倍增，而且农业比城市房地产更好的是土地能够年年增收。一旦新型经营主体与虚拟资本结合，将助推中国农业跨越式发展。

例2：新思维——解决农业系统问题的"2+1"方法论。该方法提纲挈领，能够使最难解决的"三农"问题简单化，然后纲举目张。

例3：新方法——寻找多年生、能够抑制杂草生长、又能保护生态、还能促进农民增收、人民群众健康、具有功能性的明日叶、救心草等产生多个解决复杂农业系统问题的生物交叉点，构成多物种多链循环的混合种养模式，生物交互作用+农业问题=生物交叉点。

例4：新体系——构建农业全链绿色大循环体系、复合式生态产业体系、产融结构营销体系，形成农业良性闭环循环系统，周而复始、永续循环。

例5：新标准——历时6年创建了全国第一个新型茶园模式《国家生态农业综合标准化体系》。

例6：新技术——生物多维组合新技术，即人工智能+生物交叉点=生物智能化农业。

例7：新模式——"人工智能+"多维生态稻田、多维生态茶园、多维生态果园、多维生态库塘、多维高效森林农业、多维生态羊圈模式等复合式循环农业模式。

例8：新平台——互联网+共享基地、共享市场、共享股权、多级消费增值平台。

例9：新业态——新型种养模式带来的百亿元级的生物种苗装备制造业以及配套农业园带来的农业中高端设备装备制造业等。

例10：新生产方式——研究利用多物种多链循环来替代传统农业的低效单一，发明崭新的多维生态农业闭环生产方式来替代不可持续发展的化学农业生产方式，将大幅减少非自然物质全面介入农业。

三、《多维生态农业》理论创新的意义

"三农"问题太多、太难、太复杂，且涉及自然科学、社会科学和思维科学等多学科的交叉，而多学科的交叉点是新的科学前沿，对最难的"三农"问题等领域的重大科学突破往往会在这里产生。多学科交叉点是自然科学、社会科学、人文科学等大门类科学之间发生外部交叉以及本门类科学内部众多学科之间发生的内部交叉所形成的综合性、系统性、创新性的知识体系，这种理论与实践的总结呈不断螺旋式上升，有利于人类有效地解决社会面临的重大问题，通过系统工程形成多维思维交叉，加上作者亲自参与全链实践，长期深入农村，了解农村，对农村农业农民形成的"三农"问题比较看得透、看得深、看得清，在解决最复杂的"三农"问题过程中就能够产生极好的穿透力。这种理论创新有利于我们对《生物多维组合学》新课题的理论探索和研究，将加快中国化学农业向生态文明农业转型的进程，创建人工生产系统和人工生态系统共同体的高级平衡。

建立在瑞典植物学家卡尔·林奈（Carl von Linné）生物分类学知识基础上，陈光辉和他的专家团队首次提出《多维生物组合学》理论，因为自然界中的许多生物之间是以相互依存、相生相克、共生互助或以生物群落的方式存在，不是以单一的物种存在，因此有必要把研究生物与生物之间的这些规律与解决农业问题相结合，创新一种农业新方法、新技术、新模式，修复生物链、食物链、生态链传导途径生态系统的安全，农业生产才能够安全。过去，传统模式种瓜得瓜，种豆得豆，现在我们采用先进生态农业技术，种稻得稻、鳖、鱼、虾、药、草，种茶得多物种根、茎、叶、花、果实，多物种多链循环大幅减少化肥农药等非自然物质介入农业，来改变落后的农业模式，通过掌握更多的自然规律更好地为人类高质量的生活服务，而不是长期采取简单化学农业生产方式、带有危害性去刺激作物生长、灭虫除草，来应对复杂的生态系统问题和农民社会群体问题，这种不

可持续的生产方式迟早会危害中国农业的创新发展。

我们通过对《生物多维组合学》研究，把中国历朝历代的农业发展历史划分为三个阶段。第一阶段是生物自然组合学及其环境的研究（原始森林农业）。历时最长的原始初级农业，森林中有鸟、兽、昆虫、花叶果实、食用菌等，它们自生自灭自长而形成生态系统的平衡，能够按照合理的生态位自然组合在一起；第二阶段是生物与非自然物资组合学及其人工自然环境的研究（近代化学农业）。近几十年的化学农业，即化肥、农药、除草剂、激素、抗生素、塑料等非自然物质全面介入农业，与生物组合在一起；第三阶段是人工智能与生物组合学及其人工自然环境的研究（生态文明农业）。在满足人类对美好生活的需求与自然友好的条件下，通过交叉科学研究高等动物的人与动物、植物、微生物的优化组合与产生的人工自然环境条件之间的依存关系，创造出一种生态系统的高级平衡。优化生物多维组合这是一门大学问，可以让中国农业从此进入高级生态文明阶段。

通过对《生物多维组合学》的研究，我们从国家农业总体安全的宏观、微观上，以及从生产、生活、生态三生要素上构想构建中国农业四大立体粮仓：①通过陆地生物组合及其人工自然环境的研究，可以利用76亿亩山区草原发展高效森林农业，构建中国农业的第一个立体大粮仓；②通过两栖生物组合及其人工自然环境研究，可以利用18亿亩耕地发展复合式循环农业，构建中国农业的第二个立体大粮仓；③通过水生生物组合及其人工自然环境的研究，利用6亿亩内陆和300多万km^2的水域面积发展海洋农业，将生物链循环到底，构建中国农业第三个立体大粮仓；④通过多维空间及其人工自然环境产业的研究，利用室内外、楼顶、树林、果园、空间等发展悬浮式、壁挂式多维空间生物组合农业和健康产业，系统研究昆虫、微生物等大宗农产品"天敌资源库"的开发利用，再加上"粮仓走出国门"多维空间农业的战略转移，构建中国农业的第四个立体大粮仓。

民以食为天，民安天下安，农，国之大纲。多维生态农业通过大农业战略思考、运用系统工程方法对解决100多个农业问题进行多种思维和系统工程思维，从宏观与微观上构成了多维生态农业理论创新，实现农业两种模式、两种生产方式的根本转变，这是一项伟大工程，具有划时代里程碑的意义。其一，通过多物种多链循环，不再是传统单一农业种瓜得瓜种豆得豆，而是种茶得多物种根、茎、叶、花、果实，种稻得稻、鳖、鱼、虾、药、草，种北方四季常绿树种构建林区牧区粮区水区农林牧副渔全面发展的大农业循环体系等；其二，通过新型模式多物种多链循环限制农药化肥等非自然物质介入农业，中医农业替代化学农业，秸秆粪便有机废弃物通过"五化"处理变废为宝，实现农业全过程绿色生产；其三，引发农业全方位大变革，因为先进生态农业模式绿色高效将解决长期不能解决好的农业资产融资难问题，让农药化肥等化学农业厂关门转型，让医院、药厂、药费减量化以及相关企业绿色转型，不破不立，这场农业大变革由此带来的新业态、新动能将层出不穷，多维生态农业把农业构成绿色高质量闭环大循环，人类最基本的空气水土环境、食品从此安全了。因此，多维生态农业是系统解决方案的理论创新，从传统单一化学农业种养方法到多物种多链循环种养模式发生的质变，再到多维生态农业绿色高质量、全链闭环的量变，将引发农村两种农业生产方式的大变革，意义重大深远。

四、多维生态农业是系统工程创新

多物种多链循环种养模式替代传统单一农业模式，多维生态农业全链闭环生产方式替代化学农业生产方式，两种模式、两种农业生产方式的根本转变会引发体制机制等农业全方位的变革和颠覆，形成多维生态农业系统工程的创新。

通过创新农业新方法、新技术、新模式和农业系统解决方案的研究，即多物种多链绿色循环混合种养生产方式、农民获得多物种增收、企业进行多物种加工、多物种废弃物循环利用替代传统单一和生产成本越来越高的化学农业生产经营模式，完成真正意义上的农业调结构、转方式；多物种多链循环种养模式和中医农业药肥加工厂（源于自然的中医农药、中医兽药、中医肥料、中医饲料等替代非自然物质）相结合会让生产农药、化肥、除草剂等企业转型、关门；建立多维生态农业高级平衡的人工生产系统与人工生态系统共同体会改变我们的生产、生活、生态，遏制化学农业恶性循环下去，大幅降低农业生产成本，从源头、根本上改善人类生存环境、食品安全和增强人民健康，让医院减量化、药费减量化、药厂减量化……田园综合体种养的根茎叶花果实、畜禽鱼虾等多物种深加工，以及废弃物集中五化处理加工厂（废弃物能源化、饲料化、肥料化、基料化、原料化），会带来与之配套的农业园厂房基建增量化、新兴农业人工智能装备制造业增量化、功能性食品增量化、精细化包装增量化以及农业复合型人才培训就业、农业新金融、物质能量流、康养中心小镇等要素全链的重新顶层设计……从而引发农业全链及相关产业的全方位大变革，而且中国农村政策法律体制机制也将进入与科学技术第一生产力新模式相配套、相吻合的实质性深化改革阶段，中国农民通过多物种组装形成多种农业新模式增收致富，多种新模式组装形成天人合一的田园综合体，多个田园综合体通过农业技术集成创新、产业联盟、设备组装、标准化制定、互联网+组装形成一个个与田园综合体配套的农业园，多个农业园形成的康养特色小镇构建县域经济大循环农业体系，创建市场供求平衡、宏观区域规划下的不同地区新型农业模式微循环体系、田园综合体小循环体系、农业园中循环体系、县域经济大循环农业先进生产力改革实验区，将引发农业全生物链、全产业链、价值链、信息链、生态链、制度体制机制等全面深化改革，这是一条新路，这是一条好路，这是一条生态农业文明之路。毫不夸张地说，这是一场农业革命，是在按照科学自然规律升级自然，改天换地，这是一项国土高质量改造工程，修复生态，化学农业在向合乎自然、合乎人性、合乎生物多样性的多维生态农业生产方式转型，新型农业模式创造新兴百万亿级的新动能、新业态，会给中国乃至世界带来无限商机，不断探索研究中国农业的"华为5G模式"，服务于全国新型模式的农业园建设，因此说多维生态农业是一个全方位系统工程创新。

第三章　对我国"三农"问题的分析和思考[①]

第一节　我国农业面临的困境和挑战

农业是与自然最为紧密的生态产业，农业生态系统和生产系统是一个共同体，落后的农业模式和化学农药农业、化肥农业、塑料农业、激素农业以及工农业废弃物等非自然物质在不断增加，破坏了地球人类生命共同体，种种异象让世人警醒。

当前我国农业面临多重困境，虽然粮食产量实现了13连增，解决了13亿人口的主粮问题，但其代价是多年来一直违背自然规律，人为造成生产系统对良性生态系统掠夺式的破坏，这种农业是不可持续且不能高产的，农药化肥等废弃物污染严重，地表多年积累下来的有害物质通过夏季高温蒸发、冬季冷凝蒸发加大了空气、水、土与雾霾的污染程度和浓度，一些病毒开始危及人体生命安全，13亿人口中有5亿多人的健康出现了不良症状，严重的大气、水、土等环境污染问题、极端气候灾害、耕地退化、农村空心化、城市交通拥堵、食品安全、就业、健康等一系列潜在的危险因素和问题急剧上升，生物多样性日益减少。这些问题关系到我国农业的总体安全，关系到中华民族子孙后代的繁衍生息，将会导致我国农业陷入多重困境，面临诸多严峻问题的挑战。在此之前，中央已经有12个一号文件，阐明了"三农"问题是"重中之重"的问题，然而多年来这些问题始终得不到很好的解决，这是因为农业是个系统工程，但我们却没有采用系统工程方法去解决问题。那么，如何改变落后农业模式？如何解决"三农"问题？如何调结构、转方式，实现农业可持续发展？我国农村发展的第一动力是什么？如何围绕第一动力制定农业一系列政策和方针？

[①] 此部分内容摘自2015年陈光辉代表的政策建议。

针对我国农业陷入多重困境和面临诸多严峻问题的挑战，需要在中国大地发动一场生物农业绿色变革、化学农业转型或者叫国土高质量改造，实现农业从量变到质变，再到农村巨变。这场农业绿色革命来得越快越早越好，亿万人民从来没有像今天这样认识到健康的重要性，强烈地发出"绿色"呼唤。可喜的是，以习近平总书记为核心的党中央前所未有地高度重视这一问题，国务院更是陆续出台关于绿色和高质量农业的相关文件，党中央国务院将领导亿万人民奔小康，实现"两个一百年"奋斗目标，打造绿水青山、金山银山，创建绿色共和国。伟大的中国共产党人挑战最难的"三农"问题的勇气和信心坚如磐石——农业强，中国强，农民富，中国富，农村美，中国美，还提出为人类贡献中国智慧和中国方案。

第二节　我国农业存在的31个主要问题

农业是复杂的生态系统问题，是农民这一社会群体与政府体制机制等问题共同交织起来的系统难题，难题难到什么程度？千变万化而又交织复杂，千头万绪像一堆乱麻，我们把它比作最难破解的"天门阵"，农村、农业、农民、政治、法律、制度、金融、分配、市场、气候、环境等一系列要素就是里面的迷魂阵、太阴阵、朱雀阵……变幻莫测，需要"穆桂英挂帅"大破天门阵那种系统思维。其实，农业问题比破天门阵还要难，单从生物多样性和气候变化复杂性来说，一山一世界，而且一山四季有不同，除了乔灌草呈现相对静止，其它一切都是动态的，发展变化的。

通过深入调查，本书把全国各地发现的100多个农业问题归纳和总结成31个问题，对这些问题思考了10余年之久，利用矛盾普遍性与特殊性关系的原理，通过交叉思维发现这些问题的最大交叉点是林草问题[①]，通过运用系统工程解决方法发现，多功能大循环农业是解决31个问题的重要途径和手段，而人工智能+生物技术的科技创新是农村发展的第一动力，解决这些问题的关键是改变落后的农业模式，尽快创造让人民群众满意的农业绿色发展新模式。

---

① 林草问题是以乔灌草为链主，展开对生产系统和生态系统一系列问题的研究。

这31个主要问题概括如下。

（1）如何解决农民增收难问题？如何提振亿万农民发展农业生产的积极性？

（2）如何解决农药污染、污水粪便、农村厕所肮脏的问题？

（3）如何解决化肥污染与氮化物雾霾、耕地质量退化的问题？

（4）如何调节气候、降低自然灾害？产生极端气候的主要原因是什么？

（5）如何因地制宜、优化结构、适地适林适草，解决水土流失问题？我国与德国等一些发达国家相比，绿化面积容积率为1∶6。一些地区绿水青山稀薄，蓄水保水造水、抗旱抗涝功能明显不强的原因是什么？

（6）如何解决农业各个环节废弃物资源的综合利用问题？如何变废为宝、化害为利？

（7）如何最大程度地提高农村土地的生物资源利用率和产出率？

（8）如何解决农业土地承包制与农业规模化生产问题？70%以上的农民同意土地流转是否可以认定为合法化？

如何解决农业国家宏观总量与县域、区域经济发展不平衡问题？如何宏观调控国内外市场与本国农产品市场的供求平衡问题？

如何实现贫困地区弱势群体农产品计划经济与市场经济相结合？如何解决新型经营主体、农民合作社与农民生鲜农产品配套的收购、加工、场地问题以及降低各项收费标准？如何保护农民最基本的利益？

（9）如何解决农村土地流转与土地确权、农民小产权问题？如何激活农村沉睡的农业资产和资本？

（10）如何保护生物多样性，建立不同地区的生物种质资源圃？

（11）如何简化新食品资源认证、保健品认证、药品认证的手续、费用和时间？有些行政权力和社会组织或协会相勾结，收费部门太多，收费名目花样百出；部门权利和资源一旦放松就任性，如果国家没有建立长效管理机制很容易铸就腐败温床，我们将如何厘清教育、医疗、养老、金融、证券、建筑、市场流通、央企等各条战线、各个部门存在的体制障碍和管理漏洞？

（12）如何建立国家生态农业综合标准化体系，规定农药、化肥、激素、薄膜等最大使用量、残留量以及废弃物最大排放量？

（13）农业融资难问题已成为从事农业生产、农业科技创新、解放农村生产力的政治和体制障碍。国家政策方针与金融内部体制相互脱节问题多年来始终解决不充分。农民的耕地、房屋、农作物为什么不能用来抵押贷款发展农业生产？

如何建立象房地产那样的农业金融借贷、保险保障、评估体系、法律体系，解决新型经营主体贷款融资难问题？

（14）新常态下人人创新、万众创业，国家相应的政策、体制、条条框框如何改革？如何创建一个人人都可以创新、都能创新的平台？在我国，一个人既搞发明专利，又要办工厂，还要卖产品，这个过程有许多审批环节和程序，希望通过创新，这一环节由政府平台来做。否则，许多创新成果会在审批中夭折。

（15）我们需要互联网，如何尽快完善互联网+安全管理体系？如何防止电商在不公平竞争中电伤实体经济和就业？互联网金融把我们的钱弄哪了？如何完善和监管？未来发展趋势如何判断？

（16）中央如何打通管理层中段"肠梗阻""中梗阻"以及利益集团的"拦路虎"？如何正确处理党、人大和一府两院关系？如何真正把权力关进笼子，不再一权独大？如何让人民参与，让人民发声，如何接受人民民主监督，建立更加良好的政治生态，从此依法治国、依法治费、依法治税都纳入正轨？

（17）如何设计实现美好乡村、美丽中国、全面奔小康目标的具体实施方案、时间表和路线图？

（18）如何转变农业发展方式、调整农业种植结构和产业结构？政府具体怎么做？官员如何做？农业低质低产低价农民不愿干，基层政府不感兴趣，金融资本不想投入，在目前传统低效的农业模式下，农村青壮年农民长期缺位怎么办？如何提高最基层村干部待遇？老弱病残小、后继无人的农村是否会威胁我国农业的总体安全？

（19）"三农"问题是一个系统问题，它还会引发哪些相关问题？如何加快农业实现工业化发展进程，从粗放农业向文明农业发展？确保18亿亩耕地红线是违背自然规律的，有数量没有质量，关键是如何创建林区、粮区、牧区、水区复合式生态产业体系，如何构建18亿亩耕地农林牧副渔全面发展的大农业循环体系？

（20）如何科学规划、开发利用我国76亿亩山区草原？封山育林、退耕还林、公益林保护是不科学的，而且剥夺农民靠山吃山养山的权利和机会，应该重新认识生物特性和自然规律。多物种混交式林草经济可以实现生态保护优先、社会效益和经济效益一体化共赢发展。

（21）如何实现我国农业整体安全？如何利用山区草原发展木本草本粮棉油替代亿万吨进口转基因食用油、饲料、棉花？国土失去林草就会出现荒漠化、石漠化、沙漠化问题？如何优化林草品种、结构、种植模式，重新修复生态？选择种什么林、什么草非常关键。

（22）如何通过生物技术创新修复生态系统，破解复杂山区生态系统难题？如何重新设计农业全生命周期的新程序？

（23）如何发挥农村最大资源、最大资本的造血功能？制定政策者是否知道现在推广的美好乡村形象示范工程的效果如何？新政为什么不能落地？金融为什么不全力支持农业？我们的农产品现在究竟有多大的竞争力……低效的一产与三产融合后能不能在农村大面积复制？我们是不是又做错了什么？我们的政策是考虑一个点还是共同富裕？穷也政策，富也政策，我们再也不能瞎指挥，中国农村已经空心化、农业边缘化，有些耕地被严重污染了，为什么没有问责制？过去有深圳特区、小岗村土地承包制，今天我们如何先行先试，创建新的农业改革实验区？

（24）如何大力进行科普宣传教育，提高干部和群众的文化素质、技术水平以及尽快为农村输入新鲜血液？特别是新型农民素质、复合型人才的培训和水平提高。面对国外转基因和种子、先进的农业技术和特别优惠的惠农补贴和寡头巨头，土地承包制下的我国的弱势群体——农民很难应对强大的外国势力，如何提高我国农产品的市场竞争力，使之进一步上升到国家农业战略安全？

（25）为什么每次中央政策一到下面就收效甚微？为什么中央连续出台12个一号文件都难以解决"三农"问题？问题出在哪里？执行政策的主人翁、主力军——农民长期缺位怎么办？有些地方政府搞虚假统计，夸大宣传的报道，"三农"问题年年雷声大、雨点小，而且我国公务员比例为1∶28，属全世界最高，如何精兵简政、减少吃饭财政？中央提出"精准扶贫"，许多地方打着、扛着旗号，输血不能造血，我国农村几经折腾，折腾来折腾去，农村只剩下空巢，土地污染严重，现在谁来承担责任？"三农"问题长期久拖不决，如何发挥各级人大对政府绩效的问责制、监督和立法？相信这次不会按照老样子走过场。

（26）如何防范汉奸利益集团内外勾结在各条战线侵犯民族利益？如果不反腐，没有一个各级政治清明的政府，那么深化农村改革无从谈起，媒体报道的一桩桩、一件件令人触目惊心。

（27）每年究竟有多少资金是真正用到或投入农业、农村、农民上？资金给了谁？怎么变个花法使用？工农业产品"剪刀差"又吃掉多少农民补贴？农业补贴这种"撒胡椒面"方式有没有效果？农民年收入3 000元是不是就能够脱贫？3 000元平均到每天是8元多，只够买1斤萝卜、1斤芹菜，还要支付小孩读书、老人就医？一部分农民因农产品市场不稳定等因素脱贫，现在又返贫了，有的因病致贫，怎么办？

（28）农村只建不管的现象比较突出。国家巨额投入民生工程，后续如何监管？设施如何保养？

（29）是不是成立农民合作社、搞土地规模化流转、成立家庭农场、休闲康养旅游等就能解决"三农"问题，把农业搞上去？下一步政策如何跟上、配套和信息反馈？发展农业，建设新农村核心关键是什么，在哪里？

（30）如果我们实现了三产融合，一产还是停留在低效水平，是低效融合，这样的农产品在国内外市场上有没有竞争力？一产低效，农民没有积极性，新型农民主体再缺位怎么办？乡村全面振兴农业资产融资难问题必须先解决，政府如何制定一整套切实可行、能够解决"三农"问题的方案？大量农民失地以后怎么办？现在、将来谁来种地？新型经营主体目前的状况令人担忧！我们不能再围绕传统低效模式、围绕化学农业生产方式制定新政，是否会再次重复农村农业农民昨天的故事、裹足不前会长期让"三农"问题久拖不决？

（31）农业的核心问题、根本问题就是如何解放农村生产力，利用人工智能+生物技术创造新型绿色、高质量农业模式，让农民在农村挣的钱和城里一样多，农业能挣钱了，土地产出率提高了，银行就会贷款给新型经营主体，融资难问题就解决了，现在是农民收入太低与银行内部管理制度之间发生矛盾冲突，让农业无法融资。必须通过新模式发展高效农业，让生产成本大幅降低，再通过三产融合，农产品市场的竞争力就会显著提高，中国人就会夺回每年需要进口亿万吨的转基因粮棉油和饲料等大市场。如何精心策划这次国土高质量改造工程——农业绿色变革？如何完成我国农业转型升级，修复生态，建设生态文明中国？

解决目前以上存在的100多个农业问题，这是一个非常复杂的系统工程，需要顶层设计，制定一个农业系统解决方案，需要三思而行。

以上31个问题是2015年两会期间，陈光辉代表针对农业问题提出的政策建议。

第三节 对七个农业关键方面问题的重点分析和思考

100多个农业问题归纳成31个问题，31个问题又归纳总结为7个农业关键性问题,提纲挈领,纲举目张。首先,必须改变目前落后的农业模式和化学农业方法,通过新型农业模式解放农村生产力,这是第一动力,但7个农业系统难题又必须同时解决,它们相互制约,相互影响,缺一不可,为2018—2050年乡村全面振兴大农业、大产业、大金融、大消费、大网络、大市场服务开好路。

一、加快农产品市场供给侧改革

首先是农产品的市场问题,必须加快农产品市场体系供给侧改革。农业大国必须在国家宏观指导下,满足13亿人口的生产、生活、生态需求条件下,针对农业农产品的特殊性,针对农民这一弱势群体,实行计划经济与市场经济相结合,关系重大国计民生安全的、扶贫帮困的,同时涉及国家生态保护、人民健康、文化历史悠久、农民增收、群体面积较大的,类似茶叶、油茶、粮食、果桑等粮棉油农林产品,必须实施计划经济,创建国家计划经济宏观大市场与大农业互联网+区域市场经济+农民群体小市场的上下衔接、相互融合的大农业市场体系和价格体系,确保13亿人口大国农产品需求市场供求的基本平衡、食品安全和农民收入的基本稳定,别像以往那样政府的主观和任性经常伤害农民和制造农产品市场价格的大起大落,一些腐败分子被他国利用搞农产品外交,结他国欢欣等,由于宏观需求不平衡带来的国内农产品需求失控,如"蒜您很""豆您玩""姜您军"、谷贱民苦、菜贱伤农、2015年的杀牛倒奶、2016年廉价玉米、H7N9泛滥成灾、猪肉市场大起大落、国外大豆全产业链蚕食入侵,接下来可能是玉米种子、水果、肉食品等的开放和蚕食……如何通过国家大数据、大市场引导各省、市、县小市场的农业生产和抵御外侵?在十二次五届大会上陈光辉代表提出"暂停转基因食品和饲料进口,去农民库存玉米积压"等16个建议,通过新型模式改革农产品市场需求体系与进口产品互补、生产要素合理配置、稳定农产品市场是创建农业资产走向市场化金融产品的前提条件之一。

二、改变化学农业生产方式,创新型农业模式

通过科技创新改变传统单一、落后、污染、低效的农业模式,创新型农业模式,创造先进生态农业种养技术方法,发展绿色、高效、循环、能够可持续发展的生态文明农业。利用人工智能+生物新技术,重新为我国农民设计亩产收入达到5 000~10 000元甚至以上的多种新型复合式农业种植、养殖模式,创建多种新型农业模式国家实验区、展示区,以及新型农业模式的教材编写、影视片制作、

技术培训、讲座、推广中心，做给农民看，教会农民干，实验区取得成功后，可以因地制宜在全国推广。过去，传统单一化学模式种瓜得瓜种豆得豆，现在我们采用先进生态农业技术，种稻得稻、鳖、鱼、虾、药、草，种茶得根、茎、叶、花、果实，如何支持这样的新型农业模式实验区、展示区建设，让农业资产升级为极具诱惑力的金融产品？改变多年落后的农业模式和化学农业方法，解放农村第一生产力的全新农业模式、全绿色生产过程是关键中的关键，这是一场农业两种生产方式的大变革。

三、减少极端气候灾难和次生灾害

修复生态，减少极端气候灾难和次生灾害。聚焦生物链、产业链主林草问题的生物研究，因为林草是CO_2的最大吸收者、环境气候最大调节者、次生灾害的最大保护者。根据国情，林草经济在我国是大头戏，将来在全国推广新型农业模式的同时也要大面积发展高效森林农业，通过发展高效森林农业来降低极端气候和灾难。现在频繁的自然灾害、次生灾害严重影响着农业生产的正常进行，有的农民甚至颗粒无收。如何降低人为极端气候进行减灾？如何调优遍地都是的松树、杉树、杨树和灌木杂草，做到适地适林适草？降低人为极端气候是巨大农业资产能否成为金融市场产品的有效保障措施之一。当前已不能单靠年年给农民买保险来解决频繁的自然灾害问题，而是要按照自然规律来修复生态，创建多物种多链循环的复合式生态产业体系，一切源于自然、效法自然、升级自然，充分发挥林草功能，从源头上乡村多物种多链循环来降低极端气候和灾害。

四、建议利用生物多样性、生物交互作用和生物组合功能来解决久拖不决的"三农"问题

解决农业系统问题，建议发挥和利用生物多样性、生物交互作用和生物组合功能来破解最难、最复杂的农业生态系统难题和农民社会群体问题。通过人脑智能化，实现生物智能化、生态化，遵循生物规律，利用生物技术把人类发展最大的需求与自然生态的友好结合起来，利用生物动力和组合功能实现多物种多链循环，同时解决农药问题、化肥问题、除草剂问题、农民增收难等问题，让农民省钱、省肥、省力、省工、省药，再结合中国农业科学院中医农业，借助中医农药、中医化肥、中医饲料、中医兽药替代农药化肥抗生素等非自然物质介入农业，完成种养业全过程绿色生产；我们在加工过程中结合安徽省循环经济研究院

总结出来8个典型循环经济案例的技术集成，把粪便秸秆进行饲料化、肥料化、能源化、基料化、原料化"五化"加工处理，完成农业生产过程的全链绿色大循环，绿色种养生产过程与绿色加工生产过程两者构成全链闭环，周而复始，实现农业全生命周期接近零成本的永续循环。创新绿色、高效、洁净农业技术解放农村生产力，让巨大的农业资产成为金融产品走向市场，必须先解决银行的后顾之忧和各种金融风险，创新解决农业"三农"问题的新方法。

五、创建多种新型模式的国家生态农业综合标准化体系

农业大国不能没有农产品生产、加工、管理、销售市场的标准化体系，规定农业、化肥、除草剂、抗生素、激素、添加剂等对人体是安全的，对土壤是无害的，化学农业曾经帮助我们实现了粮食增产增收，但这些年我们使用世界1/2的农药和除草剂，不断地向土壤注入毒素和农残，我们使用世界1/3的化肥榨干了土壤有机质，每年约45亿吨粪便、8.63亿吨秸秆废弃物资源大都变成了污染物，塑料、化肥、农药等非自然物质全面介入农业，污染了空气、水、土和食品安全，必须加快创建多种新型模式的国家生态农业综合标准化体系建设。我们历时6年完成了新型茶园模式三产融合的国家生态农业综合标准化体系建设，农业大国在新型模式下不能没有大宗农产品国家生态农业综合标准化体系，如何创建多种新型模式的国家生态农业综合标准化体系，为下一步巨大的农村资产变成金融产品并走向市场提供科学依据和融资标准？

六、解决农业资产融资难问题

农业是肌体，金融是血液，巨大的农业生物资产、农村土地资产、小产权房屋一直是"僵尸资产"，天天喊脱贫，但这些资产却躺着睡觉，实属"拿着金饭碗要饭"，穷也政策，富也政策。我国76亿亩山区草原的面积是耕地的4倍，大面积的公益林只是生态保护林，不能用于抵押贷款，不搞乔灌草结构调优、调顺、调好，实现生态与经济双赢让林草富民，却让农民从此背井离乡、"妻离子散"外出打工，穷也生态，富也生态。我们必须解放思想，消除对农业资产的偏见，自然灾害带来的金融风险是可以论次数的。我们完全可以通过新型农业模式选择既能保护生态、又有多种叶果收入的组合苗木、还能够生产解决人类文明疾病的功能性健康产品、打开山区草原土地巨大的升值空间，把亿万吨转基因粮棉油和饲料的大市场交给农民，通过创建国家生态农业综合标准化体系，建立像房地产那样的金融借贷体系、评估体系、保险保障体系，政府相关部门应当为银行提供一整套信贷科学依据和法律支撑，以此解决银行的后顾之忧，一举解决农业融资难问题。

七、改革政府体制机制

体制机制要创新，改革与新型农业模式、先进生产力技术、新型经营主体、三产高效融合等不配套的政府体制机制。中央已经制定16个一号文件，加快政府职能和方式的转变，形成一套自上而下能够运用自如、贯穿"最后一公里"的组合拳，形成"三农"问题系统解决方案的体制机制，以免人为造成巨大的农业资产不能成为金融产品，不能走向市场化，个人承担金融法律风险等问题，人为激化和造成社会突出的矛盾，以及就业、食品安全、农民增收难、面源污染严重等突出问题。

提出这一深层次比较敏感的问题，是因为作者在多年来进行全链探索过程中有过这方面的亲身经历和感受，特别是作者在创建农业园一个项目中遇到的多层障碍和无意识的阻扰。2012年，中央出台了关于三产融合的文件，2013年陈光辉领衔31位全国人大代表提出"创建国家多功能大循环农业实验区的建议"，全国人大常委会办公厅有文件，中央领导有批示，省委书记有批示，省市县发改委立项（批示、文件见本书附件），可有关部门却拿不出三产融合的环评报告（中央文件下达一年多，下面还没有配套和成立三产融合环评部门，导致农业园项目中途夭折，后来……），还有禁养区问题（政府大面积范围禁养，农业如何循环，循环可以变废为宝，又哪来的污染？），土地经营指标问题（家庭农场、种养大户、合作社、新型经营主体等如果不批经营用地，鲜产品如何加工出售？农业项目落户工业园受到一些限制），新资源食品论证机制问题（新品种、新技术、新方法、新模式的创新受到该体制机制的很大限制，例如明日叶、救心草产品不准上市。还有一个例子，中医源于中国，但许多不是处方药，为什么日本韩国却能将中国中药秘方拿走卖到全世界？云贵川等一些地方特色农产品因为人为设置高门槛，至今还不能准入市场）、新标签法对新产品宣传的限制、农业资产融资难问题（农业资产至今不能像房地产一样融资，显然对农民农业农村不公，也制约着今后乡村振兴和农业生产的发展）、农业项目实施周期问题、农村缺人缺钱缺技术……这些让新型农业模式的应用推广到不了"最后一公里"，我们满腔热血开拓创新多功能大循环农业实验区，是一个技术集成、产业联盟的全链大循环工程，内容包括多种新型农业模式农业基地示范区、与田园综合体配套的多物种鲜产品深加工厂、多物种废弃物"五化"（能源化、饲料化、肥料化、基料化、原料化）处理厂、中医肥药加工厂等组合而成的全链绿色生产农业园，认为创建这样的多功能全链大循环农业园才是中国农业希望所在，也是中央三令五申"把农业绿色发展贯穿全生产过程"的具体行动落实。遗憾的是：由于以上种种问题和原因，由41颗"多维生态农业芯"技术集成的高质量大循环农业园无法展示在读者目前。

批评与自我批评是我党的光荣优良传统，提出这些问题、反映这些问题的目的只有一个：为了有关部门更好地解决问题，也从中深刻领会以习近平同志为核心的党中央致力于推动"三农"工作的理论创新、实践创新和制度创新，能够深深体会到李克强总理关于坚决打通"最后一公里"的良苦用心，人民政府为人民。由此可见，深化农村体制机制改革意义重大。

第四章 探索"三农"问题的系统解决方案——"2+1"方法论

自然科学、社会科学、思维科学等交叉科学一旦与系统工程相结合,解决"三农"问题就有办法了。把中国最复杂、最难的农业问题简单化,纳入到农业系统"2+1的方法论",即两个最大的交叉点和一个系统工程解决方案。一是破解农业生态系统问题的最大交叉点——林草问题;二是解决"三农"系统问题的最大交叉点——开创多功能大循环农业;三是多维生态农业系统工程解决方案(3+1体系):构建农业全链产融绿色大循环体系+复合式生态产业体系+多维消费增值平台+政府体制机制=多维生态农业。通过41项发明专利的技术集成构建全链农业大循环的"中国农业芯"。

"2+1"方法论三者兼容,能够从宏观、微观上形成农业系统解决方案,打造中国农业的升级版。

一是破解农业生态系统问题的最大交叉点——林草问题,通过优化乔灌草生物组合发展木本草本粮棉油和肉食品,构建76亿亩山区草原高效森林农业的复合式生态产业体系,是"中国农业立体粮仓"的第一篇大文章,解决吃肉吃油穿衣替代转基因食品安全问题。例如,草=牛肉、羊肉、鹅肉和有机肥,利用山区草原发展木本草本粮棉油饲料,替代亿万吨转基因粮棉油饲料等;

二是解决"三农"系统问题的最大交叉点——多功能大循环农业,构建18亿亩耕地、6亿亩内陆水域及海洋农业的全链绿色大循环体系,构建农业全链绿色大循环体系是"中国农业立体粮仓"又一篇大文章。通过高效森林农业、耕地农业、海洋农业、多维空间农业四大粮仓解决国家农业总体安全问题。例如,动物、植物、微生物就是一座座可以循环起来的绿色工厂,光热水肥土气+植物=粮食,秸秆+粪便=食用菌等。

三是多维生态农业是系统解决方案,通过"2+1"方法论构建了农业全链绿色大循环体系、复合式生态产业体系、产融结构营销体系、制度体系的融合。围绕以上两个最大交叉点设计农业系统解决方案，创新多维生态农业新技术、新方法、新模式，归纳为4点：①如何实现农业向绿色发展转型；②如何实现农业向高效发展转型；③如何实现农业向可持续发展转型；④政府的政策体制机制创新和改革如何与新型模式各个环节相配套。

第一节 多维生态农业新方法、新技术、新模式

农业实际上包括农业技术、模式、方法的改变，农业本身的投资大、周期长、灾害多的风险，也涵盖了政治、经济、金融、市场等诸多相关因素的影响，需要对以上种种问题进行多向思维，本书用多向思维来考虑解决农业系统问题，探索寻找我国农业新方法、新技术、新模式，形成多维生态农业系统解决方案。这种先进的生态农业种养新技术、新方法将农业生态化变成"生物工厂化"，即农业工业化。可以这样理解，每一种生物及其功能就是一台不停运转的"生物机器"，利用生物交叉点让动物、植物、微生物包括人与环境之间变成一座座生物"绿色工厂"，通过生物多维组合技术集成把一座座"生物绿色工厂"组装起来，形成互链互通，将废弃物循环到底，将生物链循环到底，将产业链循环到底，创造了一种多物种多链循环绿色农业种养模式，将加速现代农业向工业化、产业化、生态文明农业转型的进程。

解决农业问题非常难，而探索系统地解决农业问题的途径和方法就更难，而多维生态农业从事的就是这样一项伟大的全新工程。本著作公开了一种多维生物组合技术和方法，具体表现在通过利用生物交叉点，形成多维生物组合技术，创造多种新型农业模式，以此实现经济效益、生态效益、社会效益三者综合效益较传统模式的更大化，同时解决复杂的农业系统难题，形成多维生态农业的新方法、新技术、新模式，基本思路和实施技术方案和具体步骤如下。

（1）通过多维，罗列并思考31个主要农业系统难题[①]；

（2）通过多维，寻找农业系统问题的最大交叉点；

（3）通过多维，研究生物多样性和生物特异功能；

（4）通过多维，发现利用生物功能和生物交互作用可以解决一个或多个农

---

① 对解决许多农业问题的多向思维形成系统工程思维，以下简称多维。

业系统中的难题，然后把生物多样性、生物功能和生物交互作用与农业系统问题紧密结合起来，产生生物交叉点以及生物交叉点的具体实施方式；

（5）通过多维，利用生物交叉点形成多种生物优化组合，创新生物多维组合技术和方法以及生物多维组合技术和方法具体实施方式；

（6）通过生物多维组合技术和方法，创新多种新型多功能农业模式以及多维生态农业模式的具体实施方式；

（7）通过多维生物组合技术和方法，实现多种新型模式的三产融合，完成全生物链、全产业链的大循环，形成多功能大循环农业和创建国家农业高标准化体系。

本著作涉及经济、生态、社会以及多学科综合领域，具体涉及一种生物交叉点农业新方法、多维生物组合新技术、复合式循环农业新模式、多维生态农业系统解决方案。

一、实施技术方案和具体步骤

本著作的目的是提供一种生物多维组合技术和解决农业系统难题方法。具体说，就是通过掌握生物多样性规律、交互作用和生物组合功能，与解决复杂的生态系统难题和农民社会群体问题的每一个问题产生交叉点，然后研究利用生物功能对应每一个问题或几个问题的解决，通过生物"一对N"去解决每一个农业问题，形成生物交叉点，一种生物同时具有多种功能，多种生物多种功能与多种问题会形成许多交叉点，形成多物种多链循环，创造了一种先进生态农业种养技术和方法。从研究多种生物组合规律会产生生物交叉点，即使初级发现的陆地生物组合、水陆生物组合、水生生物组合仅仅是一种"偶然发现"，一旦应用到实践中就会成为必然现象，产生多链循环，这个过程会产生许许多多新的交叉点和问题切入点，形成解决问题的生物交叉点和方法，由此产生一种能够破解复杂的生态系统难题和农民社会群体问题的生物多维组合技术，创新能够改变落后的农业模式和化学农业方法的多功能农业模式，构建多物种多链循环的全链闭环农业绿色大循环体系。

为实现上述目的，本著作采用以下技术方案。一种生物多维组合技术和方法包括以下步骤。

（一）罗列31个关于"三农"的因果问题

通过多维罗列100多个农业系统问题，总结出31个主要"三农"问题，它们分别是①化学农业与食品安全、人民健康、生存环境;②农药化肥、塑料激素、除草剂与中医农业替代;③传统单一农业与复合式循环农业模式;④种植业废弃物、养殖业废弃物、微生物废弃物与废弃物五化处理;⑤农业加工业废弃物、工业面源污染与循环再利用;⑥农村三大资源低效利用与高效高质量农业;⑦生物多样性减少与多物种多链传导途径;⑧生态修复、气候环境、自然灾害与高效森林农业;⑨新型农业模式与解放土地生产力;⑩先进生态农业与土壤板结、耕地退化、水土流失;⑪沙漠化、石漠化、荒漠化与新林草经济;⑫农民增收难、周期长与多物种混合种养;⑬农业资产融资难与绿色高效农业;⑭生产成本高与系统解决方案正负值;⑮千年物种稳定性与转基因食品种子;⑯技术人才短缺与乡村全面振兴复合型人才培养;⑰农村老龄化、空心化、农业边缘化与应用型人才培养;⑱反腐倡廉、打黑除恶与全面依法治国;⑲土地规模化流转与三权分置;⑳脱贫攻坚与输血造血;㉑政策法律、体制机制与新型生产方式创新配套;㉒工农业剪刀差与城乡两极化;㉓康养休闲旅游与农业三产融合;㉔土地产出率与农民亩收入提高;㉕土地规模化经营与人工智能化经营;㉖市场脱节与国内外市场需求平衡;㉗农业生产设备技术落后与人工智能装备、生物新技术;㉘土地承包制与互联网+物联网+大数据;㉙非自然物质物质全面介入农业与农业标准化体系;㉚农业陷入多重困境与农业总体安全;㉛新型农业模式与田园综合体、农业园技术集成融合等。如图4-1所示。

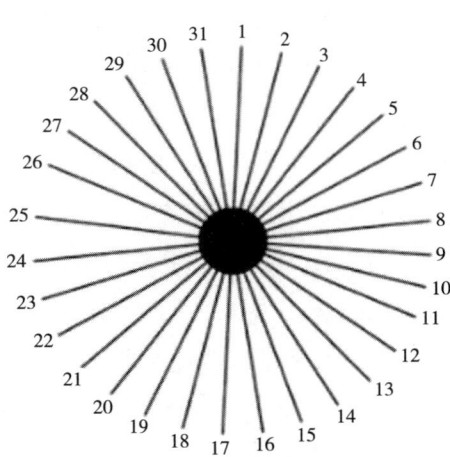

图4-1 31个农业系统问题最大交叉点——林草问题

（二）研究7个农业关键问题

以上问题可以归纳为7个最关键的农业问题，它们分别是①如何减少人为极端气候和自然、次生灾害；②如何破解复杂的生态系统难题和农民社会群体问题；③如何改变落后的农业模式和化学农业方法；④如何改革与新型农业模式不相适应的政府体制机制；⑤如何树立我国农业绿色发展改革实验区"领头雁"这面旗帜；⑥如何完善互联网+大农业市场与计划经济相结合的市场体系；⑦如何制定和创建国家生态农业综合标准化体系。

（三）研究解决问题的方法

研究利用生物多样性、生物交互作用、生物组合功能来解决31个里面的主要问题和7个农业关键方面的问题。

1．罗列、归类、了解和掌握生物多样性

地球上曾经存在的生物种类大约有5亿～10亿个。据生物学家统计，现存的生物种类大约有3 000多万种，生物圈中记录在册的有200多万种，其中昆虫最多，有150万余种，植物34万余种，微生物3.7万余种，鱼类2.7万余种，鸟类8 700余种，人类1种（分3个亚种）。动物分为脊椎动物和无脊椎动物；植物分开花类、不开花类、草本植物、水生植物、木本植物（除了浮萍）；菌类分苔藓类、藻类、蕨类。生物种类繁多，以34万种林草品种中常见的1万多种植物为主线，因为植物的乔灌草是生物链、产业链的链主。

2．利用生物多功能，产生解决农业问题的生物交叉点

上述各种植物、动物、微生物都具有一种或多种功能，有的生物功能是人类还没有发现、甚至人类做不到的，如果人类掌握、了解了生物多样性规律和功能，手中就是捂住或握着一把打开大自然奥秘和破解"三农"问题的"万能钥匙"，利用200多万种生物功能产生的生物交叉点去解决31个最复杂、最难的生态系统难题和农民社会群体问题，相对比较简单，前提是发现、了解、掌握生物特性规律，通过优化生物组合形成：生物功能+农业问题=生物交叉点。

3．把复杂的农业系统难题简单化，利用生物多维组合技术解决农业问题

通过优选200多万个当中一小部分常用常见物种去解决31个农业难题，通过多次不断优选产生生物交叉点，然后从200万个物种中找到适合生态位共生、立体种植、立体养殖、农业三产融合等多项思维发展所需要的多种物种进行组合，

人工智能+生物交叉点=生物多维组合技术，形成多物种多链循环混合种养方法来解决农业问题，带来先进生态农业种养技术方法，简称生物多维组合技术。

（四）举例说明：生物交叉点产生过程

以专利号ZL200810244516.5《茶树的种植方法》林下种植的明日叶为例，分步优选步骤如下。

步骤1：选择多年生草本植物，让山区农民不用年年耕地播种，假设满足该要求的34万种植物中有9 000种；

步骤2：这种草本植物具有旺盛生命力，能抑制杂草生长，不使用除草剂，假设满足该要求的9 000种植物中有900种；

步骤3：这种植物具有较好的食用和药用价值，能让农民增收；假设满足该要求的900种植物中有200种；

步骤4：这是一种具有市场潜力的芳香植物，可以提高茶叶香气，农民种植以后市场有需求，最后满足该要求的200种植物中还剩3~5种，通过立地实验最终选择了明日叶。

通过优选明日叶这一草本植物，可以同时解决几个农业系统中的难题，那么多种生物的共生互助就可以解决许多农业问题，形成新型茶园模式，我们通过在茶园立体种植明日叶、木瓜、木槿、除虫菊、三叶草、桂花等形成茶园多物种多链循环，同时解决农药问题、除草剂问题、农民增收难问题、水土流失问题、茶叶香气品质等问题，而且利用生物功能让农民省钱、省肥、省药、省力、省工，传统模式农民种瓜得瓜，种豆得豆，现在多物种多链循环，农民种稻得多物种稻、鳖、鱼、虾、药、草，种茶得多物种多种根、茎、叶、花、果实。

通过多维，利用生物特性或特异功能与解决多种农业系统问题产生生物交叉点。发挥人的主观能动性，利用生物多样性规律和特异功能解决农业系统难题，以在世界不同地区分布的34万种植物的一小部分作为研究基础和重点，针对传统单一农业中的养牛、养猪、养鱼、养羊农民以及稻农、菇农、茶农、果农、菊农存在的各种问题，认真研究解决，形成许许多多解决问题的生物交叉点，动物、植物、微生物、人、环境彼此之间产生交叉点。如图4-2所示。

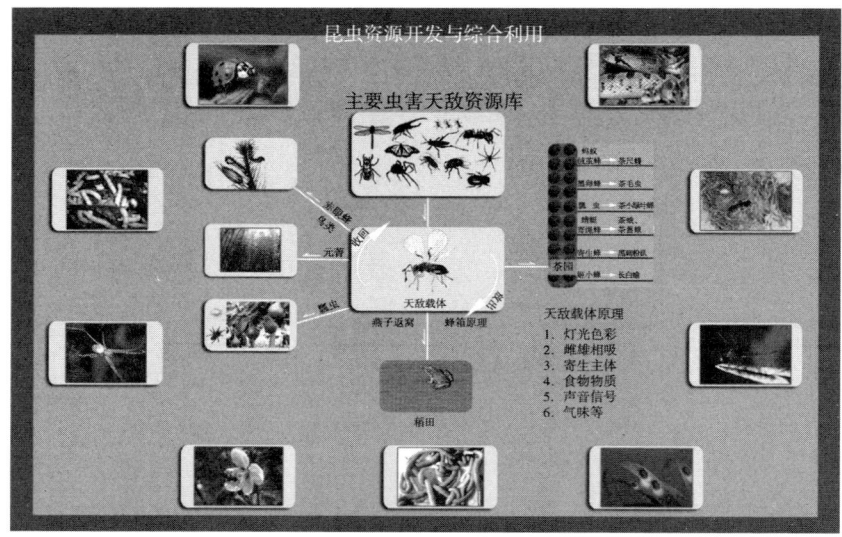

图4-2 昆虫资源开发与综合利用

二、农业新方法——生物交叉点产生的方法

（一）生物交叉点的实施方式

（1）利用植物与植物间产生交叉点解决一个或几个农业系统问题；

（2）利用植物与动物间产生交叉点解决一个或几个农业系统问题；

（3）利用植物与微生物产生交叉点解决一个或几个农业系统问题；

（4）利用动物与动物间产生交叉点解决一个或几个农业系统问题；

（5）利用动物与微生物间产生交叉点解决一个或几个农业系统问题；

（6）利用微生物与微生物间产生交叉点解决一个或几个农业系统问题；

（7）利用微生物与人产生交叉点解决一个或几个农业系统问题；

（8）利用动物与人产生交叉点解决一个或几个农业系统问题；

（9）利用植物与人产生交叉点解决一个或几个农业系统问题；

（10）利用植物与环境、气候产生交叉点解决一个或几个农业系统问题；

（11）利用生物与水产生交叉点解决一个或几个农业系统问题；

（12）利用动物与环境、气候产生交叉点解决一个或几个农业系统问题；

（13）利用微生物与环境、气候产生交叉点解决一个或几个农业系统问题；

（14）利用人与环境、气候产生交叉点解决一个或几个农业系统问题；

（15）利用生物与光、热、水、肥、土、气、药之间产生生物交叉点解决一个或几个农业系统问题等。

（二）举例说明

利用生物技术，建立在传统单一农业模式基础上的一次农业转型升级，利用生物交叉点解决31个主要问题，通过交叉思维让一个个复杂的农业系统难题与生物"特异"功能产生交叉点。

通过多向思维找到解决这些问题的生物交叉点来解决复杂农业系统难题和农民社会群体问题。例如，寻找多年生作物，这样山区农民就不用年年耕地播种，比平原地区机械化种植还要省工（生物与山区艰苦环境交叉）；寻找生命力旺盛、林下能够抑制杂草生长的草本经济植物，这样农民就不用花钱买除草剂（植物与植物交叉）；寻找含水量高、耐火烧的经济植物建立防火林带（植物与环境交叉）；寻找北方冬天四季常绿的经济植物来强化防风固沙功能和蓄水保水造水等多功能（植物与光热水肥土气人环境气候交叉）；通过烟草吸锂、铜草吸铜、向日葵吸钾、玉米吸金、烟草吸锂、盐生生物等解决重金属污染（植物与土壤交叉）；寻找同科类植物嫁接奇花异果（植物与植物交叉）、寻找彩色树种建设美丽中国、建设新农村（植物与人环境交叉），寻找健康中国室内外生态植物（植物与人文、环境交叉）；利用生物驱虫、杀虫、引虫吃虫、中草药治虫、微生物治虫等生物办法防治病虫害（动物、植物、微生物相互交叉），利用多种有经济收入的生物共生互助形成良性循环小生物圈系统来解决农民增收难问题（生物与人的经济收入、需求交叉）；根据市场需求来控制生物种植和养殖规模，解决市场需求平衡问题（生物与人的市场需求交叉）；乔灌草是极端气候的最大调节者、温室气体的最大吸收者，次生灾害保护者，创建高效森林农业可以降低人为自然灾害、次生灾害（植物与人、气候、环境交叉）；寻找具有穿石能力的植物来改造石漠化地区（植物与恶劣环境条件交叉）；寻找适应沙漠化地区的指示性植物去改善沙漠化地区环境条件，然后优化乔灌草结构（植物与环境、再生环境交叉）；通过大苗上山、乔灌草中短期效益相结合解决农业周期长问题（植物与人交叉）；建立在利用生物技术实现农业绿色发展、高效发展标准化体系基础上，来解决融资难和相适应的法律政策、体制机制等问题（生物与人的社会问题交叉）；还可以通过在竹林中分块种植合欢，增加天敌元青，防治竹蝗虫（植物与植物交叉产生了动物与动物交叉）；通过在山区种植四季花期长的植物，增加蜂类的食物途径，保护锐减的蜂类（植物与动物交叉）；种植含水量高的木荷、夹竹桃等植物建立混交林，防治松毛虫、褐天牛等（植物与动物、环境交叉）；培育和养殖啄木鸟、赤眼蜂等放养天敌，保护森林安全（动物与动物交叉）；通过建立大宗农产品病虫害的天敌资源库，实现昆虫的科学利用与开发，形成生物链的循环，产生更大的交叉点，可以说，草=牛肉、羊肉、鹅，粮棉油瓜果蔬菜的昆虫=大宗产品天敌=鸡饲料，1窝燕子=1 200万只蝗虫，1只啄木鸟=90亩森林安全等，利用声音、色彩、天敌、雌雄相吸、燕子返巢、蜂箱原理、食物链等途径建立天敌移动载体，形成大宗农产品天敌资源库等（植物、动物、人相互交叉），这就是生物交叉点带来的农业技术无限创意、创新、创业。

三、农业新技术——生物多维组合技术

我们首次提出对《生物多维组合学》新课题的研究，从研究学习瑞典植物学家卡尔·林奈生物分类学到探索研究生物多维组合学，再到多维生态农业系统工程的跨越。"多维"首次把中国历朝历代的农业发展划分三个阶段：第一阶段是生物自然组合学+自然环境研究（原始森林农业）；第二阶段是生物与非自然物资组合学+人工自然环境研究（近代化学农业）；第三阶段是人工智能与生物组合学+人工自然环境研究（生态文明农业）。其中，优化生物组合这是一门大学问，涉及多学科和系统工程。

这三个阶段的划分，有利于形成"三农"问题的综合性、整体性、突破性解决方案研究，加快推进中国农业进入生态文明农业的高级阶段，从宏观、微观上以及生产、生活、生态方面构想构建中国农业四大立体粮仓：①通过陆地生物组合及其人工自然环境的研究，可以利用76亿亩山区草原发展高效森林农业，构建中国农业的第一个立体粮仓；②通过水陆两栖生物组合及其人工自然环境研究，可以利用18亿亩耕地发展复合式循环农业，构建中国农业的第二个立体粮仓；③通过水生生物组合及其人工自然环境的研究，利用6亿亩内陆和300多万km^2的水域面积发展海洋农业，将生物链循环到底，构建中国农业第三个立体粮仓；④通过多维空间及其人工自然环境产业的研究，利用室内外、楼顶、树林、果园、空间等发展悬浮式、壁挂式多维空间生物组合农业和健康产业，系统研究昆虫、微生物等大宗农产品"天敌资源库"的开发利用，再加上"粮仓走出国门"多维空间农业的战略转移，构建中国农业的第四个立体粮仓。

第四章 探索"三农"问题的系统解决方案——"2+1"方法论

（一）多维生物组合技术的作用

建立在瑞典植物学家卡尔·林奈（Carl von Linné）生物分类学知识基础上，通过产生生物交叉点进行生物组合，我们由此展开对《生物组合学》新课题的研究。通过生物组合，实现经济效益、生态效益、社会效益三者综合效益的更大化。利用生物交叉点复合、组合、叠加形成多功能农业，创新一种生物多维组合技术、多维组合方法、多维组合模式，利用多种生物、多个交叉点的组合可以创新多种新型农业种植、养殖模式，将生物链循环到底，将废弃物循环到底，将产业链循环到底，以此改变落后的农业模式和化学农业方法，形成功能更加强大的多功能农业模式，简称农业全生命周期"归零模式"，即从零点开始，实现永续循环，满足人类最大需求后再回到零点，整个过程接近农业零成本投入。

（二）生物多维组合技术的实施方式

1. 生物自然生态组合

森林是由乔灌草花叶果实、鸟兽昆虫等多种生物组合在一起的，初级稻田是由稻子、青蛙、泥鳅、燕子、红花草、豆子、蓖麻等多种生物组合在一起的；江海库塘的水生生物链是由大鱼吃小鱼、小鱼吃虾、虾吃藻类和浮游生物等生物组合在一起的，称为原生态农业。在原有生态模式条件下，通过向自然学习，效法自然、升级自然、优化自然，参照生物规律和创新生物组合规律，通过优化组合，形成能够更好满足人类需要的、绿色、高效、循环的、符合自然规律发展的多种生物生态化组合方式，通过多物种多链循环形成先进的生态农业种养模式。

2. 生物多向思维组合

通过多向思维方法利用生物进行组合，从经济效益、生态效益、社会效益、大农业、大市场、大健康、大网络、大数据、大格局、大循环、人工智能、5G、生态位、立体空间、环境气候、多学科、人民群众智慧、政府体制机制、食品安全、农民增收、标准化体系等多方面、多角度进行生物功能综合型组合研究，利用生物组合技术创造多种新型复合式、循环农业模式，从源头上、根本上、具体问题上、系统解决方案上形成大农业发展思路和解决问题的有效途径，实现多项效益的共赢。以生态保护优先，通过多物种多链循环种养、多物种多层次保护生态、农民获得多物种收益、企业进行多物种加工、多物种废弃物再循环利用、形成多物种物质能量流、多级循环增值，创造一种集经济效益、生态效益、社会效益一体化的复合式生态产业体系。

3．生态位和立体空间多维组合

这种组合具体包括水生生物组合、陆地生物组合、水陆生物组合。例如，《一种茶树的种植方法》充分运用自然界植物、动物、微生物和环境之间的生态良性循环规律和生物多样性在多层次之间相生相克、相得益彰的特点，通过乔灌草的合理搭配，落叶植物与常绿植物相结合，高杆植物与低杆植物相结合，生态类林草与经济类林草相结合，深根系与浅根系相结合，地表面与地面上部及下部相互联动，水、肥、光、热、土、气、药与生物之间形成相互依存的合理空间布局（生态位），乔灌草与赖以其生存的鸟兽昆虫间生物防治相结合，构成多物种、多样性、多层次、多功能、多种途径良性循环的立体生态网络。

4．美好乡村和区域经济多种模式组合

通过2008年发明的《茶树种植方法》，举一反三，获得北方平原耕地的《一种复合式循环农业种植方法》《植物防火林带》等多项发明专利，形成山区、耕地、平原、水域以及沙漠化、石漠化、荒漠化改造等不同地区模式的组合，从一种模式的"三产"到美丽乡村多种模式的三产融合，到县域经济的三产融合，再到多功能大循环农业国家实验区的全生物链、全产业链大循环，打造中国农业的升级版，创建美好乡村、构建美丽中国。通过生物组合智造技术让农民获得多倍收入，不再是单一作物的收入，为传统作物创造更好的复合式生长环境条件，形成一个个有多种花叶果实收入的"植物绿色加工厂"——绿色、高效、有机农业，还为动物绿色工厂提供更加丰富的、足够的、数倍的原料，利用生物多维组合技术创造了一种生态保护优先、经济效益显著和社会效益多赢的多种不同区域的新型农业模式。中国农民通过多物种先进生态农业技术方法组装形成多种农业新模式增收致富，多种新模式组装形成天人合一的田园综合体，多个田园综合体通过农业技术集成创新、产业联盟、设备组装、标准化制定、互联网+5G组装形成一个个与田园综合体配套的农业园，多个农业园形成的康养特色产业小镇构建县域经济大循环农业体系，创建国家起引导和决定性作用下的市场总体供需平衡，满足13亿人口物资生活需求宏观区域规划下的不同地区新型农业模式微循环体系、田园综合体小循环体系、农业园中循环体系、县域经济特色农业大循环体系，将引发农业全生物链、全产业链、价值链、信息链、生态链、制度体制机制等全面深化改革。

5．绿色发展和土地高效结合的多维组合

利用生物多样性和特异功能产生许多生物交叉点，可以更好地为人民服务，让生物以生态化方式为农民打工，可以大幅提高农民收入，而且省工、省钱、省肥、省药、省力，可以解决许多农业系统难题，由此我们认为生物技术的科学应用将会引发我国农业发生一场生物绿色革命：①实现农业向绿色发展，解决食品安全问题；②实现农业向高效、循环发展，开发土地巨大的增值空间，重新为农民设计亩产收入达5 000~10 000元甚至以上的多种新型种植、养殖模式；③创建三产高效融合的全生物链、全产业链的多功能大循环农业实验区、示范区。

四、农业新模式——复合式循环农业模式

人类的祖先以原始森林中的鸟兽昆虫、花叶果实、食用菌等野味为生，过着半饥半饱的生活，我们将之称之为原始森林农业。在当时条件下，根本就没有农药、化肥、除草剂等非自然物质介入，依靠自然界数亿种生物相互依存、相生相克形成的强大生物功能组合体——生物群落，它们自生自长自灭，年年茂盛地生长，这种靠自然原汁原味文化形成的合力能够较好地抵御自然灾害，我们进行认真研究观察，向自然学习，掌握自然规律，了解自然规律，运用自然规律发展绿色农业。

我们找到一条农业绿色高质量发展的新路子。过去，传统单一农业种瓜得瓜种豆得豆。现在，多物种多链循环模式种茶得多物种根、茎、叶、花、果实，种稻得稻、鳖、鱼、虾、药、草，种北方四季常绿树种能够构建林区、水区、粮区、牧区农林牧副渔全面发展的大循环体系等。我们通过四种途径完成农业全链绿色生产：①通过多维多物种多链循环种养模式从源头种养上减少农药化肥除草剂等的投入和使用，使农民亩收入提高3~10倍。②利用自然界植物、微生物、矿物质发展中医农业（中医农药、中医化肥、中医饲料、中医兽药等），替代化学农业农药化肥抗生素等非自然物质全面介入农业。③秸秆粪便等有机废弃物五化处理（饲料化、肥料化、能源化、基料化、原料化）变废为宝，不污染环境；我们通过多物种混合种养、农民获得多物种收入、企业多物种加工、多物种废弃物循环利用、多级物质能量流、多级政府体制机制配套，形成多级循环增值的中国高质量农业发展模式，通过绿色高效农业可以解决长期以来的农业资产融资难问题、农民增收难问题等。④人工智能+产供消多维消费增值平台的互联互通，共享基地、共享消费、共享平台，解决农产品销路问题和农业资产融资难问题。

多维生态农业受大自然原始森林农业的启发，从深入了解生物多样性和掌握自然规律出发，反复学习研究森林农业这种强大的生物组合功能和方法，创新把生物多样性、生物功能、生物交互作用与解决100多个农业系统问题结合起来，通过人工智能+生物功能+农业问题+人工与自然环境的优化组合，创造了一种源于森林农业的多物种多链循环混合种养新模式——复合式循环农业种养模式。通过人工智能系统跟踪研究，发现野猪、野兔、野菜、野菌、野果、药材等生物规律，构建新型多物种多链循环生物组合体，把传统单一农业构成多物种的复合生态产业体系，利用76亿亩山区草原发展高效森林农业，生产更多的木本草本粮棉油饲料和畜禽野生肉味食品，通过大农业战略思考，构想中国面积最大的立体粮仓。

我们向自然的森林农业学习，率先在山区茶园进行多物种立体混合种养实验，以创新的多维生态茶园《国家生态农业综合标准化》全链模式为示范，在面积最大、群体最多的稻田、茶园、果园、平原耕地、湖泊库塘、菜地等不同地区展开《生物多维组合学》的探索研究，构成完整的高级生产与生态循环系统、废弃物经络系统、生态保育系统，从而创造了一种新型多维生态农业复合式循环模式。按照这种思路，黄山市多维生物（集团）有限公司（以下简称多维公司）通过6年的调查研究，历经14年探索实践，在茶园林上、林中、林下及林边四周种植木瓜、桂花、明日叶、木槿、除虫菊以及赖以其生存的动物、微生物进行立体混合种养，将模式中多物种及多物种加工产生的废弃物循环到底，利用生物引虫吃虫治虫、抑制杂草生长、增香提质等多功能，形成人工生态系统体内与体外多级循环增值的多维生态茶园模式（国家发明专利号为ZL200810244516.5）；在稻田进行稻鳖鱼虾药草或稻蛙鳅鱼菜草等多物种立体混合种养，形成多物种及多物种废弃物能量物质流，变废为宝，利用生物动力耘田、施肥、除草、吃虫等多功能，形成人工生态系统体内与体外多级循环增值的多维生态稻田模式（国家发明专利申请号为ZL201710581622.1），这样的模式一旦在最大面积的平原耕地等不同地区应用推广开来（多维生态平原模式国家发明专利号ZL201210109005.9，通过北方四季常绿植物等多物种打造经济作物带、病虫害防护带、风沙防护带，构建北方平原林区、牧区、粮区、水区、湿地蛙地农林牧副渔全面发展的大农业循环体系），多物种多链循环替代传统单一农业，原来农民种瓜得瓜种豆得豆，现在种茶得多物种根、茎、叶、花、果实，种稻得稻、蛙、鳅、鱼、菜、草，北方种常绿树实现农林牧副渔全面发展，新型模式将加快中国生态文明农业前进的步伐，新型模式的多物种多链内外循环还可以帮助我们通过人工智能和大数据尽快实现互联互通，在电脑办公室里"种田"，新型模式利用生物为农民打工，让农民省钱、省肥、省工、省力、省药，通过人工智能+生物技术不需要农民再脸朝黄土背朝天。我们共申请获得11项多种新型模式及产品的发明专利。

（一）多功能生态茶园模式

专利号ZL200810244516.5《茶树的种植方法》的内容之一是选择大花量、重瓣、白花木槿植物吸引大量的蜂类、蚁类产生多个生物交叉点，一种植物同时解决了几个问题，前面提到的明日叶解决林下的几个问题，现在我们又通过在茶园种植花期百余天木槿植物解决绿色发展问题。①解决农药问题。木槿天天吸引蜂类、蚁类吃茶树常见30多种中的20多种虫害，这是植物与动物交叉；②解决农民增收难问题。木槿花期花期百余天，农民天天有鲜花蔬菜的收入，这是生物与人交叉；③降低生产成本。木槿是多年生植物，山区农民不用年年耕地播种，这是木槿生物、土壤环境与人的需求交叉；④建设美丽乡村植物。一种木槿可以嫁接十几种不同木槿花，形成多姿多彩的木槿绿化树种，通过多物种多链循环形成多功能生态茶园模式，详细内容见本书第六章。

（二）多功能生态稻田模式

打破传统单一农业，改变现行依赖农药、化肥的水稻种植方法。把袁隆平的优质杂交稻种种在20世纪六七十年代空中有燕子吃虫、稻苗上有青蛙吃虫、水里有泥鳅吃虫、使用发酵过的牛粪、猪粪以及红花草籽的水稻田里，构成一个初级原生态生态稻田，在农田闲置时种草养鹅再种粮等方法休耕轮作，通过生物组合和循环利用，实现耕地可持续高产和生物多样性保护。

通过生态稻田让青蛙日夜为我们捕虫，我们安心休息，减少农药使用。通过这种种田方式把不利于水稻生产的昆虫作为青蛙饲料；把稻田里浮游生物、甲壳虫及腐殖质污染物通过饲养泥鳅来净化水源，变废为宝；并通过"五化"[①]把以后产生的秸秆变成食用菌、肥料或生物质能源；米糠喂猪，猪粪回田；通过筛网限制青蛙、泥鳅天敌入侵，通过在田埂种植大豆、种植蓖麻杀虫、休耕期种植红花草固氮……通过生物组合技术，使产生的各种物质和废弃物朝着有利于人类生存和发展方向转化。详细内容见本书第九章。

---

① "五化"指的是秸秆饲料化、能源化、肥料化、基料化、原料化。

稻田里的青蛙、泥鳅是我们的美食，水稻变成有机稻，通过多种不同生物的优化组合形成小生物圈的良性循环和动态平衡，大幅提高农民收入。我们按照每平方米1只青蛙2只泥鳅的合理环境容量初步计算，每亩稻田可以养殖200～1000kg泥鳅、青蛙，加上有机稻收入，综合亩收入达到20 000～50 000元甚至以上，使每亩稻田的收入提高3～10倍，通过多物种多链循环形成多功能生态稻田。

（三）多功能生态平原模式

专利号ZL20120109005.9的《一种复合式循环农业的种植方法》做法是，选择北方冬天四季常绿的经济植物构建病虫害防护带（如银杏、蓖麻、苦参）、风沙防护带（如枇杷叶荚蒾、粗榧、沙地柏）、经济作物带（如木瓜、木槿、大白菜、大蒜）三者构成高效森林农业。这种模式可以解决以下问题。①解决北方水资源短缺问题。利用植物构建高效森林农业，蓄水保水造水，减少地下水的超采。这是植物与土壤、气候交叉。②强化防风固沙功能。通过种植枇杷叶荚蒾、粗榧、沙地柏等北方冬天四季常绿树种改善生态，强化防风固沙功能。这是植物与环境交叉。③减少农药使用。银杏、蓖麻、苦参都是很好的生物土农药，可以配置多种中草药生物制剂防虫治虫。这是植物与动物交叉。④解决农民增收难问题。立体种植的每种植物都有经济收入，产生多项农林鲜产品收入。⑤解决市场问题。根据国内外市场需求发展生物品种的数量。这是生物与人的交叉，通过多物种多链循环形成多功能生态平原模式。

（四）多功能防火林带模式

专利号ZL20121009005.9的《植物防火林的构建方法》选择含水量高、耐火植物杨梅、枇杷、柑橘樟树、女贞、茶树、救心草、高杆油茶苗等经济植物。

该模式可以解决以下问题。①通过这些植物立体种植交叉解决水土流失问题。这是多种植物与气候、土壤交叉。②通过这些植物立体种植交叉解决农民增收难问题。这是高杆油茶大苗与多种经济生物相互交叉。③通过这些植物立体种植交叉防止火灾蔓延。这是生物与环境交叉。④通过植物发展森林农业，保护生态，增强碳氧转化，降低自然灾害。这是植物与光热水肥土气交叉，通过多物种多链循环形成多功能防火林带模式。

（五）多功能生态羊圈模式

寻找没有被人类发现的、羊爱吃的、快速生长的、四季常绿的小灌木和羊不啃的果树品种，四周用羊不吃的甚至忌讳的药材植物作为绿篱，林下流动性种植不同草本经济作物等，与羊构成流动性生态羊圈。满足这些要求需要合理的面积配置、食量配置、时间配置、废弃物合理利用配置、季节配置、生态位配置、病虫害防治配置、营养配置等大数据形成生物交叉点，这些品种可能原来就有，但是这些生物多样性规律的发现与生物组合技术形成的新型生态羊圈模式和方法都是首创的，我们通过多物种多链循环形成多功能生态羊圈模式。

（六）多功能高效森林模式

长期以来，化肥农业已造成土壤板结、渗透性差、遇雨即涝、遇晒即旱的现状，平原地区长期超采造成耕地日趋沙漠化，这些原来在地底下的水现在统统流入江河或蒸发到大气中。更有甚者，近10年来全世界毁坏森林面积约2.9亿公顷（43.5亿亩），相当于每年减少了1 350亿吨CO_2的吸收和转化、等于每年减少1 500亿吨森林蓄水保水功能（1公顷森林约吸收468吨CO_2，蓄水保水500吨），而全世界每年的碳排放总量才500亿吨，1 500亿吨的水相当于上海市民300年的用水，人为毁坏森林和工业排放产生的温室效应开始融化北极1.8万亿吨碳冰（碳弹），它们与海洋气候共同形成强大的气流，年年制造频繁的自然、次生灾害，带来破坏性、毁灭性的灾难，使农业生产无法正常进行，有的农民甚至颗粒无收。生态环境存之不觉，失之难存！

为了人类更好的生存和健康生活，必须共同修复生态，发展高效森林农业，降低自然灾害，需要千百亿株苗木进行乔灌草结构的调优、调好、调强，意味着这将是一个百万亿级的绿色生态产业。通过森林农业让影响大自然气候环境的水、CO_2重新回到森林，保护生态平衡。

通过选择既能保护生态，又有经济收入，还能实现食品安全的乔灌草组合苗木发展高效森林农业，国家应每年免费给农民提供能增收致富的特色苗木，这是最大最好的惠农政策，也是我国国情发展的需要，调节气候环境的需要，修复生态的需要。重视森林农业的生态功能，不忽视森林农业的造血功能，通过优化林草实现生态与经济共赢：优选带土球的高杆大苗上山修复生态，建立多元化、多层次的森林结构，通过林草装备制造业消灭荒山荒坡荒地和完成低质低产林改造，通过发展绿色高效森林农业，把76亿亩山区草原变成我国农业绿色的减灾工厂，林草富民的绿色工厂，因为我国现在每公顷森林的平均材积量只有发达国家的1/6，差距和潜力都非常大。通过发展绿色高效森林农业增厚植被，强化林草功能，创新高效森林农业模式帮助世界其他国家修复毁坏森林面积约2.9亿公顷（约43.5亿亩），这里孕育着一个巨大的百万亿元级的绿色生态产业，我们通过多物种多链循环形成高效森林农业模式。

（七）多功能生态库塘模式

利用水域建立水上、水中、水下植物、鱼类、虾类、藻类、螺丝、甲鱼、贝类、水蛭等水生生物交叉融合的多层次良性循环系统，通过在库塘、湖泊水中种桑种草以及养鹅、鸭，桑草以及水面的鸭粪、鹅粪可作为草鱼的饵料，草鱼粪便可作为鲢鱼的饵料、鲢鱼粪便可作为扁鱼的饵料、扁鱼粪便可作为的鲫鱼饵料……通过生物组合智造技术，合理调整和科学配置水生生物的比例，将生物链循环到底，将水生废弃物循环到底，使水面亩收入提高到6 000~10 000元。

通过构建水生生物两大循环可以解决以下水污染和养鱼农民增收难等问题。①构建水生生物链的循环，合理配置水生生物种类，形成大鱼吃小鱼，小鱼吃虾。在虾吃藻类生物链中获得附加值更高的水生生物品种。这是动物与动物交叉；②各种水生生物废弃物循环利用，根据各种鱼类产生的废弃物配置鱼类品种，如草鱼粪便上浮给鲢鱼吃，鲢鱼粪便下浮给鲫鱼吃，鲫鱼粪便下沉给泥鳅等水生藻类、贝类生物，既净化了库塘的水，又通过废弃物生物循环将其转化为各种水生生物为农民增加收入，我们还可以把这些家鱼杂鱼转化成附加值更高的哺乳鱼类，使亩收入达到数万元，我们通过多物种多链循环形成多功能生态库塘模式。

（八）多功能庭院经济模式

创新珍奇特异新品种。通过嫁接技术、变异等方法优选合适的庭院经济植物品种，在一棵桃树上嫁接六、七种不同的桃树品种；也可以在李树上嫁接桃、杏、梅、李、紫叶矮樱、梅花；在一棵油茶树上嫁接十几种茶花；在一棵木瓜上嫁接8~9个品种的海棠花；在一棵木槿上或紫薇上嫁接七、八种不同颜色的木槿花或紫薇花；选择猕猴桃、葡萄、奇异瓜果的爬藤植物，选择室内能够驱虫、杀虫植物，选择能够吸收电脑辐射的植物，选择能够吸收有害气体的植物和温馨的植物等。多个生物交叉点构成了前院有花、后院有果、林下有药材、蔬菜等高效的庭院经济和室内大健康生态植物，亩收入达5 000~10 000元甚至以上的农村、城市庭院经济、屋顶经济，健康生态植物、彩色植物、奇花异果、药材蔬菜、百花齐放的室内外庭院经济，会让中国农村富饶美丽，让中国城市美丽，让中国更加美丽。这种模式包括了植物与植物交叉、植物与气体交叉、植物与人交叉、植物与环境交叉，产生了多个生物交叉点，我们通过多物种多链循环形成多功能庭院经济模式。

（九）多功能大循环农业模式

最高级别的生物多维组合技术和方法是多物种产供销种养微加全生物链、全产业链的大循环组合，是农业多物种多链循环、中医农业、废弃物五化处理、产供消多维消费增值平台、人工智能农业园、体制机制平台创新等要素进行三产融合，构建全链闭环大循环，激活海量的农村生物资产、农业土地资源、农民劳动力资源、称为多功能大循环农业。通过多种新型农业模式的三产融合，形成更大的产业联盟、技术集成、设备组装和标准化制定等多方面的多功能融合与互联互通，探索中国农业的"华为模式"，服务于全国3 000多个县域新型模式农业园区建设。

这种最高级别的生物多维组合技术和方法，加快中国进入生态文明农业进程，有以下3个步骤。

步骤1：通过生物多维组合技术和方法，以一种新型茶园模式的三产融合作为典型案例进行农业系统难题突破示范，并制定该模式的国家生态农业综合标准化体系，逐步在全国1 000多个产茶县推广。

我们率先在茶园中实现山区系统问题的突破。具体内容是通过乔灌草在茶园中构成林上、林中、林下、林边立体经济，上层及茶园外围是木瓜、桂花、木槿等，中层是茶树，在茶树下裸露的地方种植明日叶或救心草及除虫菊、三叶草等经济草本植物，构建功能更加强大的生物组合体，人为地创造良好的、多物种并存的、立体生态环境。通过茶园模式探索改变传统、低效的农业模式和解决化学农业方法的新路子。如图4-3所示：多维生态农业起步初期设计的循环方案。

为进一步提升多维生态茶园模式发展水平，努力把休宁生态示范茶园建设成为示范引领全省乃至全国山区茶园发展的核心示范区，公司承担了第八批全国农业综合标准化示范区项目建设任务。创建以来，依据相关标准、要求，以国家标准、行业标准、地方标准为基础，以企业标准为补充，按照"有标采标、无标制标"的原则，围绕生态茶园，收集、制定了53个标准，涵盖从苗木选育、茶园建设、茶园管理到茶园多项产出品深加工等方面的8个标准，以及公司管理工作规章制度方面的4个标准体。制定了《生态立体茶园栽培技术规程》《生态立体茶园中木瓜栽培技术规程》等10个种植技术规程标准,《绿茶生产工艺流程》《木瓜生产工艺流程》等4个生产技术标准,《绿茶鲜叶采收标准》等4个原料收购标准,以及《公司员工手册》等企业管理标准。在实施过程中,不断健全各生产环节技术和管理工作标准,形成标准综合体,并将茶园标准化综合体进行创新复制,形成人工智能+生态稻田、生态果园、生态库塘、生态菜园、农村庭院经济、室内外生态植物、植物防护林带等标准化综合体的创建,构建多种新型农业模式国家生态农业综合标准化体系。

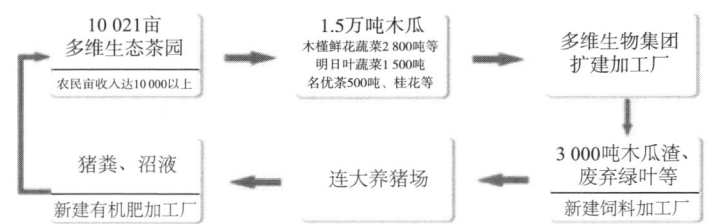

多维公司免费为新林草农民合作社发行立体茶园10 021亩(亩收入提高到万元以上)并按照合同收购农民茶园种植的多种根茎花叶果实鲜产品,经多维公司深加工后产生大量的木瓜渣、废弃绿叶等(新建饲料加工厂的饲料)免费连大生态农业科技有限公司作为养猪饲料,连大生态农业科技有限公司把猪粪、沼液、沼渣(新建有机肥加工厂的肥料)免费给新林草农民作为10 021亩茶园的有机肥,形成一定规模的种、养、加的生态农业循环模式。

图4-3 多维生态茶园种养加循环图

步骤2:通过新型茶园模式案例,举一反三创新多种农业模式。

对新型茶园模式举一反三,重新为我国养牛的农民、养猪的农民、养羊的农民、养鱼的农民以及茶农、菇农、果农、菊农等设计亩收入达到5 000～10 000元、5 000～10 000元甚至以上的多种新型农业、标准化种养模式实验区,通过创新构建多功能生态茶园、生态果园、生态库塘、生态菊园、植物防火林带、农村庭院经济、北方大平原大循环农业体系等多种模式的三产融合,最终完成全国美丽乡村、农村城镇化、区域经济的全生物链、全产业链的大农业、大规划、大市场、大网络体系的总体发展思路,简称新型模式实验区。

步骤3:通过生物多维组合技术,创新和建立多种新型农业模式全链闭环大循环的三产融合。

创建与多种新型农业模式相配套的全生物链、全产业链各个环节政策方针、体制机制、资源配置、金融资本、人才技术、设备装备等的三产融合,开创多功能大循环农业模式实验区。如图4-4所示。

第四章　探索"三农"问题的系统解决方案——"2+1"方法论

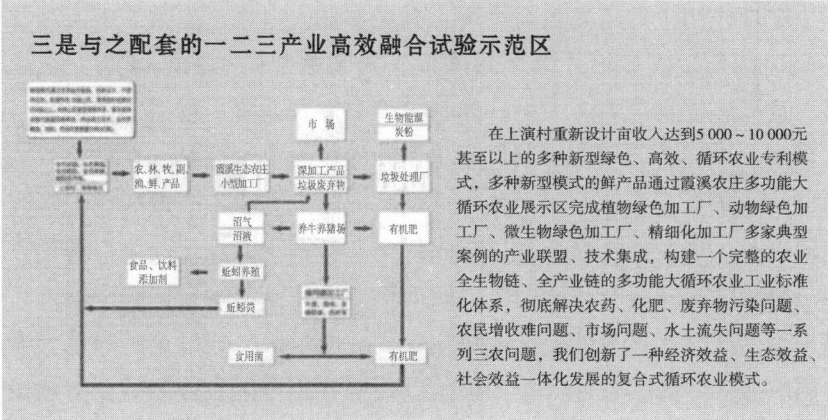

图4-4　多种新型模式的三产融合农业园

　　建设美丽中国需要许多这样的美好乡村，而建设美好乡村需要许多生物圈良性循环小系统，许多小生物圈良性系统又构成许多新兴的农林战略产业，优化生物多维组合，通过生物组合智造一花一叶一草都能成为产业，有产业支撑的农村才能富饶美丽。构建中国山区、草原、平原、水域大循环农业体系需要与之配套的大循环农业加工示范区，集中花叶果实畜禽菌规模化加工，形成产供销一体化循环发展，再完善与之配套的服务体系和相适应的体制改革，聚集成互联网+城镇化，三五个这样的美好乡村就可以建一个花叶果实、畜禽菌多功能大循环农业加工中心村镇，六七个大循环农业中心村镇可以形成互联网+特色县域经济，同一生态位可以形成互联网+特色区域经济。探索寻找适合我国国情发展的新模式、新路子——一个多山国家、草原大国，必须发挥林草经济优势，通过乔灌草、通过大循环农业可以让我国农民变成农民工人、农村工业农业，实现农业工业化、生物智能化、农业标准化，人机信息化，将加快我国农村城镇化、工业化建设的步伐，中国版图横贯东西、纵贯南北，很容易形成特色县域经济，多功能大循环农业创新了经济效益、生态效益、社会效益一体化发展的复合模式。农业是系统问题，必须多维思考，必须采用系统解决方案，一旦实现系统工程方法在各个领域的广泛应用，意义非常重大。

　　中国农民通过多物种组装形成多种农业新模式增收致富，多种新模式组装形成天人合一的田园综合体，多个田园综合体通过农业技术集成创新、产业联盟、设备组装、标准化制定、互联网+组装形成一个个与田园综合体配套的农业园，多个农业园形成的康养特色产业小镇构建县域经济大循环农业体系，创建国家起引导和决定性作用下的市场供需平衡，满足13亿人口物资生活需求宏观区域规划下的不同地区新型农业模式微循环体系、田园综合体小循环体系、农业园中循环体系、县域经济特色农业大循环体系，将引发农业全生物链、全产业链、价值链、信息链、生态链、制度体制机制等全面深化改革，这是一条新路，这是一条好路，这是一条生态农业文明之路，这是一项国土高质量改造的伟大工程，毫不夸张地说这是一场农业革命，是进行农村全面、系统的深化改革，是化学农业发展到一定阶段的必然变革，同时需要政府搭建农业创新平台，眼下迫切需要尽快创建以先进生产力为代表的农业改革实验区、展示区，通过全链绿色大循环的41颗"中国农业芯"探索农业"华为模式"，服务于全国农业园的创新建设，开创多功能全链大循环农业模式。

这一系列系统问题的研究和解决形成了本著作———一种生物多维组合技术和方法，创造一种新型农业模式来实现经济效益、生态效益、社会效益三者综合效益更大化，它涉及很多领域的系统解决方案和突破，是无法申请专利的专利，申请著作权登记号为国作登字2017Z11L302793。采用这种模式可以先试点，然后创建农业新方法、新技术、新模式示范区、展示区，做给农民看，教会农民干。

第二节　多维生态农业的实践创新

一、多维生态农业的实质和宗旨

（一）实质

多维生态农业通过陆地生物组合、水生生物组合、水陆生物组合、多维空间康养农业组合，把传统单一的农业转型、升级到构建多物种多链循环的良性循环系统经营，替代单一低效的传统农业模式，创新多维生态农业闭环大循环生产方式替代不可持续的化学农业生产方式，实现多级能量的转化，变废为宝，将生物链循环、废弃物循环和产业链循环进行到底。通过多功能大循环农业创建人工生态系统与人工生产系统共同体的更高级平衡，周而复始，永续循环利用，形成农业"2+1"方法论和"3+1"体系的"三农"问题系统解决方案。如图6-1所示。

多维生态农业实质体现在三个方面：一是多维生态农业注重选择适宜的农业复合模式，提高空间和光能利用率，促进物质充分循环和能量的多级利用，从而增加生物质产量。二是多维生态农业在很大程度上减轻了对环境的干扰,为防控有害生物提供天然条件,化害为利,从环境安全方面保证农业可持续发展。三是多维生态农业有利于在有限时空内发挥生态系统的整体功能,注重提高生产系统的稳定性和持续性,增强农业发展后劲和长期效果。

(二)宗旨

多维生态农业旨在改变化学农业生产方式,绿色引领科技,绿色改变生活,知识改变农民命运,实现农业绿色转型,创建中国新型生态文明农业科学发展之路。通过创建多维生态茶园、多维生态稻田、多维生态羊圈、多维生态库塘、多维植物防火林等项目示范区,构建天、地、人、万物合一的田园综合体的样板工程,通过展示、示范、应用和推广,实现传统农业向绿色农业和高效农业的转型、升级。

没有良好的、绿色且高效的种养模式做基础,不仅一产低效没人干,而且二产、三产的生产成本高,我国农产品就会缺乏国际市场竞争力。新型模式种稻得稻、鳖、鱼、虾、药、草,种茶得多物种根、茎、叶、花、果实,通过种四季常绿树种构建林区牧区粮区水区农林牧副渔全面发展的高质量循环农业体系,水生生物链的多物种多链循环模式替代传统单一的网箱养鱼养蟹……良好的一产模式为下一步三产融合、种养业的生物链永续循环、废弃物永续循环和产业链永续循环打下坚实基础,能够构建比传统农业综合效益更大的经济效益、生态效益和社会效益,创建农业全链绿色闭环大循环体系。只有这样,才能因地制宜地引领全国各地创建这样的农业园或特色小镇。

二、多维生态农业的基本思路

解决农业问题非常难,而探索系统地解决农业问题的途径和方法就更难,而多维生态农业从事的就是这样一项伟大的全新工程。本著作公开了一种多维生物组合技术和方法,具体表现在通过利用生物交叉点,形成多维生物组合技术,创造多种新型农业模式,以此实现经济效益、生态效益、社会效益三者综合效益较传统模式的更大化,同时解决复杂的农业系统难题,形成多维生态农业的新方法、新技术、新模式,基本思路如下。

(1)通过多维,罗列并思考31个主要农业系统难题[①];

---

① 对许多农业问题的多向思维形成系统思维,以下简称多维。

（2）通过多维，寻找农业系统问题的最大交叉点；

（3）通过多维，研究生物多样性和生物特异功能；

（4）通过多维，发现利用生物功能和生物交互作用可以解决一个或多个农业系统中的难题，然后把生物多样性、生物功能和生物交互作用与农业系统问题紧密结合起来，产生生物交叉点以及生物交叉点的具体实施方式；

（5）通过多维，利用生物交叉点形成多种生物优化组合，创新生物多维组合技术和方法以及生物多维组合技术和方法具体实施方式；

（6）通过生物多维组合技术和方法，创新多种新型多功能农业模式以及多维生态农业模式的具体实施方式；

（7）通过多维生物组合技术和方法，实现多种新型模式的三产融合，完成全生物链、全产业链的大循环，形成多功能大循环农业和创建国家生态农业综合标准化体系。

本著作涉及经济、生态、社会以及多学科综合领域，具体涉及一种生物交叉点农业新方法、多维生物组合新技术、复合式循环农业新模式、多维生态农业系统解决方案。

三、多维生态农业的贡献

多维生态农业是农业系统工程解决方案，它构建了农业全链产融绿色大循环体系+复合式生态产业体系+多维消费增值平台+政府体制机制的"三产"融合，它通过41项发明专利的技术集成创新构建全链农业绿色大循环的"中国农业芯"，探索中国农业的"华为模式"，打造中国3 000多个县域大循环体系农业园。

（一）形成"三农"问题的系统解决方案

多维生态农业把复杂的农业系统问题简单化，创新"2+1"方法论。

（1）找到生态系统难题的最大交叉点——林草问题；

（2）找到破解"三农"问题的最大交叉点——多功能大循环农业；

（3）通过构建多维生态农业模式的三大体系+政府体制机制，形成多维生态农业的的系统解决方案"3+1"体系。

（二）创新生物多维组合新技术

多维生态农业创新多物种多链循环技术，创造了先进的生态农业种养技术方法，大大解放了农村土地生产力。利用生物交互作用+农业问题=生物交叉点，解决一个或几个农业问题，多个生物点产生强大的生物组合功能，可以解决许多农业问题，创新出源于自然森林农业（森林野猪、野兔、野果、野菜、野笋、野菌、药材等多物种共生）的生物多维组合技术：人工智能+生物交叉点=生物智能化农业，形成多物种混合种养、多链内外循环，使最大面积、最大群体的种养业土地生产力提高3～10倍甚至以上（不包括多物种深加工附加值）。其中，多维生态稻田试验田每亩土地纯收入提高50～100倍甚至以上。

（三）实现农业向绿色高质量、全链闭环大循环转型

多维生态农业是新型农业模式、生产方式两大创新，它改变了传统单一农业种养模式和化学农业生产方式，实现农业向绿色转型。传统、单一、污染、成本高、农民不愿干的化学农业生产方式是：单一化学农业+废弃物+生物多样性减少+空气水土食品污染+人畜禽鱼虾抗生素等+抗药性=生态链恶性循环。复合式循环农业模式是：多物种种养+多链内外循环+中医农业+多物种收益+多物种加工+多维消费增值平台+多物种废弃物再利用+多级能量物质流+多级循环增值=多级财富倍增。其中，多物种混合种养+中医农业+废弃物"五化"处理=农业全链绿色高质量生产。多维生态农业复合式生态产业体系优于化学农业生产方式，原因如下。

（1）实现农业向绿色发展转型，食品才会安全；

（2）实现农业向高效发展转型，农业才会有很多人干，吸引金融资本投入；

（3）把农业每个环节、每个"生物绿色工厂"全链多维链接、循环起来，实现农业向可持续发展转型，给子孙后代留下一片生生不息的净土。

（四）积极建议创新与新型模式配套的政府体制机制

多维生态农业针对100多个农业问题向多部委提出36条建议，这些建议不是围绕污染、低效化学农业生产方式制定新政，而是围绕新型农业模式第一生产力、围绕"三农"问题的系统工程解决方案进行各个环节的配套创新，打通整个农业生物链、产业链，将废弃物循环到底。只有这样，才能在一片农业贫瘠的土地上改革出许多新东西来，实现政府提出的"大众创新、万众创业"，解决政府一直久拖不决的"三农"问题，解决农村空心化、农民老龄化、农业边缘化缺人问题、亩收入低农民增收难缺技术问题、农业资产融资难缺钱问题、供需不平衡造成的市场问题，化学农业模式带来食品安全问题等。

四、多维生态农业的意义

多维生态农业是多功能大循环农业的重要组成部分，是一项系统工程。多维生态农业注重新型农业种养模式的创新突破，涉及种养业面积最大、群体最多，通过新型农业模式解决农药、化肥、除草剂等污染问题，构建多种物种立体混合种养模式和多级能量传递，多级循环增值，生产更多绿色安全食品，同时产生复合式农林产品收入，解决农民增收难问题，通过绿色高效农业解决农业资产融资难问题。

以多维新型茶园全链模式的三产融合标准化示范为例。从一种新型茶园模式的三产融合，到多种新型模式田园综合体的三产融合农业园，再到县域经济、区域经济的特色小镇，实现我国农业的升级。如图4-5所示。图4-5中的1为单一茶园、2为新型模式茶园、3为配套茶园鲜产品加工的农业园，通过茶园全链模式的探索，举一反三，因地制宜，创新多维生态稻田、多维生态果园、多维生态库塘等多种新型模式，构成天、地、人、万物合一的美好乡村田园综合体。通过8个典型案例的产业联盟、技术集成、设备组装、标准化制定等建立与田园综合体鲜产品相配套的三产融合农业园。图4-5中的4为田园综合体、5为技术集成、6为配套加工农业园。我国960万km^2横贯东西，纵贯南北，物产丰富，以南方3～5个乡、北方平原20万～30万亩区为适度规模，通过创建三产融合的农业园很容易形成特色产业小镇，图4-5中的7为县域、区域经济。许多地区过剩的工业园可以变成新业态、新动能的农业园，大量的现代化农业园建设会形成农业中高端装备制造业，其意义就在打造中国特色高质量农业升级版，探索一条适合中国农业发展的新路子。

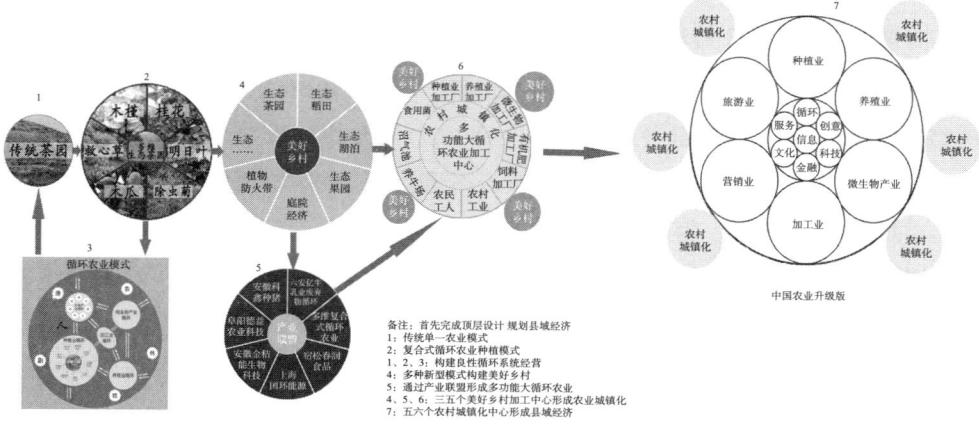

图4-5 解决"三农"问题的新路子

五、多维生态农业的具体做法

多维生态农业首先要创建适合不同地区发展的多种新型高质量农业模式试验区、示范区，做给农民看，教会农民干，利用多维生物组合技术把传统单一、面积最大的山坞田、平原耕地、果园、茶园、库塘等通过增加新物种设计成高级平衡的人工生产系统，通过新型农业生产系统模式的多种生物组合功能同时解决农药问题、化肥问题、除草剂问题、废弃物污染问题、农民增收难等问题。具体实施分7个步骤：①设计多种新型农业生产系统构成人工生态系统（创新型农业模式）；②按照新型种养模式的生物群落建立种质资源圃（利用生物多样性）；③按照新型模式繁育大量物种（形成生物装备制造业）；④利用繁育的大量物种建立新型模式原料基地（规模化）；⑤通过多种新型模式原料基地构建田园综合体（形成产业化的美丽乡村）；⑥创建与田园综合体相配套的三产融合农业园（鲜产品加工与废弃物五化处理，同时形成中高端农业装备制造业）；⑦按照农业新方法、新技术、新模式、新思路制定与各个环节相配套的政策方针和体制机制创新，完成全链模式的多功能大循环农业系统解决方案"3+1"体系。

（1）农业全链绿色大循环体系的构建。利用多维生物组合学的多学科交叉+系统工程+在大自然实验室下的多种农业创新模式——构建多维生态农业的全链绿色发展体系，实现传统单一农业向多物种、多级物资能量流、多级循环增值、可持续发展转型。研究种植业的绿色循环（如多维生态茶园模式）、养殖业的绿色循环（如多维生态库唐模式）、种养业的绿色循环（如多维生态稻田模式）、微生物产业的绿色循环（如中医农业模式）、环境产业的绿色循环（如北方绿城、康养闻香园、室内健康生态植物药香等），创建与多种新型农业模式相配套"三产"融合农业园，实现种养微加的绿色再循环、再利用，这当中的每一个循环都可以构成多级循环增值的复合式生态产业体系，通过中国典型案例的优化组合、产业联盟、技术集成完成全生物链、全产业链的农业绿色大循环——多功能大循环农业。通过生物交互作用、中医农业（中医农药、中医兽药、中医肥料、中医饲料）等科学技术手段减少农药、化肥、除草剂、激素、抗生素、塑料等非自然物资介入，并且使产生的农业废弃物全部被循环、高效利用，实现农业全链生产过程向绿色发展。

（2）农业复合式生态产业体系的构建。从多维生态农业系统工程思维出发，形成一种新型模式的绿色小循环生态产业体系，到多种新型模式田园综合体的绿色中循环生态产业体系，到国家宏观规划下的县域经济农业园的绿色大循环产业体系，再到与互联网+产供消（3D+50多维消费增值平台）量身定做、风险可控的现代农业产融营销体系，与政策体制机制配套创新，共同构建完整全链闭环式绿色大循环农业生态产业体系，实现农业全过程绿色+高效发展。

（3）产—供—销多维消费增值平台创新。让消费者热与投资农业生产，为消费者量身定做，让生产者以销定产，通过新型高效农业模式给消费者高回报，让消费者享受免费消费，而且还通过消费带来增值，解决农产品销路市场问题和农业融资难问题，创意农业产—供—销多维消费增值平台，实现产—供—销三者共赢的互联互通，完成农业产融大循环体系。

六、多维生态农业初步效果

多维生态农业是多功能大循环农业的具体实践，是解决农业中存在问题的多向思维和系统工程思维。近年来，多维生态农业取得了明显的效果。黄山市多维公司在季昆森主任等高等院校多学科专家、教授指导下，长期深入山区探索实践，从研究多种新型农业模式开始，按照新型模式引进200多个植物新品种，建立了699亩种质资源圃，繁育了2 000万株苗木，改造多维茶园10 021亩。截至目前，拥有苗圃、原料基地13 000亩，建设与茶园多种植物花叶果实相配套的加工厂12 000m^3，形成多项"茶产业"，下一步到美丽乡村多种新型农业模式的"三产"融合和大循环农业新产品的开发、3D+50互联互销（多维消费增值平台）人工智能大数据多维生态稻田、多维生态茶园等新型模式示范区的创建等等。率先通过茶园改造，将原来单一的茶园变成了木瓜系列、桂花系列、明日叶系列、救心草系列、木槿花系列、除虫菊系等多项"茶产业"。通过全链模式探索破解"三农"问题，形成跨学科的理论体系、实践体系和制度体系，完成全链过程的探索实践，取得不少的成功经验和失败的教训。

1．创新型农业全链模式，解放农村生产力

黄山市多维公司长期深入山区探索实践，创造了一种源于自然森林农业的复合式循环农业模式：多物种混合种养+多链内外循环+中医农业+农民多物种收益+多物种加工+多物种营销+多级能量物质流+多物种废弃物循环利用+多级循环增值+多维消费增值平台=多级财富倍增。通过多物种多链内外循环，结合人工智能系统，就可以在办公室电脑里"种田"，并向消费者提供全程可追溯系统。多物种多链混合种养模式可以让茶园、果园、稻田、库塘、林地等最大面积农民群体的土地产出率提高3~10倍甚至以上,等于新增3~10倍甚至以上的土地面积,试验田亩收入达到5 000~10 000元甚至几万元以上,加上多物种废弃物被循环利用,等于又增加1/3的土地面积,新型模式会让人民群众的生活物质变得极为丰富,而且产品绿色、安全、优质,就可以创建多维免费+消费增值平台,这是一个百万亿元级的伟大工程,为人类社会农业的生态文明与进步做出自己的一份贡献。

2.实现农业向绿色、高效、循环、可持续发展转型

通过产业联盟、技术集成创新,完成农业全链绿色大循环,即多物种多链混合种养模式+中国农业科学院中医农业+废弃物"五化"处理=农业全链绿色生产,以此改变几十年化学农业生产方式,即单一化学农业+工农业废弃物+人空气水土食品污染+人畜禽鱼虾使用抗生素等+生物抗药性=生态链恶性循环。

3.探索研究多维生态农业的系统解决方案

农业是系统工程,必须采用系统工程方法实现农业闭环式循环和可持续发展,即全链绿色产融大循环体系+复合式生态产业体系+多维消费增值平台+政府体制机制创新=多维生态农业。多年的探索与实践证明:政府体制机制能否为新型模式多物种种苗、多物种收益、多物种加工、多物种营销、多物种废弃物循环利用各个环节提供集成创新服务和保障这非常关键。反之,体制机制问题可能会成为新型农业模式集成创新的障碍。

通过以上农业新方法、新技术、新模式和系统解决方案的创新,引发农业全生物链、全产业链、价值链、信息链、生态链、金融链以及体制机制创新带来两种新旧农业生产方式的根本性转变,这是一场农业革命。

七、找到"三农"问题的两个最大交叉点

21世纪具有革命性、创造性,直奔解决问题的交叉点。农业系统问题的两大交叉点,一是破解复杂的农业生态系统问题的最大交叉点,即林草问题;二是解决"三农"问题的最大交叉点,即多功能大循环农业。由此笔者认为,第四次农业变革通过完成多功能大循环农业,实现农业人工智能+生物交叉点=生物智能化农业,将传统单一农业转变为复合式农业、多维生态农业,通过科技创新创造农业新方法、新技术、新模式,解放农村土地生产力。

第三节 "2+1"方法论之一:林草经济是山区草原最大的绿色经济

一、林草经济是破解农业生态系统问题的最大交叉点

之所以将林草经济作为破解农业生态系统问题的最大交叉点是基于以下四大理由。

(一)基于国情的考虑

中国是一个山地多(46亿亩)、草原大(30亿亩)、耕地少(18亿亩)、水资源短缺(6亿亩内陆水域)的国家,人均耕地、人均淡水资源分别仅为世界平均水平的40%、28%,加之20世纪70年代生态保护意识薄弱,在山区乱砍滥伐造成大面积水土流失;草原退草还地以及环境容量超载,导致草原退化严重,国土一旦失去林草,就会出现石漠化、沙漠化、荒漠化。林草败,则穷山恶水灾害多,因此需要通过优化林草多层次来蓄水保水造水保土,涵养水源,修复生态,从中国国情来说,总体是林草问题。

(二)基于76亿亩山区草原乔灌草优化问题的考虑

我国国土面积有100亿亩农业用地,其中76亿亩是山区草原,非常适合林草经济发展,如果选择有根茎叶花果实的乔灌草进行结构调整,就可以解决最大面积群体的林草富民问题;如果进行林草品种科学配置和结构性调整,不仅优化林草组合,还可以优化林草赖以生存的多种生物组合,就能创建既要绿水青山又要金山银山,还要农林产品有机健康的复合式生态产业体系,实现真正意义上"绿水青山就是金山银山"的科学论断,而且还能降低自然灾害、次生灾害,调节和改善山区草原气候环境,多物种混合种养的多种花叶果实让山区草原更加美丽;如果从76亿亩山区草原中拿出20亿多亩缓坡地发展木本草本粮棉油,那么就能使之成为替代亿万吨转基因粮棉油和饲料的国家重要农业安全基地——中国粮(高效森林农业模式)。

(三)基于18亿亩耕地可持续发展问题的考虑

首先解决北方水资源短缺问题,再也不能按套路过度超采地下水,需要我们寻找北方四季常绿植物,发展高效森林农业进行蓄水、保水、造水,构建北方粮

区、牧区、林区、水区、养蛙湿地、中医病虫害防护带、农林牧副渔全面可持续发展的多功能大循环农业体系，缓解北方水资源短缺问题和强化北方防风固沙功能。综上所述，在宏观上，三大方面都存在一个共同的焦点问题——亟待通过乔灌草装备制造业来解决的林草问题。

（四）基于林草经济本身特点的考虑

在中国，绝不能小看林草经济。林草问题涉及群体最多、面积最大，资源最丰富，林草兴则牛羊成群、地肥粮多、生态美。随着科学知识的深入普及，爆发的新林草经济、农村特色康养功能以及新林草产品市场，前景都非常广阔。农业问题专家、国务院农村政策研究中心原顾问、原农业部副部长石山不顾96岁高龄，先后于2008年、2009年两次考察黄山市休宁县多维霞溪农庄，在多部委信息网发表了《大苗进村是加快新农村建设的新思维、新方法》，认为政府每年植树造林选择种什么林、什么草、供应农民什么苗非常重要、非常关键，我们提出的发展"高效森林农业"与今天到处种植的、都是农民不能增收的松树、杉树、枫树、杨树以及乱砍乱伐长出来的灌木杂草所产生的效果是截然不同的，这些年我们是不是按照主观愿望、创新不够，种错了林、种错了草？石老在《通讯》内参大胆提出"林草兴邦论"，著有《大农业战略思考》《中国山区开发与建设》等，使长期困扰山区草原发展问题一下茅塞顿开，豁然开朗。由此我们得出一条结论：林草经济是山区草原或者说中国农业发展潜力最大的绿色经济，中国农业用地100亿亩，76亿亩是山区草原。通过优化乔灌草生物组合发展高效森林农业，构建农业多级循环增值的复合式生态产业体系是中国农业第一篇大文章。

二、林草经济的特征

通过多维寻找31个农业系统难题和7个农业最关键问题的最大交叉点——林草问题。通过运用系统工程的方法进行研究、分析和总结，对以上31个主要"三农"问题从交叉思维、发散思维、自然思维等角度进行思考，发现这些问题最大的交叉点是林草问题。抓住林草这一主要矛盾，聚焦林草问题生物研究，其实就是抓住农业全生物链、全产业链的链主，这样才能提纲挈领、纲举目张。这是因为林草经济具有以下7个重要特征。

第一，林草是人类和动物赖以生存和发展的物质基础和环境基础，优化林草结构、品种，借助其赖以生存的生物功能，可以创造良好的生存环境和生产更多的绿色安全食品；

第二，林草是适合我国76亿亩山区草原国情的最大绿色经济，国土种植林草的面积最大，农民群体种植的最多，优化林草结构可以富民，可以让大面积地区和农民受益，优化林草可以替代亿万吨转基因粮棉油和饲料，创造巨大的农林产品市场；

第三，林草是极端气候的最大调节者、温室气体的最大吸收者，次生灾害保护者。林草败，穷山恶水灾害多；林草兴，牛羊成群地肥粮多。通过优化林草生物多样性、创造一定环境条件，可以治理沙漠化、石漠化、荒漠化；林草的碳氧转化吸收、蓄水保水能力极强，优化林草可以修复生态，降低自然、次生灾害；

第四，林草是生物链、产业链链主，在复杂、动态的生物、气候、环境等诸多变化因素中有相对稳定性，聚焦林草问题有利于对农业系统问题的产、学、研研究等；

第五，林草具有生物多样性，能驱虫、杀虫、引虫吃虫、能抑制草生长、吸收有害气体、中草药治虫、利用H离子活化水防菌、创建室内外生态植物，通过这些生物方法实现农业绿色发展；

第六，优化林草组合，选择即能保护生态，又能促进农民增收，还利于人类文明疾病健康的乔灌草组合苗木，构建林草复合式生态产业体系，因为中国592个贫困县大部分在山区，是2020年全面奔小康的需要，给农民能够形成产业脱贫致富的优质乔灌草组合苗木是最大最好的惠农政策；

第七，林草通过驯化、改良、嫁接、变异等手段形成许多适应不同地区、气候、环境生长的优良新品种，优化结构。例如，优选高杆大苗上山、木瓜芽变、高粱红稻、救心草等植物品种。

由于林草能够带来绿水青山、金山银山，林草涉及生态保护、能够降低自然灾害、调节气候、降低温室效应、促进农民收入、减少农药化肥使用、产生大量饲料发展养殖业，把最难、最复杂的"三农"问题简单化为林草问题，再把林草问题通过生物生态化、智能化、系统化、工业化产生多维生物，实现人与自然生态的友好，人与动物、植物、微生物发展的平衡，也就是把人的各种主观需求与遵循自然规律结合起来，形成新的、更高级的平衡和永续循环利用。如图4-6所示。

第四章 探索"三农"问题的系统解决方案——"2+1"方法论

图4-6 林草经济特征示意图

三、霞溪生态农业园的经验

以霞溪生态农业园为例。霞溪生态农业园距离黄山市中心20km，距离休宁县城9km，距离四大道教圣地齐云山13km，占地面积699亩，其中山场面积546亩，耕地面积153亩。农业园除山场本地植物品种3 000多种以外，还从国内外引进外来植物品种400多种，还有各种各样的彩色植物32种。农业园创建多维生态稻田、多维生态果园、多维生态羊圈、多维生态库塘、多维生态茶园、植物防火林带等各种各样的新型农业模式展示区，还有一座60万m³小型水库，种植各种食用花卉、中草药治虫植物、国家一类珍稀树种、鸡鸭鹅家禽等。农业园有小型吃、住、行和旅游观光接待。该园区采用的多维生态农业模式具有很强的知识性、趣味性和广谱性。

霞溪生态农业园的经验表明，大苗进村是加快新农村建设的新思维、新方法。本部分内容选自2008年9月24日中国农业信息网，作者系原农业部副部长石山。

（一）实地观察所得

2008年8月24—29日，笔者到黄山市休宁县参观考察。25—27日重点考察霞溪生态农业园，在园内住2宿，看了2天半，还看了种苗地。笔者边看、边听、边问，弄清了建园5余年来的工作成果。该园699亩，其中种质资源圃140亩，另有荒山1 092亩[①]，引进201种乔灌草品种，都是优良品种，其中果树76种，木本油料树种10多种，木本粮树种10多种，建设生态庭院彩色植物30多种，室内生态康养环保植物23种，生物土农药植物若干种，珍稀树种和濒危树种也有一批。令人意想不到的是，世界上最香的植物桂花、产花量最大的木槿、营养价值最多和最全的明日叶、亩产万余斤的中国木瓜、20多个果桑品种、对"三高"人群有益的救心草、做植物纤维布料较好的木本棉植物都被引进并规模繁殖。这里聚集了国内很多优良的品种，为了搜集这些品种，霞溪生态农业园负责人陈光辉5余年来跑遍了全国各地，十分辛苦，员工们说："陈老板头上的白发比以前多了。"

霞溪生态农业园负责人陈光辉今年才43岁。原来做茶叶出口生意，号称茶王，挣了不少钱，生活十分优越。但他不以此自满自足，他想报答茶农，下决心改造茶园以增加茶农收入，思考了多种改造模式，搜集有关乔灌草品种，创立了溪霞生态农业园并精心培育。引种是逐年增加的，最早建设的苗圃，乔灌草组装得很好，十分喜人。

笔者到溪霞生态农业园考察的初衷是茶园改造问题。我国是茶叶的原产地，有1千多个县、8千多万茶农从事茶叶生产，茶园面积达2 450万公顷。如果改造后1亩能有3～4亩的收入，对茶农、对国家都是大事好事。更重要的是，我国茶叶要重振雄风，重新进入欧洲市场。

陈光辉对茶园改造充满信心，2007年春开始着手实施，先改造茶园10多亩，树立样板，逐步推广。休宁县有20万亩茶园，如果改造成功，将对全国茶园改造起到巨大的推动作用。

就全国茶园来说，就不是这样简单了。由于事关8千多万茶农，关系到我国茶叶业的重新崛起，又是茶园经营模式的创新，应是一项国家级的大项目，要有规划，更要有一笔资金投入，虽然很快可以收回。应该满腔热情地做这件事，决不能因为是民间创造的而轻视或忽视，更不应有门户之见。来自民间的东西由于接近群众生活，往往更具生命力。

我国茶园经营模式陈旧落后，必须尽快改造。笔者在休宁县参观了一个近千亩的大茶园，这个茶园是别人承包经营的。茶树喜荫，茶园应有一定数量的乔木

---

① 与人合建果园，已种植一部分，合作者原是陈光辉的雇工，拥有荒山使用权。石山见到了合作者，但未去果园。

为之遮盖，但这个茶园里却没有乔木，笔者当时的心情十分沉重。溪霞生态农业园负责人陈光辉提出要改造茶园，并设想了几种改造模式，这实在是一大创举，不仅应该大力支持，更应该大力推行。当然，想的不一定很完善，更科学的发展规划应是茶叶研究机构的任务。

（二）园内雇工的启发

住在园内期间，陈光辉利用早晚和休息时间与员工闲谈，听取他们的看法和想法。在一次交谈中，一位雇工说，他家有20多亩荒山，今冬他准备买一批果树大苗，在荒山上建设一个果园，果树下种植药材等植物。他饶有信心地说，在园内劳动4年，嫁接和修枝、管理等技术都学会了，经营好果园毫无问题。又说，大苗栽培一两年即有收益，与过去开发荒山大不相同。过去不敢干、不愿干的事，现在敢干了。还说，只要我成功了，开发荒山的人就更多了，荒山就成了香饽饽。为什么有这么大的决心和信心呢？他说，我们老板育成了大苗，把最困难的问题都解决了，引种的人可以提前五六年得利。因此，过去不能干的事，现在能干了。他的计划和看法使我们看到了一片新天地。推行大苗，特别是带土球根系完整的优质大苗进村进山，能帮助农民早日致富，同时又美化环境，这是建设农村、建设山区的一条新路，而且前景十分广阔。过去几年，大树进城的做法破坏了农村，特别是山区，被挖得千疮百孔。现在优质大苗进村进山，可以让农民提前五六年得益，农民的积极性当然会被调动起来。只要大苗供应充足，农村就会兴起一个巨大的建设高潮，我们应把握住这个良机，大力推进这个高潮。

（三）生态农业园是巨大的"预制件工厂"

这位雇工的计划不仅使人思想豁然开朗，也更加丰富了对生态农业园的看法。它不仅是一个优良品种的引种基地，其作用也不仅仅是为改造茶园准备乔灌草多种植物，更重要的，它将是一个巨大的"预制件工厂"。农民购买预制件——各类大苗及灌草组合，可以组装成各种形式的生产基地，形成多物种多链循环、多种模式的生财之道，可以多渠道致富，不再守着粮田和荒山受穷。农村的各种土地都可以利用起来，扶贫的办法也多了，通过帮助贫困户建设几亩经济林就可以使他们长期生活下去，不用再年年帮扶。农民的自留地、自留山可以更有效地利用起来，残次林改造也将列入工作日程。总之，这里是可以组装成各种生产模式的大苗（包括配套的灌木和草）供应基地，一个神奇的林木配套大工厂，完全可以使农村富起来，可以变荒山荒地为生产基地，使山区富起来。我们过去培养的许多典型与溪霞生态农业园相比，显得黯然失色，不幸沦为观赏性的"花瓶"。

陈光辉说，他打算再租用一些地扩大生态农业园，这个园要供应整个皖南山区及同类地区。他还要集中农村的休闲地和边角地、农户庭院内的土地，建设山区更是他的长项。他还说，林草优化组合是一门大学问，林草兴邦论是十分正确的，但要具体化，各地有不同的优化组合模式。石山说，"我只是出了个题目，而你完成了这篇大文章。"陈光辉说，"这只是一类地区的小文章，只是皖南山区及其他同类地区的有关问题，就全国讲，只是很小的一部分。全国不同地区应有不同的内容和不同的组合模式，这是一项十分繁重的任务，要培养多种多样的苗木或乔灌草结合，形成多种组合，并使农民看得懂、用得上、愿意用，要有更多的人来做，建设更多的生态农业园。建设新农村、建设山区是干出来的，但不能乱干，要尊重自然规律，要懂得生物特性和生物间的相互关系，要做成样板，保证育成大苗的供应，群众见到实效就会积极行动起来，一旦他们积极行动，问题就能解决了。"这些话引发了笔者更多地思考。

（四）生态农业园的推广应用

全国每一种类型的地区至少在每个省都应有一个类似的霞溪生态农业园，需要集中当地的优良乔灌草品种，满足当地群众发展生产和开发荒山荒坡、改造残次林、低质林的需要。在价格上，应比市场价格便宜一些，让群众买得起。这样的生态农业园越早建成越好。有了它，建设新农村和建设山区的工作就能高质量、大规模地进行。由于大苗进村进山的见效时间将比过去的做法提前五六年，农民的热情就能调动起来，一个新局面就会很快形成。

各省的生态农业园要用多长时间建成？霞溪生态农业园用了5年时间，陈光辉投入了500多万元租用农民的土地，租期20年，亲自到各地选购优良品种带回来进行繁殖，也有一部分品种是专家学者送给他的，他一点一滴积累起来。这个过程十分艰难，没有任何权力可用，至今他还没有向银行贷款的权利。而他终于完成了这件事，现在可以大量供应大苗，而且品种和质量是一流的。如果各省级领导责成有关部门办这件事，不仅有原来的基础，职工是现成的，而且有技术，到各地选择优良品种也极其方便，经费更不成问题。一句话，应该比霞溪生态农业园建设得更快、更好，内容更丰富。关键是要有一位热心于此事的人，要付出巨大的辛劳。实际结果如何，只有让实践来回答，我们拭目以待。

现在的情况是，只要不是中央决定，各省可干可不干，完全凭自己的认识来决定。但是，客观规律不是随意的，到时候哪个农村或山区有优质大苗进村进山，哪个农村或山区就能供应农民建设各种生产基地，这个农村和山区就能提前富起来，农村新局面就能出现。没有这个条件的，只能仍是空喊，农村也只能是老样子。那时，差别就显现出来了，受苦的是当地老百姓，决策者可能已高升或调到别处做官，不负任何责任。

对全国来说，这是关键性的一步棋。看起来是微不足道的小事情，但却是空喊与实干的分水岭。这步棋下对了，新农村建设能提前五六年完成，不仅"三农"问题容易解决，农民也能富起来。建议中央决策部门认真思考并早日决策。

有人说，中央大力抓粮食，你却大谈林草问题，这是公开对着干。笔者认为，有两件事情应该同时进行，而且这两件事情没有任何矛盾。大抓林草建设是富民之策，农民富了，积极性调动起来了，就有力量去抓粮食生产，粮食生产也就上去了。发展林草并不侵占耕地，林茂更有利于粮丰。当前青壮劳力大都出外打工挣钱，"三化"①农村是无法把粮食生产抓上去的。只有让农民富起来，部分农民安心在农村发展生产，粮食问题才能解决，以人为本的政府应该这样做。我国是多山国家，又是草原大国，发展林草业是我国的优势，既富民又富国。大苗进村进山是发展林草业的具体措施，是非常重要的一步，而且是一个创造。我们应该尊重客观规律，严格按规律办事。贫困地区的人民已发出"还要我们穷多久？"的责问，必须认真解决富民问题。抗日战争时期，我们党就有先帮助农民解决"救民私粮"、再解决"爱国公粮"的成功经验，这条经验不应忘记。

需要指出的是，抓林与抓粮并不矛盾。林茂粮丰是我国固有的成功经验，从现实情况来看，山东菏泽市有林茂促粮丰的经验，河南省平原地区林茂的结果是不仅粮丰，而且环境优美，干热风、炎热、风沙等灾害也大大减轻。这些情况在《人民日报》和《光明日报》均有报导，这里不重复述及。反面的例子当然也有，长期在山区毁林开荒、在北方草原毁草原开荒，引发北方草原荒漠化、南方山区石漠化和整个山区严重的水土流失，既毁坏了林草，又不能收获粮食，结果是林败粮无或粮减，这个沉痛的历史教训应牢牢汲取。

（五）林草建设的具体措施——大苗进村进山

首先回忆一些往事：20世纪末21世纪初大规模实行退耕还林还草工程，我们

---

① "三化"指的是农业副业化、农民老龄化、农村空心化。

给农民供应优质苗木了吗？群众用了谁供应的苗木造林呢？年年号召群众植树造林，我们又供应了什么优质苗木呢？年年号召绿化荒山，我们又给群众供应了多少优质苗木呢？为什么群众不利用荒山荒坡致富却去打工呢？我们用钱和其他条件堆起来的新农村建设典型，群众为什么不买账？我们又能堆起多少呢？应该坦率地承认，我们空喊的太多，而给群众供应的太少，我们"创造"的典型实际上是花架子，对群众没有用处。这种做法再也不能继续下去了，应该彻底改正，还应深深自责。

笔者认为，应该牢记我国国情——100亿亩农业用地，除20亿亩农田（现仅存18亿亩）外，其余80亿亩在山区和牧区，我们只能发展林和草（高效森林农业），林草建设是我国的立国之本、强国之基，是一篇大文章，决不能小看。这次提出的大苗进村进山是林草建设的具体措施，其作用是十分巨大的，决不能小看。

加快建设新农村和建设山区、北方牧区的最有效方法，就是每类地区或每个省建设一个类似霞溪生态农业园的基地，培育本省、本地区农村和山区需要的多品种、优质、乔灌草配套的苗木，实行大苗进村进山，发挥群众的聪明才智，自主建设多种形式的生产基地，发财致富，既优化环境，又使本地区、本省农村到处都风景如画、物产丰富。与过去的做法相比，这样的做法使政府和群众都省力省心、投入少、风险小、见效快，而作用却大不相同。

由于大苗进村进山，群众可以提前五六年得利，其生产热情当然高涨，建设速度当然会快，质量当然也不会差。新产品会大量涌现，只要运输、加工和销售工作跟上，整个社会就会活起来、富起来。这些方面也有一个放手让群众特别是民间能人干的问题。当然有一系列政策性问题需要政府及时解决，如何正确而及时解决是对政府行政能力和工作作风的考验。

我们终于找到了建设新农村、解决"三农"问题和富民的有效方法，简便、实用，投入并不算多。要改变的仅是各级领导的认识和工作方法，群众方面没有阻力，他们始终是清醒的，新创造也不少，早就希望这样干。坚持这样做应该是没有什么问题的。唯愿早日行动起来，新局面早日到来。

四、霞溪生态农业园的特点

面对我国最大的农民群体，最广阔的农村土地，最迫切的生态系统修复，我们需要重新设计多种复合式新型模式，让农民亩收入能够达到5 000~10 000元以上。这样就能知道我国的农业市场有多大,我国的农业潜力有多大,一句话:大农业、大产业、大消费、大市场、大网络、大物流、大金融会喷薄欲出,席卷中国农村广阔天地,一个个新型模式多功能大循环农业园区繁花似锦,工农业比翼双飞。

2015年国产粮棉油数量比例329∶1 300∶326,进口粮棉油数量比例331∶6 340∶674,需要新增土地4∶12∶4=20亿亩,这样才能替代进口粮棉油和饲料,这个市场非常大。参照城市房地产50~70年不变的计算方法,农村土地30年不变,30年×30亿亩土地(耕地+山地+库塘+果园+茶园等)×亩收入5 000~10 000元以上=激活450万亿~900万亿元以上=巨大的农村资产交易市场,而且农村土地比房地产好能年年造血,我国农业潜力非常巨大,2019年我国的GDP总量为90多万亿。霞溪生态农业园的特点如表4-1所示。

表4-1 农业绿色变革的显著特点

类别	拟建霞溪农庄改革实验区	小岗村农业改革实验区
创新类型	集成创新:通过创新型农业模式和探索"三农"问题系统解决方案,解放农村生产力,引发农业发动一场绿色高质量、全方位、全链闭环生产的大变革和转型升级,实现农业质变到量变,再到农村巨变。	解放思想:小岗村发起土地承包制,引发社会思想和制度的重大转变,由大集体变成个人承包,提高了农民生产的积极性,解决了温饱问题。
农业模式	三产融合全生物链、全产业链多功能大循环农业模式,由此形成"三农"问题系统解决方案。	延续落后、低效、污染、单一、农民不愿干的传统模式和化学农业方法,由此导致了一系列"三农"系统问题。
土地流转方式	土地变革:小变大,土地合作化、规模化、产业化。	土地变革:大变小,小而散,承包单干。
生产方式和质量	复合农业:多物种+生物圈良性循环系统经营,产品既绿色、高产,又优质、安全。	单一农业:单一品种+化学等非自然物质,食品质量安全不能保证。
发展方式差异	向互联网+产业联盟、技术集成、设备组装、标准化制定方面转变,实现农业发展的绿色、高效、循环利用,接近零成本转型。	互联网+发展方式单一,种养微加分离,造成资源浪费,污染严重,生产成本高,农业不可持续发展。

(续表)

类别	拟建霞溪农庄改革实验区	小岗村农业改革实验区
产业化水平	通过大循环农业形成五大新业态、新动能，即新模式下的技术培训服务业、乔灌草优化装备制造业、循环农业设备装备制造业和新兴农林战略产业，高效森林农业走出国门。	传统四化农业，即农民老龄化、农村空心化、农业边缘化、城乡两极化。土地承包制提高农民生产积极性，只能解决温饱问题。
三项效益比较	复合效益：通过优化林草富民，符合我国国情特点，形成农业经济效益、生态效益、社会效益，三者综合效益较传统化学农业模式最大化。	单一效益：经济发展了，但生态破坏了，生态保护了，但农民贫困了。无法实现经济、生态、社会效益的三者共赢。

第四节 "2+1"方法论之二：多功能大循环农业是乡村振兴的重要途径

一、多功能大循环农业是解决"三农"系统问题的最大交叉点

之所以将多功能大循环农业作为解决"三农"问题的最大交叉点是基于以下5个理由。

（一）基于种植业的考虑

在种植过程中，几十年来，为了农业高产和农民增收，过量使用了化肥，但利用率仅为30%～40%，化肥流失率高达60%～70%；农药年使用量约130万吨，只有约1/3能被作物利用，有60%～70%残留在土壤中，流入江河，还有大量塑料薄膜的白色污染等，因此必须开创多功能大循环农业，替代化学农业生产方式。

（二）基于养殖业的考虑

在养鸡养猪等养殖生产过程中，增加了速生速长的激素饲料、抗生素等。以上种植和养殖过程中使用的这些非自然物资通过食物链、生态链进入人体，或流入江河，影响海洋生态环境和海洋食品安全，造成自然界生物多样性日益减少，因此必须开创多功能大循环农业，通过中医农业减少非自然物质全面介入农业。

（三）基于农业废弃物处理的考虑

在农业废弃物处理过程中，我国每年约有45亿吨畜禽粪便，80%以上未经资

源化利用，每年8.63亿吨的秸秆，废弃物资源再利用率不足1/3，大多成为污染物，导致生态环境出问题，越来越得到国家的高度重视，废弃物资源利用好了等于新增1/3的耕地面积。因此必须开创多功能大循环农业，进行废弃物"五化"处理，变废为宝，化害为利。

（四）基于农产品质量安全的考虑

在农产品质量安全生产过程中，我国化肥、农药单位面积施用量分别是世界平均水平的2~3倍，农药、化肥、重金属残留及工农业交通等废弃物污染也很严重，一些地区的土壤出现酸化，必须将工农业废弃物循环到底。这些年，大量使用化肥榨干了土壤有机质，大量的农药使用向土壤注入毒素，大量农业有机废弃物变成污染物，大量食用大棚蔬菜和反季节蔬菜虽然解决了淡季蔬菜短缺的问题，但却违背人体医学科学规律：春季养肝、夏季养心、秋季养脾、冬季养肾、四季养胃，反季节蔬菜只能作为调剂和补充。这其中的每一个问题都会影响农产品的质量安全以及人类基本生存环境和人民的生活健康。据央视媒体报道，中国13.8亿人口有7亿多人健康不良，尤其是近几年"三高"人群增多、心血管和癌症等疾病爆发，且每年以30%~40%的速度大幅上升，许多家庭为此付出巨大代价，吞噬了一部分改革红利，必须让医院数量规模减量化、药费减量化、药厂减量化，从而提高人民群众的生活健康幸福指数。因此必须开创多功能大循环农业，形成农业的良性循环。

（五）时代的需要

人民对绿色健康的渴望从来也没有像今天这样强烈。以上诸多亟待解决的"三农"问题，需要我们开辟出一条新途径——颠覆传统落后的低效农业模式，创新绿色生产方式，寻找农药、化肥、激素、抗生素、塑料等非自然物资的替代，通过多物种混合种养产生复合式农林产品收入，获得更多的农业废弃物资源，实现多级物资能量流，多级循环增值，开创多功能大循环农业。由此可以认为，多功能大循环农业是振兴乡村的重要途径，构建农业全链绿色大循环体系是中国农业又一篇大文章，必将加快中国生态文明农业进程。

二、多功能大循环农业思想形成的过程

安徽省循环经济研究院院长季昆森同志是循环经济的代表人物，他提出了多功能大循环农业，他说："提出这个概念不是心血来潮，需要经历一个长期实践和思考积累的过程。"

1998年7月15日,季昆森同志在安徽省可持续发展行动纲领专家论证会上提出,"安徽要注重研究和发展循环经济",同时提出"生态循环农业就是循环经济在农业上的运用""不仅要保证农产品的有效供给,还要强调农产品的安全性,发展安全食品。"

1998年9月,季昆森同志针对当时农业和农村发展现状,提出"要从6个需求入手,调整农村产业结构。6个需求是基本需求、特殊需求、发展需求、变化需求、加工需求、安全需求。"

1999年6月,安徽省人大制订《农业生态环境保护条例》时,采纳了季昆森同志的建议。最早将"提高农产品的安全性,递减化肥用量""科学合理使用农药""严禁生产、销售、使用高毒高残留农药"纳入全国地方立法。

2000年10月11日,季昆森同志在国家原农业部与人力资源社会保障部联合举办的"WTO规则下外贸茶叶农残问题专题研修班"上提出,"把发展有机安全茶与名优茶结合起来""要发展有机、优质、特色、功能农产品"。

2001年2月,季昆森同志到法国、荷兰考察农业和畜牧业。在法国看到宣传材料里提及"多功能农业时代"。回国后,他在出访报告中写到,"要适应多功能农业时代发展新形势,从单一农业生产功能向经济、文化、旅游等多功能转变,全面提高农业和农村经济整体素质和效益,走可持续发展道路,参与国际市场的竞争,积极提高农业的竞争力。"

2004年4月29日,季昆森同志在黄山生态市建设动员大会上做《循环经济在农业上的运用大有可为》的报告,将4R原则即减量化(Reduce)、再循环(Recycle)、再利用(Reuse)、再思考(Rethink)的行为原则运用到农业中。减量化原则具体是"九节一减",即节地、节水、节肥、节药、节种、节电、节油、节煤、节粮、减少从事一产的农民;再利用原则具体是农产品及其副产品的深加工;再循环原则具体是农业废弃物,利用微生物技术发展沼气、食用菌产业等;再思考原则具体是经营生态环境和开发优质有机农产品。

2005年1月5日《农民日报》、2005年7月30日《人民日报》发表了季昆森同志撰写的《循环经济在农业上的应用》一文,阐明了循环经济运用于农业的首要目标是"九节一减",开发利用微生物资源是一条新出路。

2005年11月28日,汪洋副总理对季昆森同志撰写的《加快发展循环经济,建设资源节约型和环境友好型农业》一文做了重要批示,"昆森同志长期致力于循环经济研究,颇有建树。其提出的'多功能大循环农业'的观点,富有建设性,请锡文、长赋同志研酌。"

根据汪洋副总理的重要批示,2006年中央一号文件专门撰写了第10条"加快发展循环农业"。该部分采纳了季昆森同志提出的"九节一减"中的前七节。中共中央2007年、2008年、2010年、2012年4个一号文件再次强调要加快发展循环农业。这对全国从事循环经济,特别是循环农业理论和实践工作者更是莫大的鼓舞。

2006年1月10日,季昆森同志在六安市霍山县调研时提出,建设社会主义新农村要做很多工作,其中一个重要方面就是要大力发展循环经济和服务经济,特别要围绕产前、产中、产后,发展农村生产性服务业,即"第一产业的第三产业化"。

2006年8月29日,季昆森同志在阜阳市临泉县调研时将创意经济概括为四句话:"发掘深厚文化底蕴,运用先进科技手段,融入新奇怪特创意,创造巨大财富价值。"创意是核心,文化是启发创意的重要依据,科技是实现创意的重要手段,三者有机结合必将创造巨大财富价值。

2010年7月,安徽省循环经济研究院受国家发展改革委委托,代拟《关于加快发展循环农业的意见》,提出循环农业是现代农业的重要组成部分。现代循环农业不仅是种养业的循环,还应是种植业、养殖业、微生物产业之间的良性循环;不仅是第一产业的循环,还应是三产融合的循环。

2013年7月20日,季昆森同志在生态文明(贵阳)国际论坛上提出,循环农林业是生态文明建设的根基、源头和重要基础。

十二届全国人大代表、黄山市多维生物有限公司董事长陈光辉多年探索研究山区经济,反复运用自然界和生物界相生相克、相得益彰的原理,破解山区生态遭受破坏、环境遭受污染的诸多难题,使当地群众获益颇多,主要成效可概括为:治理了水土流失;涵养了水源;抑制了杂草丛生;通过植物引虫驱虫杀虫吃虫的原理,抑制消灭茶园中的病虫害;茶叶吸附性强,吸收茶园中的果香花香草香提升了品质;对茶园中多种鲜产品加工后产生的废弃物、污染物化害为利,变废为宝;提高了资源产出率;扩大了劳动就业;增加了农民收入;优化了生态环境,促进了产业结构调整。

陈光辉与季昆森多次进行思想交流,说要搞"大农业循环"。2013年5月5—7日,季昆森同志组织安徽省循环经济研究院负责同志和特邀专家、相关领域先进典型人物到多维生物有限公司进行现场调研。根据10余年来从事循环经济理论与实践工作的经验，季昆森同志反复思考后体悟到，生态经济系统联动循环发展的整体效益远远超过单个环节循环发展的效益，为此，季昆森同志将"大农业循环"优化为"多功能大循环农业"。他提出，要对安徽省各地各类循环农业先进典型进行优选，并集成、组装、配套，这样不仅可以解决上述问题，还可将循环农业提升到一个突破性的新阶段，大幅度提高经济效益、社会效益、生态效益和市场竞争力①。

三、多功能大循环农业理论概述

为了直观形象地说明什么是"多功能大循环农业"，季昆森同志先后画了3个示意图。多功能大循环农业基本内涵如图4-7所示，县域（或较大农业示范区内）发展多功能大循环农业的实施路径如图4-8所示，在一个循环农业典型企业中全面实施种、养、微、加、销、游六大产业实际运行的循环如图4-9所示。

（一）多功能大循环农业的关键要义

图4-7中，大、中、小15个圆圈形象地说明了多功能大循环农业。第1层是最外围的大圆圈，代表整体联动的大循环；第2层是6个中圆圈，分别代表种植业、养殖业、微生物产业、加工业、营销业、旅游业；第3层是中圆圈，起着承前启后的链接作用；第4层是6个小圆圈，分别代表循环经济、创意经济、服务经济、科技、文化、金融；第5层是位于中心的一个小圆圈，代表信息。大、中、小圆圈之间环环相切、环环相连、环环相通，起到了互联互动、融合放大的效应。

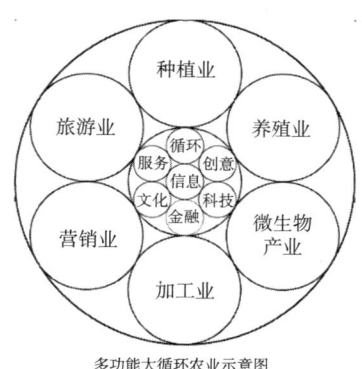

多功能大循环农业示意图

图4-7 多功能大循环农业示意图

---

① 此部分论述详见季昆森撰写的《我研究和实践循环农业的八个阶段》。

第四章 探索"三农"问题的系统解决方案——"2+1"方法论

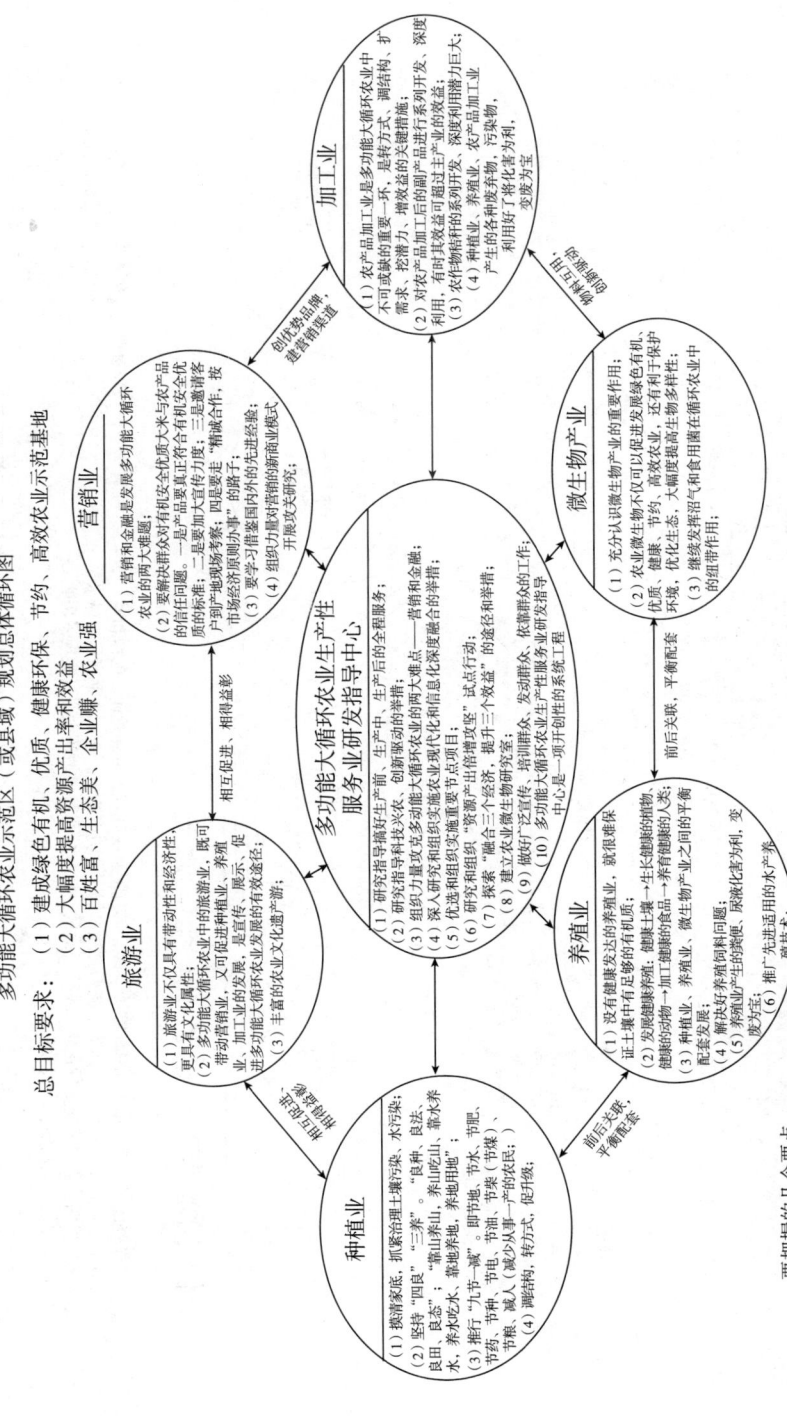

图4-8 多功能大循环农业示范区规划总体循环图

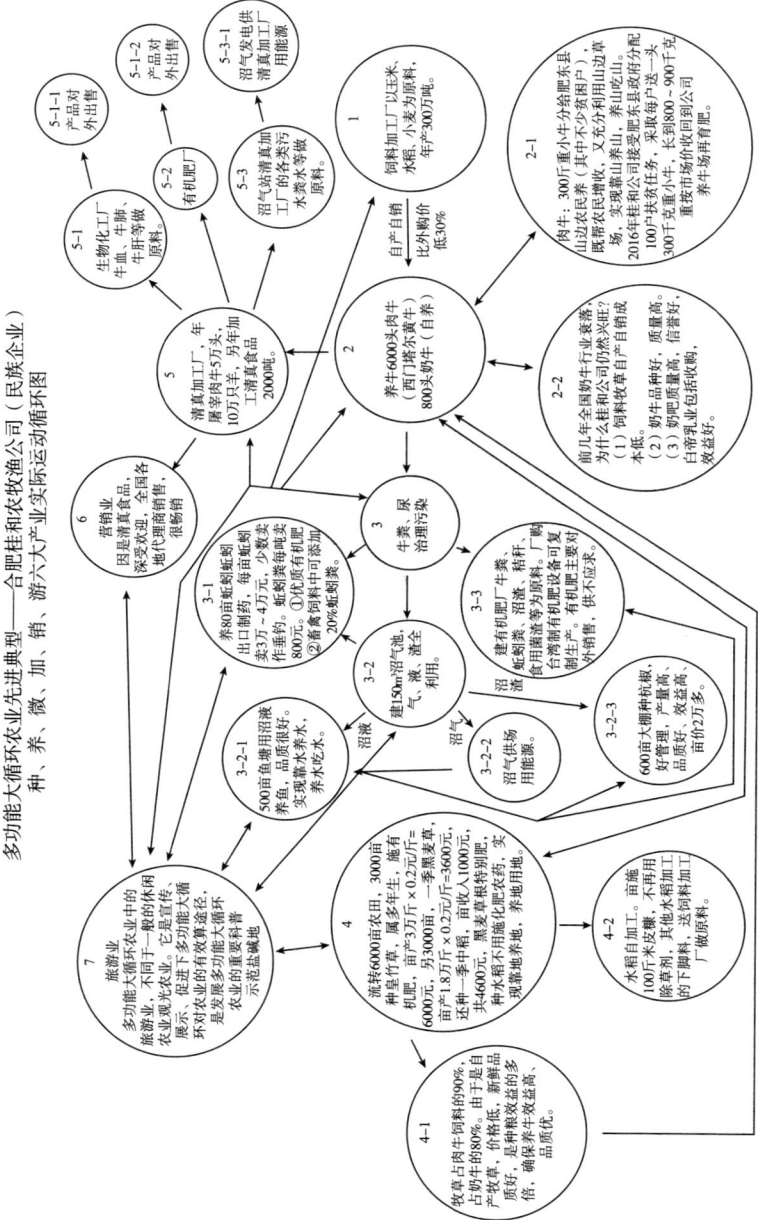

图4-9 多功能大循环农业先进典型实际运行循环图

（二）多功能大循环农业的出发点和落脚点

多功能大循环农业的出发点和落脚点：一是"减少化肥、减少农药"；二是走"产出高效、产品安全、资源节约、环境友好"的农业现代化道路；三是实现"创新、协调、绿色、开放、共享"五大新发展理念。

多功能大循环农业是落实习总书记上述三个方面新理念、新思想、新战略的治本之策、有效途径和综合性方案。习总书记多次强调要"开发农业多种功能"，在2016年中央经济工作会议上再次明确指出，"要向开发农业多种功能要潜力，发挥三产融合发展的乘数效应"。

（三）多功能大循环农业的宗旨和意义

多功能大循环农业既是理论，更是实践，不是哗众取宠，不是提出一个新名词、新概念，而是要通过实施这种新模式，达到大幅度提高资源产出率和综合效益，实现百姓富、生态美、企业赚、农业强，其宗旨可概括为实践性、原创性、系统性、适应性、多效性、复制性。

多功能大循环农业是建设生态文明的有效途径，是治理农村面源污染的治本之策。它突出了生态环保、绿色有机、健康安全、节约高效、创意创新、民生之本，这6个"突出"体现了习总书记提出的"要以供给侧结构性改革作为主攻方向"的重要思想。

（四）多功能大循环农业的特点和作用

多功能大循环农业跨度大、创新大。钱学森教授说过，我们掌握的学科"跨度越大，创新程度也越大。而这里的障碍是人们习惯中的部门分割、分隔、打不通。而大成智慧学却教我们总揽全局，洞察关系，促使我们突破障碍，从而做到大跨度的触类旁通，完成创新"。多功能大循环农业的思路符合钱学森教授的思想，它不同于一般的农业，不同于一般的循环农业、生态农业，也不同于六次产业，但又不是脱离上述不同形态的农业凭空臆造出来，而是在上述基础上不断引深和拓展。它是大系统综合的新业态，是跨产业、跨学科的新模式，是重要的战略性新兴产业。

对种植业、养殖业、加工业系统和农村生活系统中产生的废弃物、污染物不断化害为利、变废为宝，实行循环链接，充分发挥高效有益微生物的作用，这不仅能治理土壤污染，还可激活土壤活力，使其成为一个健康的生命体，促进粮食和食用农产品的安全、优质、健康和美味；不仅能保护和优化绿水青山，还可创造金山银山,具有民生之本、生态之根、健康之源的重要作用。因此,多功能大循环农业是落实习总书记提出的"绿水青山就是金山银山"科学论断的有效实现形式。

(五)多功能大循环农业的功能和效应

多功能大循环农业具有九大功能、十大效应。九大功能是经济、社会、生态、环保、文化、旅游、节约、高效、健康。十大效应是不断化害为利、变废为宝,不断降低生产成本,不断减少环境污染,不断优化生态环境,不断扩大劳动就业,不断增加农民收入,不断提高资源产出率,不断提升农业的整体效益和竞争力,不断破解发展中的难题,不断有所创新。

四、多功能大循环农业实践——安徽案例

在安徽,多功能大循环农业发展中涌现出一些典型,实践表明,种、养、微、加、销、游各产业在市场变化中具有"东方不亮西方亮""黑了北方有南方"的特点,即俗话所说的"风水轮流转",应对风险的能力非常强。可以看出,多功能大循环农业适应面广、可操作性强,在不同地方、不同地形、不同规模、不同产业、不同品种都可以适用。

在多年研究和推行循环经济的实践中,笔者发现了一个规律,就是一些典型的成功不单纯是推行循环经济的结果,而是循环经济、创意经济、服务经济融合发展的作用。多功能大循环农业具有将循环链、价值链、创新链、生物链四链合一,融合发展的效应。坚持"以循环经济为原则,以创意经济为引擎,以服务经济为纽带,以科学技术为支撑,以政策机制为保障",必将实现三个效益的共赢与提升。

五、各级领导对多功能大循环农业的高度重视和充分肯定

2014年3月9日,习总书记参加安徽代表团听了全国人大代表审议政府工作报告时,听了全国人大代表、黄山市多维生物集团董事长陈光辉汇报发展多功能大循环农业的情况,非常高兴地说:"这种模式值得好好总结,逐步推广。"

2014年9月12日,李克强总理将季昆森撰写的《多功能大循环农业》与《提高资源产出率》两篇文章批示给国家发改委,请振华同志阅。国家发改委与农业部于2014年11月19—21日,在安徽阜阳市召开全国首次农业循环经济现场会。会议强调,构建多功能大循环农业体系是拓宽农业增值空间、增加农业整体效益、

第四章　探索"三农"问题的系统解决方案——"2+1"方法论

推进农业结构调整、提高农产品国际竞争力的重要手段，也是未来农业循环经济的主要发展方向。

2017年12月7日，李克强总理对季昆森撰写的《实施乡村振兴战略的一个重要途径——发展多功能大循环农业》一文又作了重要批示，请长赋同志阅，并送财政部肖捷部长、国务院常务副秘书长丁学东、副秘书长江泽林阅。

2014年11月28日，汪洋副总理对季昆森撰写的《多功能大循环农业前途无量》一文批示："昆森同志长期致力于循环经济研究，颇有建树，其提出的'发展多功能大循环农业'的观点，富有建设性。请锡文、长赋同志研酌。"

2015年6月24日，陈敏尔（时任贵州省长、现任中共中央政治局委员、重庆市委书记）在季昆森同志撰写的《多功能大循环农业前途无量》一文上作出批示："季昆森同志研究成果很丰富。此件请运坤同志阅研。"

2014年4月29日，全国人大原副委员长、原中科院院长、两院院士路甬祥对《多功能大循环农业》一文作出重要批示："昆森同志，多功能大循环农业很有新意并大有可为，可以进一步梳理，搞一篇理论联系实际的文章，在有影响的刊物上发表，拓展影响。另一方面，可在一些农业大县试点推开，做出示范，还可以组织相关企业形成循环农业产业联盟。"

2015年6月23日，赵克志（时任贵州省委书记、现任公安部长）在季昆森同志撰写的《多功能大循环农业前途无量》一文上作出批示："季昆森同志这篇文章非常好！山地多样性，发展多功能大循环农业前途无量，可促进绿色有机无公害农产品大省的建设，率先走出一条不同于东部，有别于西部其它省份的发展新路。请运坤、福成同志学习研究落实。"

安徽省委李锦斌书记在省第十次党代会，李国英省长在省十二届人代会第七次大会报告中，均明确指出："积极发展多功能大循环农业。"

2017年12月25日，李锦斌书记对季昆森撰写的《实施乡村振兴战略的一个重要途径——发展多功能大循环农业》及汇报信上作出批示："请方启同志阅。发展多功能大循环农业，助力农业农村现代化。"

2017年12月23日，李国英省长对季昆森撰写的《实施乡村振兴战略的一个重要途径——发展多功能大循环农业》及汇报信上作出批示："请春明同志阅研。"

李国英省长在省十三届人代会的报告中，进一步强调："以发展多功能大循环农业为重点，加快农业示范园区转型升级。"

2017年12月31日，方春明副省长收到李国英省长的批示后，作出批示："请卫东、方启同志阅研。结合我省实际，在乡村振兴战略实施中积极发展循环农业。"并对信中"请省有关部门在业务活动经费等方面对我们给予必要的支持"划了着重横线。

在各级党委政府和有关部门的大力支持下，我们不仅注重对多功能大循环农业的理论研究，更注重深入实际、调查研究、总结经验、帮助指导发展多功能大循环农业；不仅帮助指导典型企业、生态庄园、家庭农场，还注重区域性推动，在宿州全市及十几个县（市）进行宣传发动；不仅在省内，还在多个省（市）及全国一些论坛、研讨会宣传推广多功能大循环农业。均表示赞同。经过这几年的努力，我们对多功能大循环农业在理论和实践方面基本上形成了一个体系。

原农业部副部长石山已104岁高龄，他多次说到，1978年，他在中国科学院从事农业现代化试验县工作时，钱学森对他说："农业是一个复杂的大系统，如果不用系统工程的方法搞出一个规划，按规划实施，谁来指挥都是瞎指挥。"后来，钱老派两位副教授按系统工程的方法，帮助全国5个县研究和编制发展规划。在编制规划的过程中，石老陪两位副教授到湖南桃源县考察，起初，那两位副教授说："农业比较有规律，半部系统论就能解决问题。"当这两位副教授在山区考察时，看到海拔高度不同植物分布差别很大的现实，连呼"太复杂了"，偏巧下山又赶上一场冰雹，转眼间什么都变了，他们立即得出两个结论，其一，农业变动因子太多，其二，接口无定型，总的结论是：农业太复杂了，我们的系统论实在不能完全解决农业问题。

第五节　"2+1"方法论之三：多维生态农业"3+1"体系

多维生态农业集成创新了多物种多链循环种养模式、中医农业生物防治、废弃物五化处理形成全链绿色高质量生产，再加上人工智能、多维消费增值平台、政府体制机制配套创新等形成农业全链闭环，以此替代和颠覆化学农业生产方式，构建农业全链全新绿色闭环大循环的实践创新，创造了一种源于自然森林农业的复合式循环农业模式：多物种混合种养+多链体内外循环+中医农业+多物种收益+多物种加工+多物种废弃物循环利用+多级能量物质流+多级循环增值+多维消费增值平台=多级财富倍增，再结合人工智能系统可以在办公室电脑、手机里

第四章　探索"三农"问题的系统解决方案——"2+1"方法论

"种田"和消费者全程可追溯系统，新型人工智能生态稻田使土地产出率提高3～10倍甚至以上，亩均纯收入提高50～100倍，通过多物种混合种养模式解放土地生产力，实现农业全链绿色生产，同时废弃物再循环利用等于增加了1/3的土地面积，而且多物种混合种养生产方式会让人民群众的生活物质变得极为富有，种稻得稻、鳖、鱼、虾、药、草，种茶得多物种根、茎、叶、花、果实等。

单一化学农业+废弃物+人空气水土食品污染+人畜禽鱼虾抗生素等+生物抗药性=生态链恶性循环。多维生态农业正是解决这一农业实际问题的实践创新。

多维生态农业系统解决方案"3+1"体系形成过程，具体步骤如下。

（一）通过1998—2004年的6年时间，深入全国调查研究，发现中国农业存在100多个问题，将之总结归纳从而形成31个问题。

（二）通过2004—2018年14年的探索、思考、研究把最难的农业生产、生态系统问题简单化为最大的"林草问题"，林草是人类和动物赖以生存和发展的物质基础和环境基础，是农业生物链、产业链、价值链的链主；认为通过开创多功能大循环农业，实现农业全链绿色高质量闭环，是乡村全面振兴的一条重要途径。林草问题是破解复杂的生态系统问题的最大交叉点，多功能大循环农业是解决"三农"问题的最大交叉点。

（三）创新把生物交互作用、生物多样性、生物功能与解决农业系统问题结合起来，创造了一种解决农业问题的新方法：生物交互作用+农业问题=生物交叉点。即利用生物技术解决复杂的农业系统问题。

（四）创新把多个生物交叉点与解决农业系统问题通过多维链接起来，发明了一种源于自然森林农业的生物多维组合新技术：人工智能+生物交叉点=生物智能化农业。通过人工智能让农民省工、省钱、省肥、省力、省药，不再脸朝黄土背朝天。

（五）创新利用生物交叉点、生物多维组合技术形成人工生产系统和人工生态系统共同体全链的高级平衡，创造了一种复合式循环农业模式：多物种混合种养+中医农业+农民多物种收益+企业多物种加工+多物种营销+多物种废弃物循环利用+政府体制机制创新配套=多物种循环增值。通过深入调查研究，发现人民群众在这方面有许多聪明智慧和创造力，并通过新型模式的集成创新形成：多物种多链循环种养模式+中国农科院中医农业+废弃物五化处理=农业全链绿色生产，把绿色生产贯穿农业全过程。多维生态农业是集成创新。

（六）通过构建农业全链产—供—销多维消费增值平台，探索农业闭环式循环，实现农业可持续发展，形成"三农"问题的系统解决方案：农业全链绿色产业融合大循环体系+复合式生态产业体系+多维消费增值平台+政府体制机制创新=多维生态农业。这个数学公式表示农业是系统工程，必须采用系统工程方法。多维生态农业探索是整个农业的闭环大循环。

（七）政府政策体制机制创新是多维生态农业的重要组成部分。特别是2014年3月9日，习近平总书记在安徽代表团听取陈光辉代表发言后说："复合式循环农业模式这条路子值得好好总结""我看这种模式（多功能大循环农业）很好，可以逐步推广"。这些话一直鼓励着、激励着我们对这种模式好好总结。本书主要作者陈光辉在担任十二届全国人大代表期间，联名31名代表提出《关于系统解决"三农"问题的建议》《关于创新型农业模式实验区的建议》等36个建议，全国人大常委会办公厅先后出了四个文件，要求农业部会同财政部、国家发改委、国家林业局共同办理，2017年两会期间，陈光辉代表向李克强总理递交一个光盘——新型农业模式影视片、一封信——《关于农业问题的系统解决方案》、一本书——关于《多维生态农业》新方法、新技术、新模式、新思路。汪洋副总理（时任全国政协主席）、李建国和吉炳轩两位副委员长都对多功能多循环农业模式作了重要批示，多部委也多次多批，深入我公司进行专题调研，因为"各自为政"不能成系统，就不能像大飞机、航母一样由多家企业、成千上万的零部件组装形成农业产业联盟、技术集成、设备组装、标准化等，农业大国至今没有与新型农业模式配套的农业园，农业要素是由综合效益、金融、财政、人才、技术、加工、生产、市场、土地、资源配置、政策、体制机制等组合而成的系统工程——围绕新型农业模式构建郡县制下中国3 000多个特色县域经济农业大循环体系。多维生态农业是系统工程解决方案，体制机制必须与解放农村第一生产力配套创新。

第五章 构建农业全链绿色大循环体系——多维生态农业"3+1"体系之一

构建农业全链绿色大循环体系用数学公式表示：多物种多链循环种养模式+中医农业模式+废弃物五化处理模式=农业全链绿色大循环体系。农业面积大、群体多，农业全链全生产过程绿色发展就显得非常重要。

除了构建农业全链绿色大循环体系解决最大面积的农业污染以外，还必须通过立法创建全民保护环境意识：谨防环境污染造成生物链、食物链被切断，生态链形成恶性循环，还要解决工业、医疗、交通、生活垃圾等非自然物质对生态环境的污染，才能全面解决中国人生存环境、空气、水土、食品安全和人民健康等重大民生问题，环境绿色优质对农产品绿色有机安全影响很大，农业生产生态系统绿色环保农业才能实现农业的绿色发展。

本章分别论述多物种混合种养模式、多维生态茶园、多维生态稻田、多维生态平原、多维生态防火林、多维生态羊圈的绿色生产方式和方法，中医农业模式的绿色生产方式和方法、废弃物"五化"处理模式的绿色生产方式和方法，通过三者绿色生产方式和方法的技术集成来实现农业全链过程的绿色生产，构建第五章农业全链绿色大循环体系，多物种多链循环种养模式以自然生态化方式限制了农药化肥等非自然物质全面介入农业，中医农业利用植物、微生物、矿物质替代了化学农业进行病虫害防治和土壤修复，废弃物"五化"处理让秸秆粪便等变废为宝，不污染环境。

第一节 多物种多链循环种养模式案例

一、多维生态茶园模式

（一）国家发明专利号

《茶树的种植方法》国家发明专利申请号为ZL200810244516.5。

本著作明属于茶树的种植方法，特别属于茶树与多种动植物共生互助的种植方法。

（二）茶树种植的步骤

茶树种植方法包括以下工序。

步骤1：在每年11月开始平整山地、做畦，畦的规格为沟深50~70cm，宽50~70cm；把底土翻上来，表面土埋下去，一层土一层肥。每亩选用有机肥200~250kg，农家肥2 000~2 500kg，覆土后进行茶树种植；

步骤2：在茶园里和周边地方，种植2~3年木槿，木槿株距0.5~1m；

步骤3：在茶园里和茶树周边挖长0.5~1m，宽0.5~1m，深0.5~0.7m的穴坑，然后将杂草作底肥，一层肥一层土、种植木瓜，株距2.5~3m；

步骤4：在茶园周边种植高杆长1.5~2m的桂花，株距3.5~4m；

步骤5：在茶树两侧种植明日叶、除虫菊，每隔4棵明日叶种植1~2棵除虫菊，除虫菊每亩400~500株，明日叶每亩1 000~2 000株，在每株桂花树、木瓜树下种植1~1.5m^2的三叶草。

（三）茶树种植的特点

根据权利要求1所述的茶树的种植方法，茶树种植方法具有如下特征。

（1）木瓜为管兆国木瓜。

（2）木瓜用西洋红梨、粉红复叶槭来代替。

（3）茶树的品种为乌牛早、迎霜、龙井。

二、多维生态稻田模式

（一）国家发明专利号

《一种多维生态稻田的种植养殖模式》国家发明专利申请号为201710581622.1。

多维生态稻田如图5-1所示。

第五章　构建农业全链绿色大循环体系——多维生态农业"3+1"体系之一

图5-1　多维生态稻田实景

（二）多维生态稻田种养殖的步骤

一种多维生态稻田的种植养殖模式，包括如下步骤。

步骤1：稻田改造。在稻田四周和种植田垄内挖出"日"字形或"田"字形饲养沟渠；

步骤2：防逃、摄食、栖息设施建设。沿田埂内侧建造防逃隔离带，在稻田进、排水口设置隔离网，并在饲养沟渠内设置摄食、栖息设施；

步骤3：消毒。在种植养殖前1周内，用生石灰对种植田垄和饲养沟渠进行消毒；

步骤4：种植。在稻田内的种植田垄上种植水稻，即插秧，就是采用大垄双行栽插模式种植秧苗，在稻田四周田埂上种植可以防治病虫害的植物，构成防害虫隔离带；在饲养沟渠内种植水生经济作物；

步骤5：养殖。在步骤4所述插秧结束15d内，在饲养沟渠内放养水产生物，步骤4所述的水生经济作物选用可提供水产生物中所需生长环境具有经济价值的植物；

步骤6：烤田。在每季水稻的分蘖期烤田1次。烤田时，将水位降至种植田垄的田面刚好露出水面，待田面中间陷脚，田边表土不裂缝、发白，水稻浮根泛白即结束烤田，并立即将水位提高到原水位。烤田期间对饲养沟渠进行清理，并调换新水；

步骤7：病虫防治。种植前期，通过在稻田四周的田埂上种植防治病虫害的植物进行驱虫；种植期间，如果发生卷叶螟虫害，则用稻田四周田埂上种植的防治病虫害的植物配置成药剂进行喷洒；

步骤8：休耕期的种植。水稻收割完后的休耕期，在种植田垄上种植经济作物；该经济作物选用可用于饲养水产生物或肥沃稻田的具有经济价值的植物；

基于步骤4所述田垄上种植的水稻、稻田四周田埂上种植的可以防治病虫害的植物、沟渠内种植的水生经济作物，步骤5所述饲养沟渠内放养水产生物和步骤8休耕期田垄上种植的经济作物之间的良性交叉影响作用，构建适用于稻田的良性循环生态养殖种植系统。

（三）多维生态稻田种养殖的特征

（1）根据权利要求1所述的多维生态稻田的种植养殖模式，在步骤4种植中，水稻选择汪宝增等人发明的新型高粱红稻品种或袁隆平院士的杂交稻，小行株距18～25cm，大行株距35～45cm。

（2）根据权利要求2所述的稻田的生态种植养殖模式，水稻移栽前施1次基肥，种植期间施追肥2次，第1次在种植后的7d，第2次在种植后的第30～35d。

（3）根据权利要求1～3任意一项所述的多维生态稻田的种植养殖模式，其特征如下。

步骤1稻田改造中，在饲养沟渠位于稻田的一个拐角处开挖一个方形鳖溜，饲养沟渠和鳖溜的面积共占稻田总面积的10%～12%，饲养沟渠宽0.8～1.0m，深0.6～0.8m，鳖溜长4～6m、宽3～5m，深1.2m；稻田四周田埂加高、加固，埂高50cm，宽30cm，并保证田埂要高出水面30cm，且田埂内侧为斜坡；

步骤2在防逃、摄食、栖息设施建设中，防逃设施建设为沿田埂内侧用铁皮防护网建造防逃隔离带，具体做法是将铁皮埋入田埂泥土中20～25cm，露出地面50cm以上，然后用木桩在每隔90～100cm处进行固定，稻田四角转弯处的防逃隔离带呈弧形；摄食、栖息设施建设具体为在饲养沟渠每隔10m左右处放置一块木板或石棉瓦，木板宽0.6～0.8m，长1.5～1.8m，一端固定在田埂上，另一端没入水中15cm左右；

步骤4种植中，在稻田四周田埂上种植蓖麻或菖蒲，蓖麻春播以4月上旬为宜，采用挖穴点种种植，每穴播种3粒，播种深度以5cm为宜，行距80～100cm；土壤粘重地块覆土时不宜镇压；在稻田四周的饲养沟渠内种植茭白，种植比例为亩种120棵,种植方法为:3月中下旬气候回暖时,挖出茭白苗小墩,用利刀劈开分株,分株时,按照每株3～5条健全的分蘖苗,每个分蘖苗有3～4张叶片的要求进行分切,分切时不能损伤分蘖芽和新根;定植时应随起苗、随分株、随定植;采取大小行距栽培,小行距60～70cm,大行距80～90cm,株距50～60cm,栽植的深度一般以老根埋入土中10cm;

步骤5养殖中,水产生物选择鳖种、小龙虾,放养规格为甲鱼50～300尾/亩,小龙虾500～1 000尾/亩;鳖种、小龙虾选择体质健壮、健康无伤病、活动力强、规格统一的苗种入饲养沟渠,并且在放养前将苗种用15～20mg/L的高锰酸钾溶液浸泡10～15分钟;饲养过程中,饵料投喂严格遵守四定原则,每天投喂2次,投喂时间分别在上午9～10点、下午4～5点,具体投喂量视当天情况而定,一般以大约1.5h吃完为宜。饲养过程中,可在饲养沟渠内投放一些田螺、鱼虾类等活饵供鳖种食用;

步骤7病虫防治中,发生卷叶螟虫虫害时,采用稻田田埂种植的蓖麻或菖蒲配置中草药剂进行防治。①将蓖麻叶撒于田间或在田埂栽植蓖麻,用以诱杀金龟子;②将蓖麻叶10kg捣烂后,加水10kg,过滤成原液,每千克原液加水3～4kg后进行喷洒;③④将蓖麻子仁捣成糊状,加水1kg调匀,另加肥皂水60g,慢慢加入蓖麻子仁水中,边加边搅,调匀后再加水100～150kg后进行喷雾,用以防治金龟子成虫和各种蚜虫;③④将菖蒲1kg捣烂后,加水2kg,煮成原液,每千克原液加水6kg后进行喷雾,每亩用40～50kg;若出现稻瘟病,则采用H离子水喷洒,喷洒方法是每隔7～10d喷施1次。

中草药治虫植物是指利用木本草本植物的根、茎、叶、花、果实等部位配置混合制剂防治病虫害,目前有各种说法。如图5-2所示。

图5-2 中草药治虫植物

(4)根据权利要求4中所述的多维生态稻田的种植养殖模式,在步骤5养殖中，水上动物还包括鲫鱼，鲫鱼选小鲫鱼鱼苗，其投放密度为600~1 000尾/亩。

（5）根据权利要求5所述的多维生态稻田的种植养殖模式，在步骤8休耕期的种植中，水稻收割以后种植黑麦草，种植方法是：①对种植田垄进行处理保证其平整无大土块；②采用条播方式进行播种，播种量为每亩大约1.5kg种子；③播种期，先用清水浸种2~4h，用以提高出苗、成苗率。

（6）根据权利要求1~3任意一项所述的多维生态稻田的种植养殖模式，其特征如下。

步骤1稻田改造中，饲养沟渠包括稻田四周开挖的四道水沟，田间开挖的一条水沟，水沟宽50~100cm，深80cm；田间沟宽80cm，深30cm；5条沟占稻田总面积5%左右；稻田四周田埂加高、加固，埂高50cm，宽30cm，并保证田埂要高出水面30cm，且田埂内侧为斜坡；

步骤2在防逃、摄食、栖息设施建设中，防逃设施建设为田埂内侧用黑聚乙烯网片拦好构成防逃隔离带，网的底部埋入土中20~30cm；摄食、栖息设施建设具体为在饲养沟渠位于稻田的四个角分别开挖一个小水坑，每个水坑面积为2~3m^2，深80~100cm，坑内放置少量水草和一块泡沫板；稻田进、排水口设置的隔离网为粗细铁条网；

步骤4种植中，在稻田四周田埂上种植蓖麻、菖蒲或西红柿，蓖麻春播以4月上旬为宜，采用挖穴点种种植，每穴播种3粒，播种深度以5cm为宜，行距80~100cm；土壤黏重地块覆土时不宜镇压；

步骤5养殖中，水产生物选择台湾龙鳅、黑斑蛙、小鲫鱼进行混养，放养规格为青蛙选幼蛙，泥鳅长度3cm大小，鲫鱼选小苗；配置密度为幼蛙约600只/亩，泥鳅1 200尾/亩，小鲫鱼600~1 000尾/亩；养殖过程中，需对水质进行控制，保持水面高出水稻10~30cm左右，若稻田沟渠无流动水，则每间隔5d放水换水一次，保持水质鲜活；台湾龙鳅、黑斑蛙、小鲫鱼放养时，用EM菌进行消毒；

步骤7病虫防治中，发生卷叶螟虫虫害时，采用稻田田埂种植的蓖麻或菖蒲配置中草药剂进行防治，防治方法是：①将蓖麻叶撒于田间或在田埂栽植蓖麻，用以诱杀金龟子；②将蓖麻叶10kg捣烂后，加水10kg，过滤成原液，每千克原液加水3~4kg后进行喷洒；③将蓖麻子仁捣成糊状，加水1kg调匀，另加肥皂60g，慢慢加入蓖麻子仁水中，边加边搅，调匀后再加水100~150kg后进行喷雾，用以防治金龟子成虫和各种蚜虫；④将菖蒲1kg，捣烂，加水2kg，煮成原液，每千

第五章 构建农业全链绿色大循环体系——多维生态农业"3+1"体系之一

克原液加水6kg后进行喷雾，每亩用40~50kg；若出现稻瘟病则采用H离子水喷洒，喷洒方法为每隔7~10d喷施一次。

（7）根据权利要求7所述的多维生态稻田的种植养殖模式，在步骤8休耕期种植中，水稻收割后先种油菜，等油菜长到多维生态稻田种植养殖模式，其特征是0~30cm后，撒上紫花苜蓿种子。

（8）根据权利要求1所述的多维生态稻田的种植养殖模式，在步骤1稻田的改造中，还包括挖出两端，分别和稻田田埂、种植田垄相连的机耕道。

三、多维生态平原模式

（一）国家发明专利号

《一种复合式循环农业种植模式》国家发明专利申请号为ZL201210109005.9。

图5-3是以18亿亩平原旱区耕地为代表的大农业循环体系模式。公司将通过繁育大量北方冬天四季常绿的经济林草打造"北方绿城"，修复生态。通过四季常绿树种强化北方旱区蓄水、保水、造水、防风、固沙功能，通过发展北方高效森林农业构建粮区、牧区、林区、水区农林牧副渔可持续发展的大农业生态循环体系，避免传统农业长期依赖超采地下水发展农业生产，通过大循环10万~20万亩地可以设置一个花叶果实、畜禽菌深加工农业园，把我国北方变成绿城、青山，我们还用去大量超采地下水吗？！

图5-3 多维生态平原实景

可以使用该模式进行推广的产品有北方四季常绿树种粗榧、枇杷叶荚谜、云松、红豆杉等为代表的专利组合苗木产品。

北方旱区粮区一定要调好乔灌草结构，通过发展高效森林农业修复生态，这是最好的蓄水、保水、造水机器。巴西伊瓜苏是最好的榜样。

（二）多维复合式农业种植模式的步骤

一种复合式循环农业的种植方法，包括以下步骤。

步骤1：在经济作物种植地的周边，种植四季常青的第一高杆乔木或小灌木，所述的第一高杆乔木或小灌木构成经济作物的风沙防护带；

步骤2：风沙防护带的外围种植第二高杆乔木，所述的第二高杆乔木构成经济作物的绿篱带；

步骤3：风沙防护带和绿篱带的中间种植能够防虫害的第一防虫害植物，所述的第一防虫害植构成经济作物的第一病虫防护带；所述的经济作物种植地内间隔种第二防虫害植物，所述第二防虫害植物构成经济作物的第二病虫防护带且第二病虫防护带沿种植地间隔布设。

步骤1中所述的第一高杆乔木或小灌木为粗榧、枇杷叶夹谜、沙地柏中的一种或几种构成；

步骤2中所述的第一防虫害植物包括苦参；所述的第二高杆乔木为银杏、东北红豆杉中的一种或两种构成；所述第二防虫害植物为香椿和木槿种植组合、金砣柿和果桑种植组合、管兆国木瓜和木槿种植组合、西洋红梨和木槿种植组合中的一种或两种构成，所述的各第二防虫害植物间隔种植。

（三）多维复合式农业种植模式的特征

（1）根据权利要求1所述的复合式循环农业的种植方法，在步骤1中所述的种植地总体呈块状或条带状，所述的第一高杆乔木或小灌木沿经济作物种植地相对应的两周边种植，所述的第一高杆乔木或小灌木构成的风沙防护带与经济作物种植地内种植的第二防虫害植物构成的第二病虫防护带成平行状排列布置。

（2）根据权利要求1所述的复合式循环农业的种植方法，所述的第二高杆乔木间种植第三防虫害植物，所述的第三防虫害植物包括蓖麻。

（3）根据权利要求1所述的复合式循环农业的种植方法，在步骤1和2中所述的经济作物种植包括救心草、明日叶、蔬菜、大蒜。

（4）根据权利要求2所述的复合式循环农业的种植方法，在步骤1中所述的第一高杆乔木或小灌木按株距0.5~1m、行距8~15m进行种植，所述的第一高杆乔木或小灌木外侧2~2.5m处种植第二高杆乔木，所述第二高杆乔木的种植株距4~4.5m，所述第一防虫害植物距风沙防护带内侧2~3m处开始进行种植，所述的第一防虫害植物按株距1~2m、行距3~6m进行种植。

四、多维生态防火林模式

（一）国家发明专利号

《一种植物防火林带的构建方法》国家发明专利申请号为ZL2014166836.9。

（二）多维生态防火林模式的步骤

植物防火林带的构建包括以下步骤。

步骤1：划分带区

划分出用于构建防火林的带区，对带区内及其周围的大树进行减密间伐，割除灌木杂草，然后将粗大的枝条移走，剩下的细枝和杂草原地铺平，所述带区的宽度为30m以上；

步骤2：带区内种树苗

在带区30~50m以内的中心区挖坑，相邻坑沿带区长度方向的间隔距离为3~5m、沿带区宽度方向的间隔距离为4~6m，坑挖好后直接栽上3~5年生的树苗1，树苗1的高度为1.2~1.5m，所述树苗1为杨梅、枇杷、柑橘或者油茶大苗中的一种或多种；

步骤3：带区外种树苗

在离带区30~50m的两侧挖坑，相邻坑沿带区长度方向的间隔距离为3~5m、沿带区宽度方向的间隔距离为4~6m，坑挖好后直接栽上3~5年生的树苗2，树苗2的高度为1.2~1.5m，栽种树苗2的区域宽度为10m以上，所述树苗2为樟树、红楠、女贞或者木荷中的一种或多种；

步骤4：在带区内种树苗

翌年把上述步骤1中的减密间伐保留的大树全部砍掉，在树苗1的行间种植两行2~3年生的茶树苗，茶树苗种植的行距0.3~0.5m，株距0.5~0.8m，然后在树苗1、茶树苗的两侧均种植救心草，救心草种植的株距0.2~0.3m、行距0.2~0.3m。

步骤5：逐年进行采收、养护管理，即可形成植物防火林带。

（三）多维生态防火林模式的特征

（1）根据权利要求1所述植物防火林带的构建方法，在所述步骤4中茶树苗的品种为牛皮茶、楮叶茶、乌牛早或者龙井中的一种或多种。

（2）根据权利要求1所述植物防火林带的构建方法，在所述步骤2用于种植树苗1的坑尺寸为长0.5~1.0m、宽0.5~1.0m、深0.5~0.7m，所述步骤3用于种植树苗2的坑尺寸为长0.3~0.5m、宽0.5~0.8m、深0.5~0.7m，所述步骤4用于种植茶树苗的坑尺寸为长0.2~0.3m、宽0.3~0.5m、深0.3~0.5m。

（3）根据权利要求1所述植物防火林带的构建方法，在所述步骤2中的树苗1和步骤3中的树苗2均为高杆大苗。

（4）根据权利要求1所述植物防火林带的构建方法，在所述的步骤2、3、4在种树苗之前均是将坑所在处的杂草作为底肥埋入坑底，用土覆盖后再种树苗。

（5）根据权利要求1所述植物防火林带的构建方法，在所述步骤1中划分出的带区的面积为500公顷、1 000公顷或者2 000公顷以上。

（6）根据权利要求1所述植物防火林带的构建方法，在所述植物防火林带是在荒山、荒坡、荒地、稀疏的森林地带、公益林、山区茶园、油茶果园处构建。

（7）根据权利要求1所述植物防火林带的构建方法，在所述步骤1中划分出的带区一直延伸至耕地、水库、公路、水塘或山脚处。

五、多维生态羊圈模式

（一）国家发明专利号

《一种多维生态羊圈的构建方法》国家发明专利申请号为201710633089.9。

图5-4　多维生态羊圈实景

（二）多维生态羊圈模式的步骤

多维生态羊圈的构建包括如下步骤。

步骤1：修葺2个或者2个以上相互独立的牧养区，在每个牧养区的外围密植1圈天目琼花，通过天目琼花构建1个包围整个牧养区的植物绿篱；

步骤2：在2个牧养区的中间区域修葺一个羊舍，羊舍开设有2个门，在羊舍四周种植西红柿等，利用根茎叶配置中草药治虫；在牧养区的植物绿篱上开设便于羊进出的进出口；羊舍的每个门对应一个牧养区，在牧养区的植物绿篱进出口和相应的羊舍门之间设置有羊道；

步骤3：在步骤1所述的牧养区位于植物绿篱内的区域上种植树皮不被羊啃食的杏树或枣树，每亩种植20～25棵，杏树或枣树大苗选取高度1.5～3m的树苗，株间距5m×6m；

步骤4：步骤3所述种植杏树或枣树后，在植物绿篱内的牧养区空地上种植供羊食用的红叶石楠，红叶石楠的种植密度为每亩100～120株；选取高度0.8～1.5m高，株间距2m×3m；

步骤5：在牧养区种植红叶石楠后的空地上种植农作物，不同的牧养区种植收获季节不同的农作物，杏树、枣树、红叶石楠、天目琼花种植2年以后，以其根系固定到羊不能拔起为准，才开始在牧养区内放羊，在羊舍内养羊；在同一季节，和羊舍相邻的2个牧养区中的一个牧养区种植农作物，另一个牧养区未种植农作物，羊在放养时，选择未种植农作物的牧养区放养；

步骤6：羊舍开始养羊后，每周或间隔几周用OH离子水对羊及羊舍进行消毒灭菌，用H离子水对牧养区内植物进行灭菌。

（三）多维生态羊圈模式的特征

（1）根据权利要求1所述的多维生态羊圈的构建方法，其特征是在步骤6和牧养区安装物联网可追溯监控系统。

（2）根据权利要求1或2所述的多维生态羊圈的构建方法，其特征是在步骤2中，羊舍占地面积为8～10m^2，羊舍内挖建一个1m×1m×1m的化粪池，化粪池上面覆盖一层面积为8～10m^2的铁丝网，铁丝网的网孔大小为2～4cm^2。

（3）根据权利要求3所述的多维生态羊圈的构建方法，其特征是在步骤1中天目琼花的种植方法。种植宜在落叶后或萌芽前进行，天目琼花小苗需带宿土，大苗需带土球，大苗选择2～3年生、高1m以上的苗种，天目琼花的种植密度为每一亩牧羊区种植120~150株，株距（25~30）cm×（25~30）cm，以能够密植为准；种植时要施足基肥，浇足水，种植后每年秋季落叶后要在根部周围挖沟施入基肥，促使第2年多开花，每年秋季进行一次适当疏剪，剪除徒长枝及弱枝，短截长枝，早春剪除残留果穗及枯枝；步骤4中红叶石楠选取伞形状的苗种，种植时挖30cm×20cm×20cm坑，植入带土球的红叶石楠，并浇透定根水。

（4）根据权利要求4所述的多维生态羊圈的构建方法，其特征是步骤5所述农作物为山芋。种植方法是：①4月中上旬，种植红叶石楠后的空地上肥料撒施后进行翻耕，翻耕深度以25cm为宜，做到地面平整土粒细碎；②翻耕后起垄，地膜山芋采用小垄单行，垄作方式，垄底宽60cm，垄面宽25cm，垄高25cm，两垄间距15cm，每垄栽山芋秧苗行距株距25cm×20cm，霜降过后成熟收获，山芋种植区域约占整个区域的20%。

（5）根据权利要求4所述的多维生态羊圈的构建方法，其特征是在步骤5所述农作物为黄豆，种植红叶石楠后的空地上每30cm×30cm挖小坑，种上黄豆，种黄豆区域约占整个区域的20%。

（6）根据权利要求4所述的多维生态羊圈的构建方法，其特征是在步骤5所述农作物为甘蓝和大蒜，种植面积约占整个牧羊区域的20%。种植方法是：①种植红叶石楠后的空地上每30cm×30cm种上甘蓝、大蒜，采用育苗移栽定植方法，地块选未种过十字花科作物的肥沃地块，结合施优质有机肥1 000kg、复合肥10~30kg、生石灰100kg，并提前深耕细耙，整地理墒，覆盖地膜；②翌年3月进入移栽定植期，选择茎粗不超过0.5~0.6cm，节间短，最大叶宽不超过6cm，叶片厚实，叶色绿的壮苗移栽，杜绝用大苗，以避免抽苔。

第二节　中医农业模式案例

农业是人类赖以生存与发展的基础和前提，经济、社会、科技的变革不断使农业面临新的机遇与挑战，不断使农业产生新的瓶颈和突破。当前，针对资源环境、农产品质量安全、可持续发展等压力，积极发展"中医农业"，融贯古今、中西合璧、探索发展，是建设中国特色生态农业的理论创新和现实选择。

第五章 构建农业全链绿色大循环体系——多维生态农业"3+1"体系之一

一、中医农业的基本理论

(一)中医农业的概念

中医农业就是将中医原理和方法应用于农业领域,实现现代农业与传统中医的跨界融合,优势互补,集成创新。

中医农业"尊重自然,关爱生命",基于自然生物"相生相克,和谐共生"的生态循环规律,根据科学发展观,应用系统方法论,继承弘扬国粹中医思想文化和方法原理,创新应用中医药技术和中(草)药农用产品(植保产品、动保产品、生物肥料、生物饲料、生物保鲜),取代或控制化学农药化肥的使用,促使植物体"正本归原"和恢复原生态健康生长,真正生产出"优质、生态、健康、营养"的安全农产品,确保全民的健康生活。

中医农业基于现有生态环境、生产条件和生产经验,在不改变生产方式,不增加生产成本和农民负担的前提下,创新思想和集成应用现代科技,摆脱现代农业过度依赖化学农药化肥造成的困局,引领现代农业"提质、增产、增效"转型发展,实现现代农业"优质、高产、高效"发展的目标。

中医农业的核心技术是根据生物健康生长的需求(生态环境、均衡营养和生物能量),应用中医思想和中医药技术及产品,解决植物(动物、人体)的健康生长问题。强调保持生物健康生长,需遵循"以防为主,防治结合,标本兼治,全程保健"的原则,同时要为植物健康生长营造适宜的生态环境(水、土、气、阳光、磁场),保障生物健康生长均衡营养供给。此外,遵循自然生物"相生相克,和谐共生"法则,解决生物健康生长过程出现的病虫害,保障生物健康生长和自然生态循环平衡。

"中医农业"的目标是改善农产品产地的水、土、气立体环境,促进动植物健康生长,保障农产品的有效供给和质量安全。"中医农业"具有3个特点:①系统性,即着重农业生态系统以及生物体各部分的内在联系;②综合性,即形成多方面、多层次的复合效应,也就是通过综合的手段,达到综合的效果;③整体性,即作用范围是整个的、全部的,强调覆盖所有生产单元和种养循环链。

(二)中医农业的兴起与发展

现代农业过度依赖化学农药化肥,不仅破坏了生态环境(水、土、气、阳光),而且浪费了大量的能源(石油、电力、气)和自然资源(水、石油、煤和天然气),并且农业生产的农产品质量下降、产量不稳和效益不高。2015年我国使用化肥超过5 000万吨，人均消费33kg；化学农药13万多吨，人均消费1kg，总体化学农药化肥的利用率不足30%。现代农业生产的农产品包括加工食品的品质已经严重威胁到人类健康，因为各种农产品因化学农药、化肥的过度使用而失去了植物体（动物体）原有的精华，结果是农产品或食物闻上去已经没有其特有的香味，吃不到原味，摄入不到人体（动物、植物）所需的营养，从而导致机体和五脏六腑得不到所需的营养，最终导致人体各种疾病变异和肿瘤癌症高发。中医农业是人类回归自然、实现现代农业"优质、高产、高效"的创新型农业生产体系和生产模式。它将改变现代农业发展和人类的健康生活。

回顾历史，审视当下，展望未来，具有中国特色的生态农业之路如何发展，是当前政府部门、学术界和人民群众普遍关注的焦点问题。做到古为今用、洋为中用，实现融合发展、互补共生，是探索生态农业的重要尝试和实践。中医是中华民族的瑰宝，"生态"一词源于希腊，泛指生物体及其之间的普遍联系，农业是国民经济的基础。因此，"中医农业"一词应运而生，成为有志之士、专家学者加快中国农业可持续发展、农业现代化建设的理论探索和实践应用，必将成为中国特色生态农业的重要组成部分。中医农业是将中医原理和方法应用于农业领域，实现现代农业与传统中医的跨界融合，优势互补，集成创新，产生"1+1>2"效应。中医农业的具体应用能够为农产品产地水、土、气立体污染综合防控和改善产地环境，促进动植物健康生长，保障农产品的有效供给和质量安全，是我国乃至世界农业可持续发展的崭新路径。

（三）当前发展中医农业的必要性

改革开放以来，特别是党的十八大以来，在中央强农惠农政策的推动下，我国农业现代化成果显著，农业综合生产能力大幅提高，为国民经济发展全局提供了有力支撑。农业科技进步贡献率超过56%，科技对农业发展的引领和支撑作用不断提升。主要农产品综合生产能力迈上新台阶，现代农业产业体系逐步建立。总体上看，我国农业现代化已进入全面推进、重点突破、梯次实现的新阶段。

同时也要清醒地认识到，改革开放以来，我国农业现代化主要是通过体制改革和惠农政策的推动，现在到了依靠科技创新引领的新阶段。随着农业现代化的深入推进，我国农业发展面临的深层次问题更加凸显，一是消费结构升级与农产品供应结构性失衡；二是资源环境约束趋紧与发展方式粗放；三是国内外农产品市场深度融合与农业竞争力不强；四是经济增速放缓与农民增收渠道变窄；五是发展动力转换与科技创新成果供给不足等。总之，与发达国家相比，我国农业科

第五章 构建农业全链绿色大循环体系——多维生态农业"3+1"体系之一

技仍有较大提升空间。

2018年中央一号文件指出,深入推进农业供给侧结构性改革,加快培育农业农村发展新动能,开创农业现代化建设新局面。新动能的产生应当树立创新思维,将与农业相关的传统领域和现代科技融合,产生新的发展动能,可以带来农业发展新契机。

(四)中医农业在促进农业可持续发展中的运作机理

从本质上来讲,中医农业在促进农业可持续发展中的运作机理体现在以下3个方面。

1. 基于中草药配伍原理利用生物源和天然矿物源物质制成"两药两料"应用于种养业

目前,这方面已经研制成功的农药、兽药、肥料和饲料已广泛应用于水果、茶叶、水稻、瓜果和蔬菜等种植业和养羊、养牛、养猪、养鸡、养鱼等养殖业。例如,已经研制成功被广泛应用的中草药植物保护液,是由多种中草药萃取并依据"君、臣、佐、使"中草药配伍原理而制成的一种多效植物保护液,既可以给作物提供营养,又可以防控病虫害。其有效成分为全新的生物活体,可以使作物恢复到健康生长状态,减少有害生物和环境因素对作物的侵害,可以提高作物的抗病力和调节作物健康生长的作用,能增强作物的抗逆性,达到优质、高产的目标。该类产品不仅安全、高效、可靠、环保,还与常规杀虫剂无交互抗性,连续使用也不会产生抗性、不破坏生态环境。特别是在有机蔬菜种植方面,中医农业克服了一般有机农业不能抵御病虫害、不能高产的瓶颈,集成创新了有机蔬菜生产模式。

(1)增加土壤生物活性和各种中微量元素,调理土壤物化性能,形成良好的土壤结构,既可以治理土壤重金属和其他污染,又可以促进作物次生代谢以产生化感物质增加植物抗逆性、抗病性和产品的营养水平及口感。

(2)充分发挥有机碳对作物高产的重要作用,注重来自于农业有机剩余物的大量碳素有机肥投入。

(3)投放微生物复合菌群,既通过微生物分解土壤中的有机氮为作物提供氮素,又可以通过其中的固氮菌有效保证作物对氮的大量需求。通过这种有机栽培模式,不仅不会发生重茬病等设施农业容易出现的病虫害,而且实现了稳定的高产出。例如在西红柿大棚里,茄科作物非常普遍的早疫病、晚疫病、枯萎病、蓟马也没有发现,而且能够剪枝再生。

2．基于中医相生相克机理利用生物群落之间交互作用提升农业系统功能

当前，大面积单一作物种植是造成农田病虫害和土壤养分失衡的主要原因。通过带状种植，既不影响机械化操作，又可以实现农田生物多样化并提升农业系统功能，从而达到减轻病虫害、自然培肥土壤的目的。另外，通过立体种植，可以在同一块田地上实现收益的多倍化。目前，安徽黄山的中医农业基地在这方面已有成熟的模式，并在全国多地推广，无论在东部还是西部、东北还是东南、西北还是西南，都积累了丰富的经验。

安徽黄山中医农业基地的茶园，采用乔灌草立体种植中草药和特种植物，利用动植物、微生物等生物群落驱虫、杀虫、引虫、吃虫；茶园种植具有很强生命力的草本植物，能够抑制杂草生长，无须使用除草剂；利用茶叶的吸附性和喜欢适度遮阴的特点，种植花香、草香、果香植物为茶叶增香，又可以为茶树适度遮阴，为茶树创造一个适宜的、健康的生态环境。该模式已作为全国人大提案提交相关部委，目前农业部已派调研团队考察了该基地，并给予了高度评价。又如，在云南稻米产区，在田埂旁种植特定的植物，可以在不用农药的情况下保持水稻不发生病虫害，达到优质高产。另外，不仅在种植方面，而且在养殖方面也有许多案例，不少养殖场的实践证明，在养殖场周围种植特定的中草药可以有效防控畜禽疾病。

3．基于中医健康循环理论集成生态循环种养模式

人的循环系统一旦出现阻塞，人就不会健康。同样，中医农业的关键之一是生态循环，这个循环系统如果不能畅通，农业也不可能健康可持续发展。所有地方都在"有鼻子有眼"地做农业，但这个像人一样"有鼻子有眼"的农业是否健康，不能看外表有多现代化和高大上，更要看它的循环系统是否有问题。例如，秸秆是否循环利用了，畜禽粪便是否循环利用了。如果做好了生态循环农业的文章，农业的循环系统健全了，那么农业就会健康发展。特别要强调的是，就像人体的根本部位不能有毛病一样，农业的根本部位也不能有毛病。早在3个多世纪前，英国经济学家配第就说过"土地是财富之母"，农业的根本部位就是土地。搞好了生态循环农业，土壤的有机质含量就会不断提高，土壤的理化性状也会越来越好，被化肥农药破坏的土壤微生物群落就会逐渐恢复，作物根部的养分循环就会畅通，耕地的质量问题也就迎刃而解。在这样好的土地上，农业必然会可持续发展。

例如，动植物生态链环微量元素转化集成技术，包括营养源配方技术、微生物发酵技术、昆虫繁育转化技术、农业动植物营养转化技术等，借助多种生物体自身纯天然的生物降解、合成、富集和沉积作用，形成动植物综合营养素，可以生产出富含有利于人体健康微量元素的农产品，如富硒产品。动植物生态链环微量元素转化集成技术一般与秸秆、粪污等农业废弃物循环利用相结合，形成承载性循环链条，如结合农业废弃物秸秆膨化发酵饲料进行配合喂养，结合秸秆膨化发酵肥料对农田施肥。这种模式不仅能解决农产品微量元素的稀缺问题，还可以形成无废物、无废水、无废气、无恶臭的可持续发展农业生态养殖、种植良性循环高效模式。

（五）中医农业取得的成效

近年来，随着对农业可持续发展的不断探索和对食品健康安全的迫切需求，我国农业科技工作者和生产实践者在中医农业领域做了大量研究与探索，积累了丰富的经验，取得了明显成效。

与常规农业相比，中医农业的产品产量普遍明显增加，更重要的是产品质量和口感显著提高、农残大幅度下降、储存期明显延长，外形、色泽等也具有显著优势。与有机农产品相比，二者在质量安全方面没有明显差别，但在产量方面中医农业的产量明显高于有机农业，且中医农业的成本大幅度减少，而有机农业由于人工成本过高，加上产量低，单位产出成本较高，在外形、色泽等方面中医农业的产品也都优于有机农产品。

中医农业产品最突出的优势是具有健康功能性，如果说无公害农产品让人吃了少中毒，绿色有机农产品让人吃了少生病，那么中医农业产品让人吃了不仅不会中毒、不会生病，还能防病治病。

此外，由于药材种植过程中大量使用化学肥料和化学农药，破坏了药材的药性，使中医行业的发展受到了严重制约。中医农业药肥应用于药材种植方面，可发挥特效作用，不仅能够全部替代化学肥料和化学农药，还可以通过增加自身的活性和对外界的抗性恢复药材的原始药性，为中医行业提供高质量药材，保障中医行业的健康发展。

（六）中医农业发展存在的问题

1．中医农业缺乏行业准入和执行标准，产品没有相应的认证机构

目前，我国中医农业缺乏行业标准，同时受体制机制影响，认证平台和监管机构不能针对中医农业的投入品实行科学认证和监管，相关的中草药制剂很难在

市场上流通。市场上销售的各种中医农业农产品鱼龙混杂、良莠不济，致使农业生产者和农产品消费者对中医农业认识不足，心存疑虑，缺乏应有的可信度。

2．中医农业产品单调，生产规模优势小，深加工和产业化水平低

国内现有中医农业的生产单元规模普遍较小，产品单一，缺乏规模化优势，发展缓慢。与此同时，产品多为初级产品，深加工产业滞后，产品应有的附加值和功能性效用并没有完全体现出来，也未能形成相应的品牌效应。

3．中医农业的技术供给与市场推广相对薄弱，社会认知度不高

由于中医农业投入品生产和销售规模普遍较小，在技术层面上，生产者往往是各自为政，每人有每人的方子，缺乏一个系统的生产技术体系；在市场推广上，许多生产者只把中医农业作为传统农业的升级项目来开发，忽视了消费者推广等环节；在产供销业务链层面上，缺少整合与创新；从社会的角度来看，缺乏对中医农业的行业定位和系统归纳性的研究，这也是目前社会对中医农业认知度不高的原因之一。

4．中医农业发展缺乏配套的扶持政策，科研和生产积极性受到限制

目前，各地对中医农业的发展缺乏明确的扶持政策，主要体现在两个方面。一是缺乏科技项目扶持，相应的学科建设滞后。二是没有解决生产资金问题，没有制定相应的专项优惠政策。迄今为止，尽管中医农业已有大量的实践和成效，但国家及各地方政府的农业投入项目中，与中医农业紧密相关的专项尚未出台。

（七）中医农业加速发展的政策建议

要实现中医农业的快速健康发展，充分发挥中医原理和方法对农业应用国家试验区的示范和引领作用，必须正视目前中医农业的行业标准、管理体系、监管认证、规模化、产业化和市场开发方面的不足，积极引进和借鉴其他农业发展方式的成功经验和理念，将资源优势、关键技术、先进经验和理念整合，把中医农业发展作为农业供给侧生态转型的重要方式和提高中国农产品核心竞争力的有效途径，使其在农业发展进程中占有重要地位。

1．政府主导，统一认识，高度重视

随着经济发展，在国力增强、人民生活水平提高的同时，环境和健康问题相伴而生，食品安全问题成为近年来社会关注的焦点。2017年国务院办公厅印发并实施的《国民营养计划（2017—2030）》提出，要以人民健康为中心，以普及营养健康知识、建设营养健康环境、发展营养健康产业为重点。中医农业产品作为安全

第五章 构建农业全链绿色大循环体系——多维生态农业"3+1"体系之一

系数最高的食品，具有广大的市场需求。同时，中医农业的生产过程强调人与自然和谐相处，倡导环境保护和生态平衡，强调可持续发展，提出了"绿色发展"理念，这种良好的实践模式应得到政府和民众的广泛认同、支持、推动。政府在推动中医农业发展的过程中应发挥引领作用，将中医农业作为绿色发展的重要组成部分，开展中医农业普及教育和宣传，并成立专门的办公室，顶层设计确定目标，在国家层面制订中医农业发展规划，引领和推动中医农业健康有序的发展。

2．制定中医农业行业标准，构建统一认证监管平台

加快制定中医农业生产规范及产品标准，设立专门机构对中医农业的生产、物流、加工、销售和检测进行监管；严格产品认证标准和规程，构建统一的产品认证平台和溯源体系，实现产品的可追溯，规范处罚和退出机制。

3．科技部门和农业部门协调管理，多学科协同攻关

科技部门和农业部门要协调一致，促进多学科联合协同攻关，推进大学及相关科研院所对中医农业学科体系的建设，加深中医农业关键领域和作用机理方面的研究，培养后备人才。加强产品研发，对接中医农业全产业链和市场需求，开发出一系列实际效果显著的中医农业肥药产品，并将之提升为国内外著名品牌。

4．在全国开展中医农业肥药替代化学肥药行动

大力发展林下种植中草药，在不占用耕地的情况下大幅度增加中草药供给量，按照特定配方制作中医农业肥药，以设施蔬菜、水果为主大面积推广应用；突出区域重点，聚焦优势产区，以县为单元，抓好一批蔬菜水果生产大县以及生产基地，试点先行，梯次推进；突出机制创新，以园区基地为依托，以新型农业经营主体为核心，推动"中医农业"肥药替代化学肥药行动向社会化、产业化方向发展。

5．制定中医农业发展的支持政策

加大对中医农业发展的资金支持力度，国家和地方充分发挥农业专项资金的作用，对中医农业项目予以重点扶持，设立中医农业肥药购买补贴政策，对从事中医农业生产的农户和企业给予补贴，并鼓励和扶持中医农业肥药研发机构和生产企业；政府要积极对接养生保健的社会需求，培育中医农业产业链，在普遍关注的关键领域促进形成产业集群；注重科普、科教与科研进程的协调，形成一体化协同发展，提高中医农业的社会认知，营造中医农业的良好发展氛围。

6．建立中医农业国家试验区，突出典型示范和引领带动作用

以"强、优、精、特"为标准，以体现中医农业建设的核心内容为重点，以

能够引领中医农业的发展为方向，建立中医农业国家试验区，形成各类可复制可推广的典型。目前，分布全国的中医农业试验基地利用中草药肥药、有机粪肥、有益微生物菌、海洋生物、矿物质中微量肥素替代化学肥药，形成了能解决有机农业不能高产的高效生态模式，已在全国范围内辐射带动了一批农业企业，可上升为国家试验区，以充分发挥其在高效生态农业方面的引领作用。

7. 建立国际合作平台，建立国际中医农业科技创新与产业发展联盟

国际中医农业联盟的成立将有利于总结这些经验，推动中医农业更好、更稳、更快发展，扩大国内外专家和相关企业在该领域的合作与交流，促进中医农业理论与技术不断创新，探索一条新时代中国特色的生态农业生产新途径，对弘扬中国传统文化和建设健康中国具有重要意义，为实施国家"一带一路"倡议和"农业走出去"及乡村振兴战略，实现国家"两个一百年"奋斗目标和中华民族伟大复兴，做出应有的贡献。

二、中医农业应用推广案例——"乙峰99植宝"

（一）"乙峰99植宝"简介

"乙峰99植宝"专利发明人是贺乙峰先生。贺乙峰先生出生于中医世家，祖父辈皆为地方名医，其父曾是国民党中校军医，自小就受到中医文化熏陶。曾当过8年知青，招工回城后先后从事兽医、饲料厂、边境贸易、摩托整车厂。20世纪90年代在新疆从事贸易时看到大片的棉花患上枯黄萎病因无药可救，农民损失惨重，由此萌生了解决植物病害的想法。经过数次实验，于1999年利用中医理论发明"99植宝"产品，之后组建公司运作，至今已有10余年，产品经过数次升级换代，已形成了"99植宝"叶面肥、"99植宝"土壤改良发酵剂、"99植宝"有机复合肥三大系列产品。

"乙峰99植宝"是生态修复应用技术过程中必用的系列产品，是一种运用中国中医药学原理和生物化学原理相结合，采用络合、螯合复配相结合的新型工艺技术，是高浓度、多功能、多成分、易吸收的微量元素植物营养调节剂，可以补充植物微量元素的不足，达到大量元素和中微量元素的营养平衡，同时还具有较强的抑菌作用，对蔬菜瓜果等作物的真菌性病害、病毒性病害、对号称植物"癌症"的棉花枯黄萎病、烟草花叶病、弥猴桃溃疡病、橡胶死皮病、香蕉黄叶病、枣树枣疯病等有非常显著的防治作用。此外，还具有分解和降解农药、重金属，改良土壤结构、提高土壤有机质，净化水资源等作用，是一种具有经济、有机、

环保、高效等多种性能的生态环境净化、修复产品。产品经过大量的田间示范、试验已得到社会各界及国内近40家科研院所的认同与支持。产品获得国家发明专利（专利号：ZL981218401.7），获得国家知识产权局颁发的"中国国际专利博览会金奖"、中国发明协会第16届全国展览会金奖、长城食品安全科学技术奖。

（二）"乙峰99植宝"的作用机理

"乙峰99植宝"运用中医学原理和现代生物技术相结合，采用络合、螯合复配相结合的新型工艺，通过分子结构中含有—S—S基，与菌体中含SH基的物质发生反应，同时使菌丝体的海藻糖酶转化为葡萄糖，抑制菌体正常的生理代谢过程，导致菌体代谢紊乱，生产受阻，诱导作物产生抗菌抑制功能，阻止病原真菌蛋白质肽链的伸长。通过与病菌细胞30S核糖体亚单位结合，引起遗传密码的错读，抑制RNA聚合作用相关酶的合成，从而使病菌发育受到抑制。当病菌在作物组织内部接触到"乙峰99植宝"多肽、多环基团化合物时，病菌肥大，细胞质颗粒伸长停止，植株上的病斑形成受到抑制，激活植株的抗病基因，促进基因表达抗菌的活性，从而达到抗病菌和提高植物免疫功能。

为验证该产品在生产中的应用效果，甘肃省农业科学院植物保护研究所、兰州大学、青海省畜牧兽医科学研究院、中国农业科学院兰州畜牧兽医研究所、甘肃农业大学、甘肃农科院植宝所新农药开发中心、青海省草原总站及新疆石河子大学、西南大学、湖南常德市农业局、海南省农技推广站等众多单位多年来在甘肃省的兰州、敦煌、民勤、景泰、静宁、青海省乐都、玉树、果洛、海北、黑龙江、新疆维吾尔自治区、云南、河南、海南、四川、湖南、江苏、广西壮族自治区等全国多省、区、市进行了应用示范试验。实验涉及各种土壤、气候环境、作物栽培方式及各种不同的作物的试验和示范。结果表明，"乙峰99植宝"在各种农业环境条件下，在各种作物上应用效果优异，防控病害作用明显，且增产幅度在10%~50%，同时该产品应用后，能大幅度减少农药和化学肥料的使用量，减少农药用量40%~100%，减少化学肥料用量30%~80%，使用后的农产品检测可达到无公害食品和有机食品的农药残留检测标准，使用该产品生产的东北大米产品2009年通过有机食品认证，是一种具有经济、社会和生态多重效益的新技术产品，产品定位于立足生态、立足有机、立足中国、走向世界，推出"肥药"这个新概念，将目标放在创世界品牌上，建立一种崭新的生态技术产品。

(三)"乙峰99植宝"的创新性特征

1. 思路创新

"乙峰99植宝"的发明人贺乙峰先生率先大胆在国内将中医扶正祛邪的原理与植物生理、病理、化工、生物和营养等多学科相结合,打破植物就病施药和单纯补充营养的界限,通过对农作物进行营养补充、生理机能调节和生理修复,诱导启动植物抗性,从而达到预防和控制作物花叶病和改善作物品质、提高产量的目的。"乙峰99植宝"为攻克防治素有农作物"癌症"之称的花叶病毒病、棉花枯、黄萎病、柑橘黄龙病等这些世界性难题提供了崭新的思路和有效的方法。

2. 配方创新

"乙峰99植宝"的主要成份是各种微量元素、氨基酸及中药提取有机活性物质,其最大的特点是采用络合、螯合、复配相结合的新型生产工艺,经过大量的试验,达到最佳的配方,从而形成独特的产品特点。一是克服了各种元素之间的拮抗性,使产品营养全面、品质稳定;二是克服了一般粉剂、掺和型微肥遇空气容易氧化还原、形成变价,失去应有的作用,甚至可能对植物造成伤害的缺陷;三是通过附着剂、渗透剂等处理,增强了液肥的附着力和渗透力,使植物易于吸收,并达到缓效施肥、适时给肥的目的。

3. 性能创新

"乙峰99植宝"能有效对农作物进行营养补充、生理机能调节和生理修复,诱导启动植株抗性,从而达到预防和控制农作物病毒的效果,它优于常规抗病毒农药制剂,在国内具有领先水平,且长期使用不会因病毒产生抗药性而降低功效。"乙峰99植宝"能够满足作物生长对微量元素的需要,达到大量元素、中量元素和微量元系的营养平衡,对提高产量改善、作物的内在品质、增收有显著作用。"乙峰99植宝"性状为螯合液态,稳定性好,吸收利用率高。无毒、无污染,是绿色环保型有机产品。

(四)"乙峰99植宝"的作用

1. 补充植物营养,增强抗逆性

根据营养学原理,蛋白质的水解产物,如氨基酸和多肽等,必须在体内与金属元素形成可溶性络合物,然后再形成体蛋白。因此,植物吸收氨基酸螯合盐等于同时摄入了2种营养物质,微量元素与必须的氨基酸同时发挥了2种营养作用,即可以提高微量元素的生物学利用率和提高用于合成有机物蛋白质的过滤中间物质剂用率。

氨基酸螯合盐与无机盐相比,具有极易吸收,促进生长,节省耗能,无毒,无刺激作用等优点,且对很多真菌等病原物有很好的抵抑作用,并能提高叶绿素含量,增加光合速率,加速电子传递速度,促进光合磷酸化,提高ATP的贮积,促进组织对水分和氮、磷、钾的吸收,抗卸病毒的侵染和复制,促进植物生长发育。"乙峰99植宝"能够提高植物自身抵御冻害、冷害、渍害、干旱、高温等逆境的能力;增强植物细胞壁的刚性和韧性,减少植物向外散发吸引害虫的"信息素"来抵抗虫害。

2．从源头上改良土壤

"乙峰99植宝"从源头上显著改良土壤,解决环境污染及雾霾问题。如果应用"99植宝"建立起秸秆还田技术体系,并在政策方面给予鼓励,它不仅是一种最简单、廉价、低成本的环保沃土工程,而且能够缓解我国土壤氮、磷、钾的协同关系,弥补磷、钾的不足,降解作物对土壤重金属的吸附能力,促进各地秸秆还田于土壤,消除焚烧秸秆造成的环境污染,在一定程度上克服作物连作障碍,对从根本上解决秸秆露天焚烧问题十分有效。

3．从源头上把关食品安全和粮食安全生产问题

"乙峰99植宝"能明显提高作物品质,在现有基础上可使农作物提高产量10%～15%,达到增产、增收、稳产的目标。其中,能在原有优良杂交水稻品种不变的基础上,再次增产20%。蔬菜、水果、茶叶等再次增产达30%以上,可为国家每年增产粮食和经济作物7 500万吨,相当于新增耕地面积1.8亿亩。如果将"乙峰99植宝"产品做秸秆还田发酵应用,不但可以解决全国增产1.4亿吨粮食的目标,并且能使种出来的粮食、蔬菜作物等品质达到有机的标准,同时还能减少70%的农药和30%的化肥用量,并改善农产品的色、香、味。

4．高效修复生态环境

我国生产和使用的农药有几千种,随着使用量和使用年数的增加,农药残留逐渐增加,残留地域逐渐扩大,产生了立体式污染。"乙峰99植宝"的配套使用可以有效分解和降解土壤中的重金属和农药残留,同时在连续2年以上不再使用农药及化肥的情况下,可修复土地的板结问题。"乙峰99植宝"对防止草原退化、促使草原生态环境得到修复作用显著。目前超载放牧,加上虫害、鼠害严重,草场退化的情况带有普遍性。"乙峰99植宝"在草原上使用后,牧草产量增加1倍左右,对其种子产量和千粒重的影响显著,能够改善其生产性能,可以从

源头上把控依靠转基因技术才能解决的提高作物产量和作物抗逆性问题，从源头上把控转基因作物对人体的危害，有效解决我国粮食安全生产问题，具有很高的推广价值。"99植宝"中的微量元素已经与适当的有机配位体结合，节省了体内形成络生物的能耗，而配体起着"护航作用"，可使矿物质微量元素的可利用率达95%。

（五）"乙峰99植宝"系列产品功能

"乙峰99植宝"产品有以下系列产品。

1．有机营养液系列

针对不同农作物特性，研发并生产出一种集植物肥、药双效于一体的现代化高科技创新产品，该产品高浓度、多功能、多成分、易吸收，目前有十大品种。

（1）"乙峰99植保"1号（烟草专用）。有效对烟株进行营养补充、生理机能调节和生理修复，诱导启动烟株抗性，从而达到预防、控制、治疗烟草花叶病，促进烟叶旺盛生长，改善品质并提高中上等烟叶比例10%~20%。投入产出比达到1:20。

（2）"乙峰99植保"2号（棉花专用）。能有效防治棉花枯、黄萎病、立枯病、炭疽病等病害的发生和发展；抗倒伏，减少70%的农药和30%的化肥的用量，提高棉花的铃数，改善品质，增产达。

（3）"乙峰99植保"3号大田作物。能有效防治花生的病毒病、青枯病、茎腐病、根腐病，大豆的病毒病、锈病、霜霉病、灰斑病、纹枯病，水稻的稻瘟病、白叶枯病、心腐病、纹枯病、菌核病、条纹叶枯病，小麦的花叶病、条锈病、丛矮病、白枯病、根腐病、纹枯病、赤霉病，玉米的纹枯病等病害的发生和发展。抗倒伏，提高结穗率，改善品质，增加产量15%以上。

（4）"乙峰99植保"4号蔬菜专用。有效防治蔬菜的病毒病、软腐病、根肿病、青枯病、早、晚疾病、黄萎病、枯萎病，油菜的病毒病、菌核病等，可增产30%以上。提前成熟，抢先上市。可提高各种蔬菜品质，对降解蔬菜化肥、农药、重金属残留作用明显，施用"99植宝"种植的蔬菜可达到绿色或有机标准。

（5）"99植宝"5号（水果专用）。能有效防治柑橘的黄龙病、衰退病、溃疡病，苹果的腐烂病、黄叶病、锈病，猕猴桃溃疡病，瓜果的病毒病、枯萎病、灰霉病等病害的发生和发展。可以提高各种水果坐果率，降低落果率；降低水果农药残留，提高水果各种营养成份，口感普遍增强，可增产30%以上；提前成熟，抢先上市，提高果农的经济效益。

（6）"99植宝"6号（茶叶专用）。茶叶喷施"99植宝"之后，通过叶面吸收，迅速激活细胞，补充微量元素的不足，使茶叶色泽嫩绿，油润光泽，清香持久，可提高茶氨酸、茶多酚、儿茶素等含量，特别对茶叶氨基酸含量能从41.16%提高到68.57%。能有效预防茶叶的白星病、赤星病、茶饼病等病害的发生和发展，对茶叶的介壳虫防控率达90%以上。

（7）"99植宝"7号（花卉专用）。适用于各类花卉，使花卉叶更绿、枝更壮、花更多、更大，开花提前6~8d，开花率增加35%以上，花期延长7~10d；

（8）"99植宝"8号（草原专用）。草原使用后，牧草根系发达，分蘖多，可使草原的茂盛度和草产量增加100%；可以大大改善目前草原沙化、退化状况。

（9）"99植宝"9号（中草药专用）。适用于各类中草药，可以减少农药、化肥的使用量，缩短成熟期，增加产量，防治病虫害，改善中草药品质，降解中草药化肥、农药和重金属残留。

（10）"99植宝"10号系列（林木专用）。适用于名贵树种移栽、老树复壮、疑难病树救治；经济林、防护林等林木的擢长及病毒病、真菌病的防治。用"99植宝"移栽的罗汉松成活率达到了100%。

2．氨基酸有机肥

替代化肥作底肥，改良疏松土壤，提高作物抗旱、抗逆能力；水稻、小麦、玉米用后抗倒伏，防病害；果树用后根系发达，茎高粗壮，坐果率高，果大，色泽鲜亮，口感好，每亩增产30%以上；用于盐碱地可使盐碱的土壤得到快速、有效改良；还能控制作物对重金属和农药的吸收，减少化肥用量，提高作物品质；降低重茬、连作或土传病害所产生的障碍。

3．改土营养剂

通过土壤灌溉或与基肥混合使用，能显著改良土壤，特别是降解作物对土壤重金属的吸附能力，提高土壤有机质转化效率，提高土壤活力和肥力水平，增强作物的抗逆性；在一定程度上克服作物连作障碍，提高作物越夏越冬能力；增强作物抗旱能力，节水30%~50%；预防作物根系腐烂和早衰，抗逆，保水松土防板结，每亩增产20%以上；水稻、小麦、玉米用后抗倒伏，防病害；在草地使用，可以使草更茂盛，提高其弹性和耐践踏能力；促进作物复壮，适合苗木移栽的快速恢复生长；提早返青，延缓冬季枯黄，有效延长作物绿期；诱导作物抗虫抗病能力。节省农药投入，减少环境污染，提高肥料吸收利用率，节省肥料投入，按比例与其他底肥同时使用，效果更佳。果树用后坐果率高，果大，色泽鲜亮，根系发达，茎高及粗壮，每亩增产30%以上。

4．秸秆发酵腐熟剂

能促进大面积秸秆还田于土壤，解决农民焚烧秸秆给环境带来的污染问题。提高土壤有机质含量及多种微生物生长繁殖聚集，促进作物稳健生长。施用腐熟制剂堆制的有机肥，能改良土壤团粒结构，增强土壤的透气性，土壤疏松不板结，有利作物根系生长。"99植宝"腐熟制剂可促使秸秆及其他有机物尽快腐熟分解，提高肥效，为农作物均衡供应生成元素，使农产品质量得到提高，在几年内可使土壤有机质从现在的1%左右提高2%~4%。

5．保水松土肥

在正常用其他肥料基础上每亩增施20kg（不管任何作物），表现出抗倒伏、病害少，预防作物根系的腐烂和早衰，并且有明显的抗旱、抗逆、保水、松土、防板结的作用。水稻、小麦、玉米在常规使用氮、磷、钾肥基础上，每亩增施20kg"乙峰99植宝"保水松土肥，每亩增产20%以上。苹果等经济果林每棵树在正常用其他肥料基础上加施1kg保水松土肥，出果率高，果大色泽鲜亮，增产作用明显。甘肃每亩增施20kg保水松土肥，果树根系发达、茎高粗壮，每亩增产30%以上。保水松土肥对作物抗旱作用十分明显，施用之后作物叶子因缺水发焉的现象要晚发生5~15d。在一年内施用保水松土肥2次以上，基本消除了土壤板结现象，也增强了作物抗病虫害的能力，大幅减少农药的使用。每亩用上20kg保水松土肥，土壤吸水能力增强，板结变得松软。对于新开垦的土地、盐碱地、土传病害严重的或有机质含量太低的土地，使用保水松土肥能使土壤复活、改良的更快。

（六）"乙峰99植宝"在作物上的示范及应用

1．粮食作物

（1）水稻。在水稻整个生长期，使用"99植宝"有机营养液进行水稻叶面喷施，以3~4次为宜，在没有条件的情况下，只要在秧苗期和分蘖期各喷施1次，对水稻都有很明显的增产效果。部分田间试验总结表明，在秧苗期和分蘖期各喷施1次，都可以让水稻增产10%以上的产量。

水稻秧苗期叶面喷施1次"99植宝"，浓度为1∶300倍液。分蘖期喷施第2次"乙峰99植宝"，浓度为1∶300倍液。始穗期喷施第3次"99植宝"，浓度为

1∶300倍液。齐穗时喷施第4次"99植宝",浓度为1∶300倍液。

"乙峰99植宝"在整个水稻生产过程中使用非常安全,对人、畜安全,是一种高效绿色环保型有机生物制剂产品,在整个水稻生长周期中可以有效起到防治水稻纹枯病、稻瘟病、稻曲病、白叶枯病等病害的发生,可缓解农药药害,提高水稻自身的抗病性和抗逆性,抗倒伏力强,使水稻具备有抗旱能力、抗寒能力;同时产品配有中草药螯合而成,通过气味熏蒸和散发作用,具有一定的驱虫作用。可促使水稻进行有效分蘖,抽穗整齐,单穗粒数增多,结实率高、穗粒饱满等特点,并具有促早熟(比正常种植提早上市10d)、增产稳产等特点。

(2)小麦。使用"乙峰99植宝"1∶300倍液对小麦进行叶面喷施,针对小麦干热风、纹枯病、白粉病等病害有明显的防治效果,可使小麦亩穗数、穗粒数、千粒重分别增加为2.1蘖力,亩穗数、穗粒数、千粒重和子粒饱满度都有不同程度的增加。有明显的增产效果。

(3)玉米。使用"乙峰99植宝"1∶300倍液对玉米进行叶面喷施,分别在移栽大田后、开花期前、坐果后各喷1次,具有促进幼苗生长、明显提高抗旱能力和生育后期籽粒灌浆速率,增强抗病力、缩短熟期、改善玉米籽粒的商品品质,还有增长玉米穗长、穗粗、提高玉米单株产量等作用。

(4)大豆。"乙峰99植宝"在大豆上的应用,1∶300倍液在整个大豆生长期叶面喷施3次,可以促进大豆的生长,促进结荚,荚多粒大、饱满度高,提高大豆植株抗病性,促进早熟、具有明显的增产效果。

(5)马铃薯。"乙峰99植宝"在马铃薯上的应用,1∶300倍液,在整个生长期间叶面喷施2～3次,可明显提高马铃薯产量,每亩增产1倍产量以上,马铃薯个头大、结实,个数多,一般可达14～18个/株,不长虫眼,抗病性强,能有效防治晚疫病、环腐病,尤其是对马铃薯毁灭性病害,马铃薯Y病毒防治效果达82%以上。

2. 经济作物

(1)烟草作物。"乙峰99植宝"在烟草作物上的应用,在山地黄土壤和棕土壤以1∶300倍液浓度表现最好,在褐土壤以1∶200倍液浓度叶面喷施表现最好。烟草作物在移栽大田种植成活后,马上叶面喷施"99植宝"产品,间隔7d再喷施第2次,连续喷施3次,可大大提高烟叶品质,提高烟草作物的抗旱性和抗病性,如炭疽病、根黑腐病、青枯病、线虫等,尤其是对烟草有"癌症"之称的花烟病毒病有很好的疗效,防治效果高达70%以上。

如在还苗期喷第1次，团棵期喷第2次，喷施浓度均为1∶450倍液；旺长期喷第3次，打顶期喷第4次，喷施浓度均为1∶300倍液，此用法对烟草增产效果最为明显。

（2）棉花作物。经过大量的田间试验示范证明，"乙峰99植宝"在棉花作物上的应用，使用浓度为1∶300倍液效果最好，既能达到效果又能降低经济成本，喷施"99植宝"后没有出现药害现象，相反会促进棉花生长、叶片肥厚、浓绿、生长健壮，提高植株抗病性、抗逆性和耐旱能力。对感染枯、黄萎病轻病区可使用1∶300倍液浓度连喷3次（间隔7~10d喷施第2次），对感病重区使用1∶300倍液浓度连喷4~5次（间隔7~10d喷施第2次），具有对枯、黄萎病有很好的治疗作用，可以挽回产量损失在23%以上。"乙峰99植宝"被中国农科院专家称为棉花"癌症"预防和治疗最有效的新型有机药剂。

（3）茶叶作物。在茶叶上喷施"乙峰99植宝"具有明显的增产作用，同时可以提高茶叶品质，茶树芽梢节间增长小，百芽重增加，芽梢生长粗壮，提前进入采摘期、增加采摘次数、延期采摘时间。对虫害有一定的防治作用，特别是对介壳虫的防治效果明显，同时控制了烟霉病（茶煤病）的发生（介壳虫极易引发茶煤病）。另外，对茶叶白星病有明显的治疗作用，效果高达50%以上，在茶叶上使用"99植宝"的浓度以1∶300或1∶450倍液为最佳，既经济又能达到很好的效果。

3．果树

（1）苹果。针对苹果腐烂病采用"乙峰99"植宝原液进行喷施或者涂抹，对苹果腐烂病的治愈率可达100%。在秋收后，采用"乙峰99植宝"1∶300倍液进行叶面喷施，可以帮助恢复树势，有利于储存营养越冬。

在开花前7~10d喷施1次1∶300倍液的"乙峰99植宝"，可有效的起到保发保果作用，减少落果现象。

在坐果后喷施1次1∶300倍液的"乙峰99植宝"，可有效防止生理落果，提高挂果率，同时起到防病的效果，可有效预防苹果炭疽病、白粉病、斑点落叶病等病害发生。

在果实彭大期喷施1次1∶300倍液的"乙峰99植宝"，"乙峰99植宝"含有中、微量元素，可以有效的帮助苹果进行养分输送、营养转化和储存，可大大提高苹果商品品质，提高单果果重。喷施"乙峰99植宝"可以有效锁住水分，起到抗旱作用，提高抗病性，减少农药使用次数。有条件在采收前20d左右再喷施1

次，对改善果品、提高色泽度、提早上市起着重要作用。

（2）葡萄。"乙峰99植宝"在葡萄上的使用，初花期前一周喷施1次，浓度为1∶300倍液，可以提高坐果率。

初果期喷施1次，浓度为1∶300倍液，可以减少生理落果。

膨果期可根据情况定，喷施2~4次，可有效提高葡萄亩产产量，提高葡萄植株的抗病能力和抗旱性，如细菌性和真菌性病害引起的霜霉病、黑豆病、白腐病、炭疽病、灰霉病、褐斑病等。另外，可有效防止生理裂果，改善葡萄品质，增加葡萄果实的商品率。

（3）柑桔。"乙峰99植宝"在柑桔上的使用，初花期前一周喷施1次，浓度为1∶300倍液，可以提高坐果率。

初果期喷施1次，浓度为1∶300倍液，可以减少生理落果。

膨果期可根据情况定，喷施2~4次，可有效提高柑桔亩产产量，提高柑桔果树的抗病能力和抗旱性。可有效预防柑桔炭疽病、灰霉病、青腐病等病害，减少白粉虱和蚧壳虫的发生。另外，可有效防止生理裂果，提高柑桔品质有很大作用。

感染有"癌症"之称的柑桔黄龙病园区，可以使用"99植宝"1∶300倍液进行叶面喷施，结合"乙峰99植宝"土壤改良发酵剂和有机肥改良土壤，加上使用滴灌技术，将"乙峰99植宝"配成1∶150倍液进行灌根，对黄龙病防治效果有特效。

（4）猕猴桃。防治猕猴桃溃疡病和黄化病，使用"乙峰99"植宝原液涂抹和1∶150倍液对水后灌根。在开花期前一周、坐果后、果实膨大期、采用"乙峰99植宝"1∶300倍液进行叶面喷施，均有增产、提高果实品质、提高猕猴桃植株抗病能力等效果。

（5）枣树。采用1∶300倍液进行叶面喷施；1∶150倍液进行灌根。

（6）草莓。采用1∶300倍液进行叶面喷施；1∶200倍液进行灌根。

4．蔬菜作物

（1）番茄。叶面喷施以1∶250~300倍液为最佳；灌根以1∶150倍液为最佳。番茄在生长期的病害比较多，比较常见的并带有一定毁灭性的病害有病毒病、早、晚疫病、立枯病、青枯病等，这些病的发生与番茄植株抗病能力有很大关系。喷施"乙峰99植宝"可以明显提高植株的抗病能力、抗旱能力和耐涝能力，尤其是对番茄疫病在发病高峰期依然可以达到50%以上的抗病能力，早期施用"乙峰99植宝"对番茄病毒病的防治能力高达80%以上，采用1∶150倍液进行灌溉处理，可有效防治根结线虫和立枯病、青枯病的发生。

（2）苦瓜。针对苦瓜毁灭性病害枯萎病治疗采用五氯硝基苯+代森锰锌+植物激活蛋白+"乙峰99植宝"进行叶面喷施，有效防治枯萎病达到80%以上，并能使苦瓜增产。

（3）西瓜。西瓜生长期常见的病害有西瓜蔓枯病、西瓜枯萎病、西瓜炭疽病、西瓜病毒病、西瓜白粉病、西瓜叶枯病、西瓜叶斑病、西瓜疫病、西瓜根结线虫病、西瓜细菌性叶斑病、西瓜细菌性果腐病、西瓜猝倒病、西瓜立枯病、西瓜绵疫病、西瓜褐色腐败病、西瓜黑斑病、西瓜白绢病等，这些病害的为害不仅影响西瓜产量，也影响品质。其中，病毒病和蔓枯病、枯萎病对西瓜产量的影响较大。

"乙峰99植宝"以1∶350倍液在移栽大田成活后开始喷施1次、盛开期、坐果期、果实膨大期各喷1次，坐果期以后可以加大浓度为1∶300倍液，可明显提高西瓜植株的抗病能力、抗逆性，同时可以提高西瓜品质（含糖量增加、营养元素提高）和产量。

（4）油菜作物。"乙峰99植宝"在油菜上的应用以300~500倍液效果最佳，最低浓度不能低于500倍，对油菜菌核菌、病毒病效果最好，可以达到80%~85%。移栽成活后喷施第1次，5叶期第2次，初花期第3次，盛花期第4次。可以使油菜亩产值增产30%~50%，同时大大提高油菜植株搞病能力，对油菜菌核菌、病毒病效果最好，可以达到80%~85%，效果十分显著。

（5）辣椒作物。辣椒作物上的病害比较多，常见的有辣椒疫病、辣椒病毒病、辣椒炭疽病、辣椒软腐病、辣椒枯萎病、辣椒灰霉病、辣椒根腐病、辣椒黑霉病、辣椒黑斑病、辣椒叶枯病、辣椒褐斑病、辣椒细菌性叶斑病、辣椒疮痂。针对预防辣椒细菌、真菌、病毒引起的病害，在发病期提前使用1∶300倍液浓度"乙峰99植宝"进行叶面喷施，可以提高辣椒植株的抗病性，达到有效的预防病害的效果，并且对辣椒有明显的增产作用。

（6）豆角。"乙峰99植宝"叶面喷施使用1∶300倍液喷施；灌根使用1∶150倍液对水施于植株根部。

（7）花椒。使用"乙峰99植宝"浓度1∶300倍液进行叶面喷施。在开花前、坐果后、果实膨大期各喷一次，可明显提高花椒植株的抗病性和耐旱能力，起到增产效果。

5．其他作物

"乙峰99植宝"对其他作物，如甘蔗、香蕉、哈密瓜、大樱桃、高粱、大白菜、花卉、中草药材，以及在林业上都有广泛的应用，都取得了良好效果。总之，"乙峰99植宝"在全国近20多个省市进行了应用示范试验。试验示范结果表明，"乙峰99植宝"在各种农业环境条件下，在各种作物上应用效果优异，防控病害作用明显，且增产幅度在10%～50%，同时该产品应用后，能大幅度减少农药和化学肥料的使用量，减少农药用量40%～100%，减少化学肥料用量30%～80%，使用后的农产品检测可达到无公害食品和有机食品的农药、重金属残留检测标准。

（七）"乙峰99植宝"的社会效益

1．净化土地和水源

生态、土地、水源已经受到污染，并在加重，使用"乙峰99植宝"可降解污染、减少农药和化肥的用量，以达到净化土地和水源的目的。

2．防治病害虫害

减少了病虫害，增强植物体质，减少农药的使用，减轻农民负担，减少农药对植物的负作用，植物可以自然生长。

3．增加营养和增产

增加农产品产量，可满足供应，减少膨大剂、激素的用量，缩短生长时间而不用催熟剂了，增加植物的氨基酸含量，口感好，保鲜期长，减少了注射、保鲜等非常规小动作，降低了各环节的风险和成本。

4．循环回归自然

营养价值高的植物做成饲料，家畜吃了也会加快自然成长速度，体质健壮，并增加了肉质营养，必然会减少激素的使用，从而自然成长的动、植物让人们吃得放心，体内毒素也会慢慢减少，形成良性循环。

第三节 废弃物"五化"处理案例

一、安徽科鑫养猪育种有限公司

安徽科鑫养猪育种有限公司积极发展多功能大循环农业，实现三产融合。

（一）公司简介

安徽省科鑫养猪育种有限公司位于合肥市长丰县吴山镇，是省级循环经济示范单位，也是国家级高新技术企业。公司种猪选育场占地450亩，猪舍建筑面积2.8m²，饲养能繁母猪1 500头，年出栏可达3万头种猪和商品猪。周边环境良好，农田相隔，3km内无工厂和大型养殖场，场内绿化面积100亩，饲料地80亩。公司流转了1 044.18亩土地，种植有机水稻，发展种养结合的多功能大循环农业，实现了经济、社会、生态环境三方面效益的统一。

（二）主要做法

多年来，公司通过大力发展循环经济，开展科技攻关，推行科技创新、农牧结合、循环利用、生态平衡，既解决了环境污染问题，又实现了更大的经济效益，用更少的资源消耗、更低的环境污染，使更多的劳动力就业。

1．科技创新，培育优质瘦肉猪，实现标准化生产

公司在"十五"和"十一五"期间承担了国家863项目，对当地猪种进行改良，成功培育出吃料少、生长速度快、饲料报酬高的新猪种。与传统猪种对比，饲料节约40%，料重比2.72：1，屠宰率74.3%，瘦肉率达65.03%。从遗传上解决了提高瘦肉率而不改变猪肉品质风味的问题，避免了添加瘦肉精引发的食品安全问题。公司自行设计发明的节能环保猪舍获得了国家实用新型发明专利，实现了能源和水资源的分级利用和循环利用，降低了养殖成本。

2．项目带动，建立大型沼气工程

公司建成20 000m²的节能环保猪舍，实现了雨污分流、人工干清粪、固液分离后的猪尿和污水进入酸化池调节、用污泥泵抽进400m³的一级厌氧发酵罐。该技术系引进消化吸收德国UASB消化工艺，即"上流式污泥床"技术，猪尿与污水从下向上流动，厌氧发酵，年产沼气18.25万m³。其中，10%供公司职工炊事、洗浴使用，90%用于发电，年发电26.28万kW·h，按0.6元/kW·h计，年收入16万元。其产生的沼液再进入600m³地下厌氧池二级发酵，一部分沼液用于养殖蚯蚓，一部分流入生物氧化塘，经分解后养鱼或回流冲洗猪舍，达到消毒杀菌作用，还有大部分泵入液态肥库贮存种植有机水稻。这一工艺流程使得大型养殖场无需建立污水处理厂就可实现污水一滴不外排，把污水尿液变成沼气、沼液等宝贵资源，产生的猪粪可生产蚯蚓饲料和有机肥料。

公司将养殖场每天产生的大量猪粪经槽式发酵，充分利用粪便发酵时微生物的生化反应产生大量热能，这种热能不仅使粪便内水分蒸发，还将粪便中影响环境的有机废弃物尽快发酵腐熟，并在整个发酵过程中采用自走式翻堆机翻抛，使中心温度达到65℃以上，发酵30d后，使猪粪味变成醇香味，消灭病原微生物和寄生虫卵，不生蛆蝇；发酵后的猪粪成为高效活性的蚯蚓饲料和有机肥料。这些蚯蚓肥和有机肥料用于吴山镇的农业食品开发，还可用于大农业循环，如黄山多维生物科技有限公司的有机茶生产。

3．发展有机农产品，优化完善循环农业产业链

（1）创意设计供肥供水系统，建设肥水一体化工程。公司利用"五里塘"，面积达60亩，可容纳6万m^3沼液，流转的这片土地位于猪场东北片，属于江淮分水岭，土地不平整，适合种植有机水稻。为了节肥、节水、节省人力，建立了泵站，铺设了3 000m 10大气压100mm口径的主管网、4 000m的支管和崴管网，安装了几百个快阀，根据水稻各时期对肥水的需求，勾兑不同浓度的沼液，作基肥时用全沼液，作追肥时，沼水比例1∶5，后期全用清水，定期定量供应肥水。公司不用化肥、农药、除草剂，达到种地养地，形成"猪—沼—粮"循环产业链。实现了肥水一体化，达到了液态肥库贮存，高压水泵提升，密闭官网输送，阀供肥供水，按需配方施肥，节水节肥节药，节本高产高效，环保有机生态，真正实现了"看得见绿水，望得见青山，记得住乡愁"。

（2）有机标准化生产有机水稻。在长丰县各镇村的大力支持下，2014年5月流转了1 044.18亩土地，并与楼西村村党支部多次商讨，与当地6名农民成立了长丰科鑫循环农业专业合作社，引进了"南粳9108"新型品种。该品种是适应性强，且抗病、质优、口感好、具有独特的美味香型大米。

（3）生产加工有机优质大米。2014年，公司委托广州中鉴认证有限公司获得了有机认证。公司又与合肥金润米业联合，委托加工包装、储运，根据市场需求，包装成1 000g、2 500g等不同规格的"安科鑫"牌有机大米。同时，开设微店网店，将有机大米销往广州、上海等地，实现了有机优质优价。

（4）从优化生态环境入手，建设生态养殖场。公司根据企业发展规划，按照循环经济理念，在保护好原有猪场四周30m宽，3 000多m长的坝梗上，植树造林万棵，乔灌间作，配栽低矮的牵藤刺，形成立体栽培的天然屏障。在猪场内种植了香樟树500棵、白玉兰500棵、桃树100棵、木瓜300棵、桂花400棵、石榴树50棵、玫瑰花99棵、腊梅、红梅、绿梅各100棵、海棠、栀子花、紫藤花各50棵、木槿花2 000棵、栽种莲藕5亩。此外，建设了香樟大道、玉兰大道、桃园和

桂园。整个养猪场已形成树木成林、绿草茵茵、荷塘月色、四季花香、群鸟天堂的生态园。

近年来，公司通过发展生态循环农业，实现了资源节约，循环利用，环境友好，生态平衡，和谐社会，永续发展。，达到了三大效益共赢。

（三）存在问题和打算

（1）为增强企业发展，做强做大，拟在全国中小企业转让系统及新三板挂牌上市。2007年，安徽省农业科学院畜牧所转让其持有的科鑫公司股权，需要安徽省财政厅确认。2005年2月10日，俞县长就该项工作召开了工作协调会，平安证券团队提出了积极性的指导意见，一旦确认，就立即上报证监会。

（2）2014年，公司承担生猪产业现代农业发展资金项目，由于当时的生猪价格呈周期性波动，公司处于低谷期，周转金匮缺，拿不出资金垫资，项目现处于停顿状态。随着产业转型升级，生猪养殖正在向技术和资金密集型现代农业行业方向发展，恳请省财政厅批准该项目继续实施。

（3）在三产融合过程中，从事生猪和粮食生产的企业，资金投入大，成本费用高，难以承受经济压力。希望政府能在以下方面给予项目奖补：①沼气工程运转、维修、发电补助奖补费；②有机生态肥生产、加工、包装奖补费；③沼液利用、肥水一体化工程建设奖补费；④有机农业水稻、小麦生产奖补费；⑤扭转农田机械成片平整土地作业奖补费；⑥秸秆利用收集、打捆和运输奖补费；⑦名特优农产品加工、包装、运输和储存奖补费；⑧农超对接，进超销售环节奖补费；⑨电商平台建设奖补费；⑩农产品认证，质量检测、监测奖补费；⑪多功能大循环农业、市场策划营销服务、顶层设计研发名特优有机农产品课题费。

二、合肥桂和农牧渔发展有限公司

合肥桂和农牧渔发展有限公司积极加强三产融合，促进农牧渔协调发展。

（一）公司简介

合肥桂和农牧渔发展有限公司位于肥东县牌坊回族满族乡，占地面积995亩，公司把养殖业、种植业和食品加工业结合起来，应用生态技术、生物工程，改造传统的养殖模式，形成以养殖业到种植业，再到加工业链条的生态循环经济利用。

公司注册资本1 020万元，资产总额1.91亿元。现有员工185人，存栏奶牛1 700多头，年出栏肉牛7 000多头，沼气池300m^3，蚯蚓养殖面积80亩，渔场养殖水面500多亩，大棚蔬菜500亩，年生产有机肥8 000吨，粮食及牧草种植面积达

6 700亩，年屠宰肉牛5万头，年加工清真牛肉系列食品2 000吨。2015年公司销售收入达2.1亿元。

合肥桂和农牧渔发展有限公司自2001年成立以来，遵循循环经济的理念，不断完善内部产业结构，逐渐形成以奶、肉牛养殖及食品加工为龙头，兼发展水产养殖、蚯蚓养殖、有机肥生产和生态农业的循环生产模式。这种循环生产模式实现了农、牧、渔业资源的互相链接、互相转化，建立了资源循环利用、深度利用的农业生态示范园，利用牛粪进行沼化处理，沼液喂鱼，沼渣养殖蚯蚓，并利用牛粪经发酵、烘干、粉碎并加入各种有机质，制作成营养、环保、高效的有机肥，使用有机肥和蚯蚓粪种植水稻、蔬菜和牧草，牧草及农作物秸秆作为牛的饲料来源，形成"牛—沼—蚯蚓—有机肥—粮食（蔬菜、牧草）"的循环经济体系。提高了资源产出率，创造出很高的经济、环境和社会效益。

（二）主要做法

1．将秸秆加工成优质配合饲料

桂和农牧渔发展有限公司年养8 000多头奶牛、8 000多头肉牛。养这些牛需要大量的饲料，如果使用精饲料，不仅量大、饲养成本高，而且效果不好。公司在实践中探索发现，以粗饲料为主、精饲料合理搭配的饲养方法十分适用。养奶牛用75%的粗饲料和25%的精饲料；养肉牛用90%的粗饲料和10%的精饲料。粗饲料由50%的青贮玉米秸秆和50%的干稻草加工而成；精饲料由50%的玉米、10%的麸皮、20%的豆粕、8%的菜籽粕、12%的棉籽粕等其他成分加工而成，在冬春季节配以适量的鲜黑麦草。这一成分配比为农作物的秸秆和农产品下脚料的充分利用开辟了广阔的空间。

加工饲料为农民创造出可观的效益。平均1头牛1年需粗饲料25 550斤。由于粗饲料是由50%的干稻草和50%的青贮玉米秸秆加工而成，公司收购干稻草的价格是0.25元/斤，收购青玉米秸秆的价格是0.3元/斤，8 000多头牛1年需要购买干稻草和青玉米秸秆22 000万斤，共计6 000万元，也就是说，公司通过收购稻草和青玉米秸秆，每年为农民创造6 000万元的收入，同时还避免了这些废弃物对环境的污染。

8 000多头牛1年需要精饲料3 456万斤，其中有一半是玉米，另一半1 728万斤中，有10%是麦麸，麦麸价格是0.94元/斤，需要163万元；20%是豆粕，豆粕价格是1.75元/斤，需605万元；8%是菜籽粕，菜籽粕价格是1.1元/斤，需152万元；12%是棉籽粕等，棉籽粕价格是1.23元/斤，需255万元，合计共需1 175万元。麦麸、豆粕、菜籽粕、棉籽粕等都是加工农产品的下脚料，公司通过收购这些饲料原料，为社会创造1 100多万元的效益。

2．牛尿和污水生产沼气、沼液养鱼

8 000多头牛年产牛尿和污水43 200吨。为了使这些尿污不造成环境污染并产生效益，公司把牛尿和污水用于以下方面。

（1）用牛粪制沼气。建设300m³的沼气池，用牛尿和污水生产沼气，生产的沼气用作燃料，沼渣用于养蚯蚓，沼液用于养鱼。

（2）用沼液培水养鱼。公司有500亩水面，把沼液投进水里，培水养鱼，基本上不再投放其他饲料，1亩水面可年产黄白鲢500多kg，可创收3 000多元，500亩水面共创收150多万元。

3．用牛粪、沼渣养蚯蚓

公司从2004年开始养殖日本的大平二号蚯蚓。养蚯蚓的原料是养牛场产生的大量牛粪、沼气池产生的沼渣，这些都是蚯蚓爱吃的饲料。2015年养蚯蚓50亩，产品全部出口日本。养蚯蚓成本很低，效益却很高，亩产值可达2.5万元。通过养殖蚯蚓，牛粪、沼渣全部变成了蚯蚓粪便。蚯蚓粪便是优质有机肥，种植黑麦草、水稻和蔬菜的效果特别好，价格是600元/吨。这样，公司通过养蚯蚓，既实现了牛粪、沼渣的高效利用，又避免了这些废弃物对环境的污染。

4．蚯蚓粪种植黑麦草和蔬菜，然后在黑麦草茬地种水稻

公司把蚯蚓粪用于种植黑麦草和大棚蔬菜，年种黑麦草3 800亩，全部用于冬季给牛补充新鲜青饲料。用蚯蚓粪作肥料种植的黑麦草，肥力强且持久，还能改良土壤，节约了大量化肥。每年5月收获黑麦草后就在黑麦草茬地里种水稻。因黑麦草的根系特别发达又易腐化，地里灌水后，盘在土里的黑麦草根都沤成了有机肥，这样的水稻可亩产超千斤，年产水稻400余万斤，价值约500多万元。经测算，如果施肥，公司种黑麦草和种水稻一年两季1亩需要200斤复合肥、100斤氮肥，价值200多元，如果用蚯蚓粪和黑麦草的根当肥料，每年可节省化肥100多万斤，价值可达80多万元。

2015年，公司种植大棚蔬菜500亩，主要是生产一些"反季节"蔬菜，年产量3 000吨左右，按平均2元/kg计算，公司大棚蔬菜年产值可达600万元。如果使用蚯蚓粪便和有机肥来种植蔬菜，那么种植的蔬菜就会由一般蔬菜转化为优质化、营养化、无害化蔬菜。这不仅保障了居民对蔬菜食用安全的需求，还进一步提高了土地利用率，增强了土壤肥力，减少农药化肥残留，从而改善了农村环境卫生。

5．利用牛粪生产有机肥料，环保又经济

公司深度利用废弃物，经过多年的探索研究，利用牛粪经发酵、烘干、粉碎并加入各种有机质，制作成营养、环保、高效的有机肥料，具有较强的市场竞争力，除了满足自用外，还作为公司的一个新的主打产品，获取可观的经济效益。

（三）成效和意义

1．带动社会就业

公司现有正式员工185人，直接带动600多农户在公司就业。其中，养牛会员户387户，每户领养肉牛10～20头，由公司统一发放饲养，养殖户负责管理。养1头牛1个月支付报酬300元。除此之外，公司提供了众多产业发展，在当地带动就业上万人，为广大农民发家致富并走上循环农业之路创造了条件。

2．以有机肥替代化肥

公司位于肥东县牌坊回族满族乡，该乡属江淮分水岭地区，地处安徽省中部，面积约2万km^2，海拔在100～300m，易旱、缺水且土壤不肥沃，传统农业在分水岭地区前景不容乐观。但分水岭地区水源洁净，降雨是从这里向长江或淮河"分流"，南麓流往长江，北麓汇入淮河。岭上没有大型工业，无污染。这里坡地多，6°以上的坡地人均近一亩，是建立无公害基地、发展林业、种草养畜都是绝佳境地。

公司结合当地实际走出了一条以食品加工及奶、肉牛养殖为龙头，兼发展水产养殖、蚯蚓养殖、有机肥生产和生态农业的循环经济道路。针对当地土壤不肥沃的情况，公司通过测土配方，有针对性地生产符合当地实际情况的有机肥料，有机肥料配合蚯蚓粪的使用，这样不仅保证了农作物的产量，杜绝了化肥的使用，保护了环境，还实现了废弃物的循环利用。化肥都是由各种不同的盐类组成，长期、大量施用这些由盐类组成的肥料会增加土壤溶液的浓度，产生不同大小的渗透压，作物根细胞不但不能从土壤溶液中吸水，反而将细胞质中的水分倒流入土壤溶液，导致作物受害，典型的例子就是作物"烧苗"。而施用有机肥，能够增加土壤有机质、土壤微生物，改善土壤结构，提高土壤吸收容量，增加土壤胶体对重金属等有毒物质的吸附能力。

多年来，公司因地制宜，以有机肥料替代化肥的做法逐渐被周围农户所采用，周围农户逐渐摒弃了使用化肥，改为环保的有机肥料，起到了以点带面的良好作用，大大促进了环境治理，还当地群众一片青山绿水。

循环农业就是在物质的循环、再生、利用的基础上发展农业，是一种建立在资源回收和循环再利用基础上的农业经济发展模式。其原则是农业生产中达到资源使用的减量化、再利用、资源化、再循环。其生产的基本特征是低消耗、低排放、高效率。公司这些年不断探索循环农业的发展模式，达到了从末端治理到源头控制，从利用废物到减少废物的质的飞跃。

三、安徽立腾同创生物科技股份公司

邓小平同志在1988年9月12日听取有关价格和工资改革初步方案汇报时曾提出，"将来农业问题的出路，最终要由生物工程来解决，要靠尖端技术。"2007年8月8日，温家宝总理在一次农业工作会议上的讲话中指出，"微生物技术的应用是我国农业未来之希望"。可见，我国农业的根本出路正是向微生物农业发展。安徽立腾同创生物科技股份公司积极采用微生物技术发展多功能大循环农业，取得了明显成效。

（一）公司介绍

安徽省立腾同创生物科技股份公司，坐落在安徽省灵璧县尤集镇工业园区。公司成立于2013年，注册资金1 300万元，2015年11月改制为股份公司。目前公司拥有发明专利17项，省级成果转化3项。公司积极谋划产业布局，致力于让农业插上科技的翅膀，以生物科技为核心，以发酵工艺为基础，引领现代农业发展。公司采用现代智能装备产业，商业化应用，提升科技转化水平，让生态循环农业走向专业化、科学化、集约化，让农业科技向深度、广度进一步拓展。

安徽立腾同创生物科技股份公司在发展过程中，一直得到安徽省循环研究院季昆森老领导的大力支持，季主任多次亲临指导，送资料下基层，做讲座培训循环农业技术。

公司按照循环研究院的多功能大循环农业的思路来完善现代农业，精心打造循环产业链，创新可持续发展的现代化农业。公司秉承用微生物打造农业循环农业产业链的理念，在发展循环农业的过程中关注微生物所起到的作用，微生物的选择、培养和使用对现代农业循环有着至关重要的影响。

（二）主要做法

1. 废弃物回收并综合利用

安徽立腾同创生物科技股份公司于2015年通过ISO 9001管理体系认证，是一家国家级高新技术企业。公司主要从事秸秆发酵饲料加工生产、微生物菌研制，

形成了高新高艺科技农业体系。公司多次获得国家科技部、农业部和省、市的多次表彰,先后被评为宿州市农业产业化龙头企业、科普惠农兴村致富先进单位、安徽省质量标兵企业、行业十佳创新型企业、安徽省高新知识产权优势企业等20多项荣誉称号。

公司对农作物秸秆等农副产品采用"分散收集、就地加工、统一处理、企业经营、国家扶持"的模式,形成农作物秸秆综合利用产业体系。农作物秸秆通过微生物发酵处理后变成了微生物发酵饲料,从农村废弃物变成了农民增产致富的途径,也为精准扶贫打下了基础。秸秆发酵饲料可以充分利用地方的秸秆资源,让秸秆转化为饲料,通过综合利用变废为宝,而且还能带动传统农业向现代化农业转变,促进农牧业生产的可持续发展,促进农牧业增效、农民增收,形成良性循环的绿色农业。

2. 饲料利用,带动示范

灵璧县立腾绿色生态发展有限公司成立于2005年,地处灵璧县尤集镇工业聚集区,是一家以种羊养殖、畜禽疾病研究与诊疗、畜禽销售为一体的科技密集型公司,拥有自主研发并转化成科技产品的知识产权专利13项。拥有省级成果转化1项,是中国畜牧协会会员单位、灵璧县畜牧行业协会会长单位。立腾绿色生态牧业有限公司现以形成"公司+养殖场"的连锁和企业间上中下游的带动发展,打造出独具微生物特色的产业经营模式。

养殖业是循环农业的重要组成部分。上游公司将秸秆转化为微生物发酵饲料后,产品在种羊养殖上充分发挥优势,通过微生物参与种羊繁殖率、消化率都有不同程度的提高。该公司拥有多家动物连锁门诊,便于微生物发酵饲料在市场上的推广与应用。

3. 打造循环农业产业园

循环农业模式是针对传统农业形式模式而言的,是一种以资源的高效利用和循环利用为核心,以"减量化、再利用、资源化"为原则,以低消耗、低排放、高效率为基本特征,符合可持续发展理念的经济发展模式,其本质是一种"资源—产品—消费—再生资源"的物质相闭环流动的生态经济。在"既要绿水青山,也要金山银山""宁要绿水青山,不要金山银山""有了绿水青山,就有金山银山"等新的发展理念引领下,公司在灵璧县园艺场流转了600亩土地,打造循环农业示范园。

由于当地拥有大量的秸秆资源,公司已规划优质秸秆做发酵饲料,劣质秸秆做生物有机肥肥料，用以替代化肥。公司已建成2条发酵微生物的生产线，光合菌、乳酸菌已投入批量生产。

农业种植产生的秸秆是一种循环再生的宝贵资源，按照安徽立腾同创生物科技股份公司和灵璧县立腾绿色生态牧业有限公司计划的劣质秸秆和畜禽粪便处理，加上微生物处理建成10万吨生物有机肥生产与加工，生物有机肥将用于土地种植，基地内将种植超级水稻示范田200亩，蘑菇种植基地100亩，设施大棚蔬菜100亩，水产养殖100亩，为农村污染探索新的解决途径，打造循环经济产业园，形成农作物秸秆（经过发酵）→秸秆饲料（用于养殖）→牛羊→牛羊粪便（经过发酵）→有机肥（还田）→种植农作物的循环产业链。这种循环农业模式可彻底解决农村秸秆焚烧问题，构建现代循环农业产业发展的新局面。

四、安徽多多利农业科技有限公司

安徽多多利农业科技有限公司积极发展循环经济，打造蘑菇之都，建设扶贫基地。

（一）公司简介

安徽多多利农业科技有限公司坐落在安徽省阜阳市颍泉区古西湖现代农业产业园（国家级农业科技示范园），是一家成立于2014年12月的现代化农业类企业，注册资本5 000万元。公司主要经营食用菌生产、蛋鸡养殖、秸秆收储、繁育美国速生紫薇，同时计划利用生产的废弃物，如菌渣，鸡粪等生产有机肥。

作为阜阳市农业产业化龙头企业，公司以农业循环经济为核心，把生态型和循环经济理念贯穿到企业发展中，把传统农业依赖资源消耗的线性增长方式转变为依靠生态型农业，资源循环发展的经济增长方式。目前已经流转土地400多亩[①]。公司以"农业循环经济"为核心，把生态型和循环经济理念贯穿到企业发展中，把传统农业依赖资源消耗的线性增长方式转变为依靠生态型农业、资源循环发展的经济增长方式。公司正在实施"林—草—鸡—菌—肥—粮"农业大循环经济示范项目，通过大数据分析，总结出项目各个生产环节及模式的标准，实现废弃物综合利用，达到点草成金、化废为宝的环保生产模式。以此为基础，在全国各地进行复制或与意向的企业进行合作，从而发展壮大。公司立足于现代化农业发展，致力于循环农业示范基地建设，一步一个台阶，致力于打造安徽省农业

---

① 见该书第223~224页。

类的领军企业，继而成为全国农业类的领军企业，最终走出国门，走向世界。

（二）主要做法

1．利用农业废弃物制作双孢菇种植所需的基质材料

该项目利用农业生产的废弃物，如秸秆、鸡粪等为主要原材料，制作双孢菇种植所需的基质材料，双孢菇生产后废弃的菇渣经过有机肥生产线的处理，转化为高效生态肥料，广泛用于粮食、瓜果、蔬菜、花卉的种植，从而实现农业生产废弃物的"循环"利用，持续增值。

食用菌的栽培以公司生产的培养基，如秸秆、鸡粪等为原料，采用微生物发酵工艺技术，设置上料、播种、发菌、覆土、出菇等工艺控制点，将农副产品的废弃物转化为蘑菇。这样培育出的双孢蘑菇不仅富含人体所需的蛋白质、脂肪和碳水化合物等营养成分，而且采摘后产生的培养料基质、混合鸡粪可作为微生物有机肥施用于农田，微生物有机肥同时具有改良土壤结构、保肥、抗旱、抗涝、提高地温的作用，可使农作物产量提高10%～15%，达到循环利用的生态效果。项目单位以当地丰富的秸秆和畜粪肥为基础资源，经过隧道式发酵，将其制作成食用菌培养基来栽培双孢菇，并将种植后的废弃料应用于花卉基质，这种循环减少了由废弃稻麦秸秆焚烧或随意丢弃产生的污染，为改善农村的生态环境起到了积极的作用。由于消化吸收了周边农户的许多稻麦秆，使投入的生产成本大大减少，农户劳动强度大幅度降低，培养基的质量也明显提高，可最大限度地发挥利用秸秆生产食用菌培养料的规模效益，降低食用菌生产成本，提高产品市场竞争力，为农民增收提供了一条致富之路。培养基是食用菌高产优质的物质基础，培养基配合的比例和种类直接关系到堆制发酵过程中微生物的区系和繁殖的好坏。隧道生产食用菌培养基模式不仅省工省力，减轻劳动强度，同时具有电子控温、控湿系统，其产出的培养料理化性状明显优于传统堆制模式的培养基质量。该项目生产的优质培养基不仅能满足合作社的食用菌生产，还能供应给本地区甚至周边地区的食用菌生产企业和种植户。产品市场前景广阔，产品供不应求。

2．建设扶贫基地

2016年公司积极响应党和政府的号召，开展精准扶贫工作。

（1）携手阜阳市颍泉区35个村集体，以脱贫攻坚为契机，打造蘑菇之都。在5个乡镇建设5个分厂，项目已开工建设，建成后保证每个村集体每年最低纯收入5万元，实现村集体早日脱贫致富。

（2）助力个人脱贫。一是就业脱贫，即公司对有劳动能力的贫困户进行考

核,合格者可在基地就业,年收入保证在20 000元以上,目前已有11人脱贫。二是金融脱贫,即对丧失劳动能力的贫困户利用脱贫政策进行金融合作,每个贫困户可贷款3万~5万元,贷款由政府和公司向银行提供担保,资金放在公司做定期合作投资。无论盈亏,公司按照金额的10%,即每年3 000~5 000元给贫困户分红,贫困户零风险,因为贷款由公司提供担保,目前已有152户通过贷款实现了脱贫。三是对年龄大且有劳动能力的贫困户进行产业扶贫,即每户发放100只鸡苗,土鸡蛋按0.8元/枚,老母鸡按80元/只回收,目前已有200多户实现了脱贫。

为打赢脱贫攻坚战,公司勇于承担社会责任。第一期合作5年,此期间无论企业盈亏,按集体投资额的10%返给集体。3年脱贫工作结束后,在保证双方利益的基础上,在无意外的情况下可继续合作。同等条件该公司优先。

在经济效益上,实现双方合作共赢。合作以后,35个村集体村办企业年增收入5万元,贫困户通过就业扶贫、金融扶贫、产业扶贫年可增收3 000~20 000元不等,公司销售收入增加,提前挂牌上市。以扶贫工作为契机打造蘑菇之都,让利于社会,公司做大做强,争做国内乃至世界一流的现代化企业,为家乡做出更多的贡献。在社会效益上,鸡蛋和肉鸡销售给农民带来收益,鸡粪用于种植双孢蘑菇,产业的抗风险能力增强,产业融合发展循环经济大有所为。农业发展好了,农业废弃物利用好了,农村环境也就好了,农民收入也提高了。

五、临泉守红现代农业科技公司

临泉守红现代农业科技公司彰显生态环保理念,打响循环经济品牌。

(一)公司简介

循环经济倡导以生态学理论和生态规律为基础的经济发展模式,对人类经济活动与生态环境的融合起到了指导作用。循环经济改变了经济增长只能靠消耗、枯竭生态环境资源和资源、能源不间断地变成废物来换取经济发展的传统模式,提出了资源和生态环境融合发展的新经济模式。循环经济形成了范围大小不同、层次高低不同的循环利用途径,最大限度地获取符合人类利益要求的经济产品,排除"废弃物"所导致的"环境污染"。只有研究并实践"大农业循环经济",促进循环经济大发展,才能实现农业的可持续发展。

临泉守红现代农业科技公司在安徽省循环经济研究会的指导下,在县委、县政府的支持下,通过与相关企业合作,投资1 000多万元,流转300多亩土地,建设年产3万吨秸秆面包草项目、黄牛养殖项目、生物有机肥料项目、工厂化食用菌生产项目。全面开发生食食物链和腐屑食物链,使大农业生产体系中提供经济产品的每一环节所辅产的非经济产品成为下一环节利用的"原料",不但对生物资源构成的生食食物链进行开发,而且对以腐屑为链端的腐食食生物链进行全面开发,充分发掘其生态循环转化功能,促进生物资源的再生和可持续利用。经济效益和社会效益明显提高,2015年,公司实现年产值1 000万元,利润达150万元,消化处理当地废弃秸秆15 000多吨,有力解决了当地政府处理秸秆禁烧难题。临泉守红现代农业科技公司建设重点如图5-5所示。

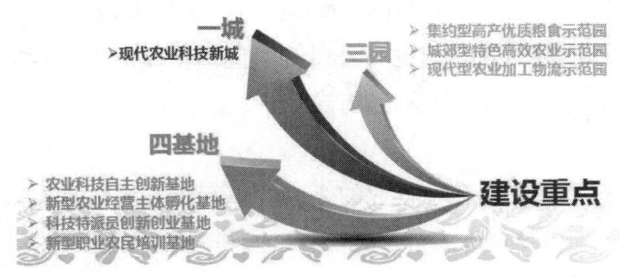

图5-5 临泉守红现代农业科技公司建设重点

（二）主要做法

在农村发展循环经济,不缺路子,不缺产品,但多年来循环经济很难形成规模企业,因为缺的是能人,缺的是示范,最缺的是叫得响的农产品品牌。循环经济企业发展缺乏资金,有了资金又缺技术,有了技术又缺规模,有了规模又缺市场,发展农业循环经济依然艰难。为了解决这些问题,临泉守红现代农业科技公司以县委、县政府打造"中原牧场"为依托,以黄牛养殖为支撑,以大力生产生物有机肥和工厂化食用菌生产为载体,彰显循环经济理念,形成了"四位一体"的发展思路。

1. 发展面包饲草

秸秆禁烧难的根源是堵而有漏、疏而不畅、禁而不止。临泉县委、县政府提出"中原牧场"发展战略,为公司利用秸秆生产面包饲草提供了发展机遇。公司利用机械加工、微生物技术将秸秆制作成面包饲草,一方面解决了农村秸秆的禁烧难题和畜牧业季节性饲草短缺问题,同时又可变废为宝。通过秸秆切断揉搓,加入微生物菌剂打捆包装,便于储存运输,再经过无氧发酵处理,秸秆散发出窖香,甜度增加,食欲增大。2015年,公司引进6套50吨/小时秸秆加工成套设备,2个3万m^3的青贮池和一个高8m的4 000m^2钢构厂房。

2. 发展黄牛养牛业

公司黄牛养殖起步早，呈现稳步发展势头。2010年，公司属下的临泉县长官黄牛养殖协会被中国科协、财政部评为全国科普示范基地。为提升规模养殖效益，公司在发展黄牛养殖的基础，探索水牛养殖和本地特色山羊养殖，通过"公司+协会+农户"的方式，大力发展精准扶贫，以示范带领贫困户，实行"统一收购，集中出售"和"统一供料，分散养殖"的模式带动贫困户脱贫致富。2015年，公司发展特色养殖，依托临泉长官黄牛养殖协会集中养殖黄牛180头、水牛110头，年利润达50万元；通过贫困户散养特色山羊1 000头，带领80户贫困户脱贫。在带领贫困户脱贫的同时，也为公司的面包饲草提供了试验场所，更重要的是为农村秸秆的综合利用提供了示范指导。

3. 发展生物有机肥料

生物有机肥料是将农业和畜牧业的废弃物或有机垃圾经有益微生物发酵、加工而成的有机肥料。生物有机肥料含大量有机质和大量活的有益微生物及微生物代谢产物，兼有微生物接种剂和有机肥料的作用。当前农畜业废弃物和生活垃圾污染环境的问题日益严重，如何处理这些有机废物一直是环保部门和农业部门头疼的事情。借鉴一些发达国家采用微生物发酵方法处理固体有机废弃物的做法，临泉守红现代农业科技公司在对固体有机废弃物进行试验和应用的基础上，开发生产了"王守红"牌生物有机肥。2015年年产有机肥1 200吨，经济效益达60万元。

4. 发展工厂化食用菌

2016年，公司流转土地200亩，发展工厂化食用菌生产规模，与江苏省泰州泰宏公司合作，生产常规食用菌的同时培育特色食用菌。以公司生产的生物有机肥和秸秆废弃物为"原料"，以工厂化、集约化管理为平台，集生产、加工、销售为一体，以精细加工为依托，引进特色食用菌保鲜技术，利用户联网为平台，为用户提供"舌尖上的安全"食品。工厂化食用菌生产得到县委、县政府的大力支持，作为县政府的招商引资项目，土地流转手续已全部完成，生产车间正在建设中。

（三）启示

为什么要发展大农业循环经济？笔者是农民，因此对农业、农村有着深厚的感情。借助循环经济的平台，以企业发展为动力，推动种植、养殖双翼腾飞，让企业用心生产出优质的农产品，在市场上得到应有的价值认可和回报。笔者认为，这条路是找到了，虽然困难还不少，但既然认定了这个方向，那就一定要做下去。

第五章 构建农业全链绿色大循环体系——多维生态农业"3+1"体系之一

坚定放飞大农业循环经济梦。经过多年的探索,笔者最大的体会是,想赢得市场信任真难,但赢得市场信任真好。笔者坚信,只要扎深循环经济的根,守好循环经济的地,把农民组织起来,牢牢抓住优质产品生产的源头,就能在市场立于主导地位。作为循环经济战线上的一名老兵,仍然需要安徽省循环经济研究会给予一个腾飞的平台,一双腾飞的翅膀,只有如此才能放飞循环经济的梦想,才能将临泉守红现代农业科技公司打造成全省循环经济发展的新典型。总之,要朝着这个方向,要继续努力下去,要坚定不移地去探索,坚持不懈地去追求,因为已经找到了路,就不怕路远!

六、安徽格义循环经济产业园有限公司

安徽格义循环经济产业园有限公司是多功能循环农业示范项目。

（一）公司简介

安徽格义循环经济产业园有限公司位于安徽省寿县,是一家专业致力于农林废弃物资源化高效综合利用技术及相关产品研发、生产、销售于一体的中外合资高新技术企业,注册资金1.95亿元。

寿县是沿淮农业大县和产粮大县,生态环境优越,农业结构多样,农业基础牢固。主要种植粮食作物有水稻、小麦,经济作物有大豆、玉米、绿豆、花生、油菜、高粱、棉花等。

据寿县农业部门调查统计,2015年寿县粮食播种面积346.8万亩,平均单产502.6kg,总产量150.1万吨,年产秸秆总量169.62万吨。根据种植面积、产量及作物收获田间秸秆残留量,寿县主要农作物秸秆产生量为水稻秸秆97.11万吨,小麦秸秆66.43万吨,其他作物含油菜、大豆、棉秆等6.08万吨。

公司通过自主研发的工艺、技术、专利和成套装备,以农作物秸秆等生物质资源,通过生物质炼制的方式,将农作物秸秆中的三大组分——半纤维素、纤维素和木质素逐级进行分离,生产沼气电力、有机液肥、纤维素浆粕、生化木素（BCL）和生物质颗粒成型燃料等产品。每年能综合高效利用水稻、小麦、油菜等农作物秸秆18万吨,年产值可达5亿元以上。

（二）主要做法

格义公司采用第三代高效厌氧发酵工艺、pH值调节方法,将秸秆中的半纤维素液转化生产沼气后的秸秆有机液作为基肥,可年生产秸秆有机液肥250万吨，可用于100万亩农田作为化肥减量化使用；该有机液基本保持了秸秆自身所具有的氮、磷、钾等基本元素及其他钙、铁、铜、锌、锰、钼等微量元素，还含有丰富的氨基酸、腐殖酸、B族维生素、各种水解酶、植物生长素及对病虫害有抑制作为的物质或因子等，可有效增强土壤保水、保肥和保温的能力，改善土壤理化特性，提高土壤中的有机质含量。该有机液肥还可以根据作物的生长特性，针对性地适量添加部分微量元素，以满足作物生长的需求，提高作物的品质。

（三）项目成效

1. 经济效益

格义公司"年处理10万吨农林废弃物资源化高效综合利用项目"达产后，可年产生化木素（BCL）1.5万吨（0.8~1万元/吨）、纤维素浆粕3.4万吨（0.5万元/吨）或高档本色生活用纸约3万吨（1.5~2.5万元/吨）、工业化生产沼气1 100万 m^3 。如果用于发电，可年生产沼气电力2 800万kW·h（0.75元/kW·h）、秸秆有机液肥250万吨。实现年销售收入4.5亿元以上（未含秸秆有机液肥），利税1.8亿元，4年即可收回投资。吨秸秆原料的产值达4 500元以上。

2. 生态效益

（1）格义公司项目每年可消纳农作物秸秆原料和燃料18万吨，秸秆收购价格为450~600元/吨。通过市场化运作，农民可以在不增产情况下实现增收，政府则解决了秸秆随意焚烧和污染环境的难题，从而可在局部地区达到秸秆禁烧的目的。

（2）格义公司项目生产过程中所使用的燃料全部使用自产的生物质颗粒成型燃料，企业每年可减少SO_2排放1 380吨，CO_2排放4.2万吨，粉尘排放7 800吨；每年生产清洁沼气电力2 800万kW·h，可减少标煤6 500吨燃烧排放。

（3）通过多项专利技术和纯物理的连续流方式，农作物秸秆经工业化高效厌氧发酵系统产生沼气，沼气甲烷含量高达67%以上，硫化氢含量低于200PPm，每年可产生沼气1 100万m^3，可用于发电2 800万kW·h，秸秆有机液250万吨，不仅可满足城乡居民的生活用气[①]和用电，又可保障250万亩耕地所需要的有机肥。

（4）格义公司项目除生活和锅炉用水外，其他生产用水基本采用本公司处理后的中水，年可节约用水约200万吨。

[①] 大约可供8万户居民使用。

3．社会效益

（1）每年可综合利用约80万亩农作物秸秆，方圆50km范围内的农民可因秸秆销售每亩增收160~200元；

（2）可增加物流运输25万吨，就近直接解决农村剩余劳动力就业300余人，间接解决就业1 000人；

（3）企业生产所产生的余热，除满足企业自用外，还可为附近的城镇民用供热、供暖；

（4）有助于农民工返乡就业，减少城市流动人口，减轻逢年过节的交通压力，使农村孤寡老人和留守儿童得到照顾和关爱，促进社会的和谐与稳定，符合中央提出的精准扶贫要求；

（5）减少化肥和农药使用量，促进有机农业发展，保障粮食安全和提高土壤有机质含量。项目经厌氧发酵生产的纯植物有机液不同于传统的牲畜粪便发酵后的沼液，畜粪中没有抗生素、激素、重金属和畜栏消毒剂残留，不存在生物链的化学残留再次污染问题，且富含大量的有机质、微量元素和多种氨基酸、腐殖酸及有益微生物等，是一种十分安全、优质的有机液肥，可真正实现原料来源于农业、产品服务于农业的大循环利用和工业化生产模式。

（6）以格义公司为龙头，可拉动上下游相关产业，如有机农业、装备制造、环保材料、清洁造纸、发泡保温材料等领域的企业技改和大量投资。

（四）发展前景

格义公司项目采用集成创新，工艺技术路线和部分产品具有颠覆性的创新意义，其经济、社会和生态效益已远超农作物秸秆高效综合利用的范畴，在国内外尚属首创，是真正意义上的中国创造。与国家"十三五"规划中的城镇化和新农村建设规划相配套，可成为解决农作物秸秆焚烧、农村环境治理、发展有机农业和改良土壤等问题的重要抓手，使农民在不增产的情况下实现增收。

自2009年起，格义公司在"年处理三万吨农林废弃物实验生产线"取得产业化成功运营的基础上，经综合效益评估和反复优化，确定了10万吨级可复制、可衍生的商业化生产规模，并在技术流程、工艺标准、成套装备、原材料的"采、运、储"、衍生产品合作开发生产等各方面进行了全方位规划和整合，已获得多项国家专利和行业标准，项目工艺技术成熟。

为了解决项目产业化快速推广与单一项目一次性投资较大的矛盾，以及便于项目原材料"采、运、储"等环节更高效的运行及成本控制，格义公司依照"分布式能源"的建设模式，将原本单一的整体项目进行分解。首先，根据安徽省农林废弃物资源的分布情况，进行总体布局，然后将项目中有关原材料"采、运、储"及一级分离提取半纤维素之前的全部生产环节进行前置，在原材料、劳动力丰富的乡镇分批建设项目的预处理厂。若干个前置的预处理厂，配套1个后续高值化产品加工的中心处理厂，由预处理厂为后续加工的中心处理厂提供半成品原料。这样既可充分发挥和调动各方面的积极性，又能整合各种资源，分散投资，化整为零，快速推广。

具体做法是，由格义公司在秸秆资源丰富的县（市）建设1个中心处理厂，格义公司同时与有秸秆的乡镇合作，建设若干个一级分离处理生产线；建设内容是简易原料堆场、原料预处理、一级分离工段；产品路线是分离半纤维素后的原料、有机液肥或沼气；年处理秸秆量为10 000～20 000吨；项目投资1 500万元；年产值20 000吨；年总产值2 500万元，其中原料销售1 000万元（760元/吨），有机液肥（15万吨/年）销售1 500万元（100元/吨）；利润800万元。

秸秆分布式综合利用推广模式如图5-6所示。

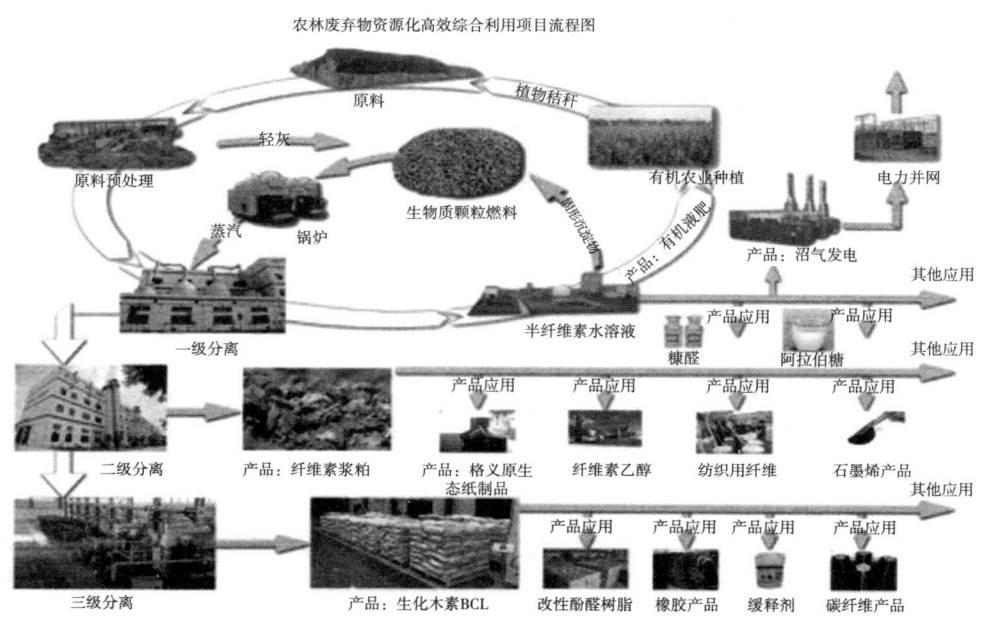

图5-6　农林废弃物资源化高效利用流程

七、六安亿牛乳业有限公司

六安亿牛乳业有限公司大力发展循环经济，建设现代农牧业。

（一）公司简介

六安亿牛乳业有限公司座落在安徽省六安市皖江承接产业转移集中示范园区，在2004年成立的六安亿牛养殖场基础上不断发展壮大而成，总资产达1.8亿元。企业现已从奶牛养殖、有机肥料的生产和销售、有机作物种植的一产经济转型为养殖技术服务、畜禽养殖废弃物和秸秆肥料化处理技术服务、各种专用肥料研发、示范生产与技术服务、有机水稻示范种植与技术服务的省级农业产业化龙头企业和国家高新技术企业。2012年4月23日，亿牛公司董事长陈锡萍作为全国唯一的农民代表荣获中华环境奖。

公司设立了六安市生物肥料工程技术研究中心和安徽省企业院士工作站，并组建了公司内部畜禽养殖、土壤肥料和农作物栽培方向的国内著名专家顾问团队。自主发明的多项专利技术已被国家专利局受理和授权，自主研发的多项科研成果通过省级科技成果鉴定，技术水平达国内外领先水平，分别获六安市科技进步一、二等奖，原农业部农牧渔丰收奖三等奖各一项；畜禽粪便废弃物生产超级稻专用肥及土壤生态调理剂技术被国家工信部列入资源与环境应用技术推广目录。

研发生产的超级稻专用肥帮助袁隆平院士突破亩产900kg超级杂交水稻6年攻关未果的大关，平均亩产达926.6kg；公司研发的超级稻专用肥被列为六安市亩产1 000kg超级稻攻关专用肥料；公司研发的砀山梨树专用肥被国家科技部列入星火计划项目。

公司依据安徽省人民政府在《水稻产业提升行动方案》中提出的在皖西大别山区种植有机水稻的产业规划，结合自身资源与技术优势，2013年在长寿之乡中国将军县——大别山金寨县建立有机水稻种植示范基地3 500亩。位于金寨县汤家汇镇竹畈村的基地和被评为我国传统村落的上畈村基地，境内崇山峻岭、茂林修竹、山泉清澈，原始生态的自然景观怡人，也是华东地区最后一片原始森林。这里海拔均在600m以上，季风明显、光照充分、雨量充沛、民风淳朴和世代农耕习俗，加之群山环抱天然形成的山涧水灌溉，是我国最适合种植有机作物的理想场所之一。

经过10多年的发展，公司由小到大、由弱到强，呈现三大跨越趋势，即由资源优势型到规模优势型跨越，由劳动密集型向科技复合型跨越，由单一型经济向循环型经济跨越。

（二）主要做法

1. 在治理养殖污染的同时，探索发展循环经济之路

近年来，随着农业产业结构的调整，畜禽养殖业迅速发展，并成为农业增效、农民增收的重要途径。与此同时，畜禽养殖业粪便污染对环境的影响日趋严重。亿牛公司每天产生的畜禽粪便约50吨，是金安区乃至六安市养殖企业产生粪便最多的一家，理应带头进行污染治理。为此，公司把治理养殖污染，发展循环经济提到重要议事日程，作为公司生存和发展的首要问题。

为了尽快解决畜禽粪便所造成的污染问题，并在治污中延伸产业链，实现社会效益和经济效益双赢的目标。公司董事长陈锡萍从报纸上看到省人大副主任季昆森在宣传并推动循环经济，于是她通过省人大在六安挂职的汪华主任介绍，到省人大向季昆森请教，季昆森遂介绍了用循环经济治理养牛场环境污染与加快发展结合起来的一系列思路。

按季昆森指引的方法，公司先后派人走访了内蒙古自治区、江苏、浙江、上海、湖北、山东及安徽省有关地市的大型规模化奶牛场，考察了解污染治理情况，并走访了南京大学、安徽农业大学等高校的有关专家，征求治污的最佳设计方案。2008年，通过调研走访和评价，公司建设了一条畜禽粪便无害化集中处理线、利用牛粪制成有机肥的生产线以及一套污水处理系统。

迄今为止，公司已完全实现了粪污减量化、排放无害化、资源利用化、土壤生态化。各项完备的粪污处理设施为公司清洁生产、节能减排、低碳养殖和提高资源产出率奠定坚实基础。公司利用牛粪及农家肥生产的有机肥、各种作物专用肥及超级杂交水稻专用肥，在各种作物种植中施用以及在袁隆平院士超级杂交水稻攻关中施用，效果显著。

2. 延伸公司循环产业链，种植有机水稻，保障食品安全。

为发展循环农业产业，延伸壮大公司循环产业链，依据2011年安徽省人民政府和2012年安徽省农业委员会分别颁发的年度《水稻提升行动方案》中提出的在皖南和大别山区种植有机水稻的指导精神，由于有机水稻也是金寨县政府招商引资八大特色农业产业之一，公司利用牛粪生产的有机肥料资源和六安亿牛院士工作站、国家杂交水稻工程技术研究中心、安徽农业大学及安徽省农业科学院挂职服务企业专家的技术优势，2013年在大别山腹地金寨县汤家汇镇建立了3 500亩

有机水稻种植基地。

2017年，公司在汤家汇镇建立了一个2 000亩的基地，通过有机水稻种植基地示范，将带动当地农民种植有机水稻4万亩，完全能消化公司利用牛粪生产的有机肥料。其生产的有机大米满足国内部分客户的需求，实行全国统一销售价格是42元/斤，产品供不应求。通过延伸循环经济产业链，使产业链上各个链节物料平衡消化，促进了循环经济健康有序发展。

（三）成效

公司处于延伸的循环产业链末端，种植的有机水稻所产出有机大米晶莹剔透、绵香爽口。产品经权威检测机构检测，未检出农残和重金属汞，其他重金属指标均在国际食品安全法典限制标准以下，属高级别食用安全大米。2014年和2015年连续二届蝉联中国有机食品展览会金奖。同时企业公司也进一步坚定了信心，将有机产业确定为企业发展的主方向。

公司先后被评为六安市农业产业化龙头企业、六安市及金安区巾帼创业示范基地、安徽省巾帼科技示范基地、安徽省第一批循环经济示范单位、安徽省农业标准化示范区承担单位、安徽省奶牛养殖标准化示范场、AAA级标准化良好行为企业、安徽省现代农业科技示范园、安徽省测土配方先进单位、安徽省千村引智示范基地、安徽省企业院士工作站、中华环境优秀单位、农业部奶牛养殖标准化示范场、全国巾帼现代农业科技示范基地、国家级农民专业合作社示范社、第八批国家级农业标准化示范区承担单位。

（四）经验

公司始终把科技作为第一生产力，致力于依托科技力量为循环经济插上腾飞翅膀。通过与国家杂交水稻工程技术研究中心、安徽农业大学、安徽省农科院、皖西学院等高校院所紧密合作，建立了长期科研教学研发与示范应用基地，设立了安徽省奶牛产业技术体系亿牛综合试验站、六安市生物肥料工程技术研究中心、六安奶业科技特派员创业链工作站、六安市科技专家大院奶牛分院等研发机构。通过区委组织部引进安徽省农科院水稻栽培和土壤肥料专家挂职服务企业，通过区科技局引进中国工程院袁隆平院士及科研团队入驻企业院士工作站，填补了六安市院士工作站的空白。

配合袁隆平院士亩产900kg超级杂交水稻攻关试验，研制的超级杂交水稻专用肥料，2011年在湖南省隆回县百亩示范连片田施用，经农业部组织专家现场测产验收，平均亩产达926.6kg。2012年袁隆平院士在安徽六安市设立高产水稻创建示范点，公司被指定为唯一供肥单位，当年经省农委组织专家测产验收，平均亩产达839kg，刷新了安徽省水稻单产纪录。

在测土配方施肥方面，公司被认定为六安市测土配方肥定点生产企业，被省农委授予测土配方先进生产企业。在生产过程中，自主发明的多项专利技术被国家知识产权局受理和授权，与安徽农业大学合作及企业自主研发的科研成果通过省级科技成果鉴定，技术水平达到国内外领先水平。这将为亿牛的循环经济产业链上关键技术研发与成果熟化应用搭建良好的平台，使公司养殖业、有机肥的生产和研发、有机水稻种植、超级杂交水稻专用肥与超级杂交水稻育种、栽培相配套的技术水平均处于同行先列。

八、宿松县春润食品有限公司

宿松县春润食品有限公司努力实现三产融合发展。

（一）公司简介

宿松县春润食品有限公司成立于2007年7月，注册资本2 000万元。公司主要从事畜禽水产养殖、屠宰加工、饲料加工、冷链物流及观光休闲等业务。企业年可屠宰加工生猪35万头、家禽1 200万羽，饲料10万吨，产品销往全国各大城市的冷链市场。拥有屠宰生产线2条、饲料生产线1条、万吨冷库1座，流转土地3 000亩，水面20 000亩。自建猪场2个，家禽养殖基地6个，年存栏生猪1 000头，年存栏家禽200万羽。企业注册商标3个，通过了无公害农产品产地和产品认证，是安徽农业产业化省级龙头企业、安徽省循环经济示范单位。

（二）主要做法

宿松县春润食品有限公司积极探索建立畜禽产品生产、加工、流通、消费全程生态化，以龙头企业、农民专业合作社、家庭农场、种养大户为平台，推进畜禽业绿色增效开展试点示范，建立以家禽养殖加工为的主导产业。以生产基地、加工基地为主体，创建生态型企业，推进种养加、贸工农一体化，实现地域范围内的复合式循环。

宿松县春润食品有限公司以农产品加工业为引领，推进农村三产融合发展。公司主要以屠宰加工基地带动养殖业，以养殖业带动种植业，以农产品加工业带动冷链服务业，有效形成三产的融合发展。

一产业：春润公司在全县6个乡镇20个村布局种养殖产业，自建规模种养基地15个，带动基地200多个，主要开展家禽、生猪、水产养殖和粮食、饲草种植。截止至目前，春润公司流转种植基地3 000亩，养殖水面20 000亩。基地着力构建粮饲兼顾、农牧渔结合、循环发展的新型种养结构，促进种养加一体化建设。目前已形成鱼鸭混养、稻鸭共生、猪—粪—沼—草—鱼等多种生态循环发展的新型种养结合的模式。

二产业：春润公司是宿松县唯一一家定点屠宰场，拥有半自动机械化屠宰3条，年可屠宰生猪35万头，家禽1 200万羽，加工肉制品5 000吨，以及拥有年加工10万吨畜禽饲料厂1个。春润公司始终坚持发展循环经济，走可持续发展道路，推进种养加、贸工农一体化，建立了畜产品生产、加工、流通、消费全程生态化，实现地域范围内的复合式循环。

三产业：春润公司建有1个万吨级冷冻冷藏库，拥有冷链配送6辆，每日配送冷鲜肉4.2万kg，覆盖宿松县22个乡镇。畜禽冻品冷链配送发往南京、合肥、武汉、南昌、哈尔滨等全国各城市。春润公司基地还开展休闲观光，主要经营船上农家乐、休闲垂钓、荷塘观光等业务。

（三）发展计划

1．稻鸭共养、鱼鸭混养和林下养殖等生态循环模式的农业示范基地建设

在高标准水稻种植区推广实施"稻鸭共生""鱼鸭混养"和林下养殖等生态循环模式，生态循环养殖的关键共性技术研究，设施建设、防疫体系、标准化生产技术操作规范制定。

2．家禽无害化处理和粪污资源化利用设施设备购置

病死家禽及粪便全部进行无害化处理，粪污变废为宝资源化利用，将粪污加工厂有机肥用于种养结合的生态示范基地，建设无害化处理和有机肥加工设施，购置无害化处理设备和有机肥加工设备等。

3．品牌及质量可追溯体系建设

联合体内的基地实施无公害认（续）证、示范区域开展养殖绿色认证，推广养殖严禁使用违禁药品，施中药预防疾病。开展禽、蛋、稻药残检验检测，提高农产品质量安全，加大联合体品牌宣传推介，积极组织联合体成员参加农交会（展）。联合体共用商标申请"中国驰名商标"。建立禽产品从养殖到加工再到销售全过程的追溯，完善农产品质量安全标准体系。购置检验检测设备仪器、试

剂药品等。

4．电子商务平台及物联网建设

利用阿里巴巴、京东商城、天猫（中国安徽馆）、1号店等电商平台开设网店，试点建立联合体电商馆。开展农业物联网畜禽养殖系统、禽蛋产品生产在线监测能力系统和生鲜农产品质量安全物流体系建设。

5．标准化生产体系建设

升级改造清洁化、节能化、机械化加工设备，购置养殖设备、清粪设备、温控设备、选蛋设备，创建一批标准化生产的生态牧场、生态企业。组建社会化服务队伍。

（四）存在问题

在三产融合产业发展过程中，涉及的产业链长，带动面广，投资规模大，示范效应好。农业产业化龙头企业在发展过程中主要遇到两个问题。一是融资难，产业发展很大部分在农村投入的基础设施不能申请银行贷款抵押，造成企业资金困难。二是才难求，大中专人才宁愿留在城市待业，不愿意到农村就业，造成县域农业企业引进人才困难。

为此，希望政府对农业农村投资的基础设施给予实质性的政策扶持，如根据农业生产基础投资规模给予"先建后补"资金和政策性贷款等方面政策的支持。政府加大人才下乡创业就业，加大相关鼓励和扶持政策。

第六章 构建农业复合式生态产业体系——多维生态农业"3+1"体系之二

构建农业复合式生态产业体系用数学公式表示：多物种混合种养模式+多物种多链循环+多物种收入+中医农业+多级物资能量流+多级循环增值+美丽乡村田园综合体+三产融合农业园+多维消费增值平台+政策体制机制配套=农业复合式生态产业体系。

本章通过重点介绍：通过多物种多链循环混合种养模式形成茶园全链示范模式案例，然后举一反三，通过创新多种像茶园一样的新型农业模式组装形成天人合一的田园综合体，多个田园综合体通过农业技术集成创新、产业联盟、设备组装、标准化制定、互联网+形成一个个与田园综合体配套的农业园，多个农业园形成的康养特色小镇构建县域经济大循环农业体系，创建市场供求平衡、宏观区域规划下的不同地区新型农业模式微循环体系、田园综合体小循环体系、农业园中循环体系、县域经济大循环农业先进生产力改革实验区，将引发农业全生物链、全产业链、价值链、信息链、生态链、制度体制机制等全面深化改革，构建多物种经济效益+多物种生态效益+多物种社会效益三者综合效益更大化的农业复合式生态产业体系，即一种模式微循环——田园综合体小循环——农业园中循环——郡县制大循环——国家宏观需求平衡下的复合生态产业体系。通过构建复合式生态产业体系实现：①人工生产生态系统的生物链、食物链、生态链的传导途径形成良性循环的复合；②创新多物种多链循环让农民亩收入提高3~10倍，形成产供消全链绿色闭环的复合；③形成体制机制与新型模式的复合和宏观供需市场平衡的复合；④人工智能+生物技术的复合；⑤生态优先，经济效益、生态效益、社会效益三者共赢的复合；⑥农业复合型人才培训、乔灌草装备制造业、农业人工智能装备制造业、新兴农林战略产业、立体粮仓走出国门新业态、新动能的复合等等。

第一节 茶园立体栽培的单个品种和产品功能

我们历时13年完成了新型茶园模式全链的探索实践，公司从研究多种新型农业模式开始，按照新型模式引进400多个外来植物新品种，不包括本地3 000多种物种。建立了699亩种质资源圃，繁育2 000万株苗木，改造多维茶园10 021亩，共拥有苗圃、原料、加工基地共13 000亩，建设与茶园多种植物花叶果实相配套的加工厂12 000m^2，形成多项"茶产业"雏形，下一步是美丽乡村多种新型农业模式的三产融合和多功能大循环农业新产品的开发，创建巨农网互联互通共享平台——共享基地、共享市场、共享股权，亟待跨出的第一步就是新型农民人才培训与应用推广，通过培养新型农民实现三产融合。

茶园立体栽培技术的国家发明专利申请号为ZL200810244516.5。本节介绍7种茶园立体栽培技术。

为了把传统单一的种植业、养殖业、微生物产业的生产、加工、经营转向构建整个茶园生物圈良性循环系统的经营，通过新型模式生产出更多的、有利于人类文明的健康产业产品。

我们率先从单一茶园改造来实现山区系统问题的突破。按照茶树的生长特性和规律，在茶园套种间种木瓜、桂花、木槿、明日叶或救心草等经济植物，构成林上、林中、林下、林边复合式多维生态茶园，创造了适合茶树生长的小气候和小环境。这样，茶园生态好了，山区环境变美了，农民收入增加了，产品有机了，并且这些植物的花叶果实都是针对人类疾病的健康产业产品，通过优化生物组合，把单一的茶产业变成了多种花叶果实的复合式农林产业。如图6-1、图6-2、图6-3所示。

视频短片观看请登录：http://www.ahtv.cn/c/2014/0829/00339540.html

图6-1 多维生态茶园实景

第六章 构建农业复合式生态产业体系——多维生态农业"3+1"体系之二

我们率先在茶园改造中实现山区系统问题突破。按照茶树的生长特性和规律，在茶园中间种、套种木瓜、桂花、木槿、明日叶或救心草等经济植物，构成林上、林中、林下、林边复合式多维生态茶园，创造了适合茶树生长的小气候、小环境。这样，茶园生态好了，山区环境变美了，农民增收了，产品有机了，并且这些植物的花叶果实都是人类健康产业产品！

图6-2　多维生态茶园改造

图6-3　多维生态茶园之春夏秋冬

一、立体茶园与木瓜

(一)国家发明专利号

国家发明专利申请号为201410158410.9。

利用山区草原三分之一面积发展木本、草本粮棉油,替代6 340万吨转基因大豆作饲料需要山地12亿亩,替代671万吨转基因棉需要4亿亩山地,替代1 000万吨转基因食用油需要4亿亩山地,还有生物质能源……

(二)木瓜药用价值

木瓜自古就以"百益之果"著称。木瓜的营养价值和药用价值在《诗经》《本草纲目》《齐名要术》《王祯农书》《食疗本草》《名医术》《千金方》等古医术中都有精辟的论述和记载。明代李时珍《本草纲目》中记载:"木瓜性温味酸、平肝和胃、舒筋络,治腰酸背痛、降血压";《王祯农书》记载:"此物入肝,益筋与血,入药有绝功,以蜜渍,食甚益人"。现代医学证明,木瓜是一种营养丰富、有益而无一害的果中珍品,被卫生部首批公布为"药食兼用食品"。医学实验证明,木瓜含有齐墩果酸,有消炎抑菌、降转氨酶作用,对CO_4引起的大鼠急性损伤有明显的保护作用,具有促进肝细胞再生、防止肝硬化、强心、利尿、升白、降血脂、降血糖、增强有机体免疫、抑制变态等功能;具有舒筋活络、抗菌消炎、健脾开胃、舒肝止痛、软化血管、抗衰养颜、祛风除湿消肿等作用,能有效阻止人体致癌物质亚硝酸胺的合成。木瓜性温味酸,功能平肝和胃,祛湿舒筋,主治吐泻转筋、湿痹、水肿、脚气、痢。多维生态茶园林上优质木瓜品种如图6-4所示。

图6-4 多维生态茶园之林上优质木瓜品种

二、立体茶园与明日叶

（一）国家发明专利号

国家发明专利申请号为ZL200910144996.2。

（二）明日叶的药用价值

相传明日叶是秦始皇所求的长生不老草。明日叶属芹科植物，因头天采下叶子，次日就发出新芽，生命力旺盛而得名。日本大阪药科大学认为，芹科类是很好的生药植物，如同当归、独活、川芎、茴香、防风、三岛柴胡等都是有名的药作植物一样。通过对明日叶的成分签定分析，明日叶是一种营养价值极高的野生蔬菜，含有丰富的维他命群，如维生素A、维生素B_1、维生素B_2、维生素B_6、维生素B_{12}、维生素C、维生素E等；含有丰富的矿物质群，如Ca、Fe、Zn、Me、Na等，还含有食物纤维、16种氨基酸等有益人体健康的元素成份。

灵芝、人参、芦荟等名贵药草中含有锗，明日叶中锗的含量更高，古时候就被视为"药用人参"，也是传说中古代秦始皇所求的"长生不老草"。明日叶最珍贵、最奥妙的是切开后会流出"黄色汁"，这种新成分名为"CHALCONE"（音译为查尔酮）的液体是其他植物中少见的一种物质，具有抗血栓、治胃溃疡、防癌、抗艾滋作用。

明日叶内含的丰富成分及其功能被人们认为是"神奇植物"。我们把明日叶茶与绿碎茶的工艺结合起来就可以生产明日叶颗粒蔬菜。

明日叶种植在茶树两侧，象绿色草坪一样覆盖了裸露的黄土，保护着生态和水土；其顽强的生命力能在不使用除草剂的情况下抑制杂草生长；明日叶特殊的香味可以驱虫、为茶叶增香；明日叶是多年生植物，不用年年耕地播种，是自然界中难得的不易生虫植物，不用打农药，明日叶富含人体多种营养成分，被誉为"蔬菜之王"，利用茶园可以生产很多有益于人类健康的产品。多维生态茶园林下经济明日叶如图6-5所示。

图6-5 多维生态茶园之林下经济明日叶

三、立体茶园与救心草

（一）国家发明专利号

国家发明专利申请号为ZL200910144995.8。

（二）救心草的药用价值

救心草在植物中的学名是费菜。中国四大权威药书中曾有记载，救心草可以降血压、降血糖、降血脂。国家医药管理局编写的《中华本草》[①]《现代中药临床手册》[②]《中草药大辞典》[③]等权威资料以及药草名家李时珍的《本草纲目》中都有救心草的记载。救心草的主要成分是生物碱，能抗癌败毒，含有谷脂醇，能阻止人体对胆谷醇的吸收，能够降血脂，防血管硬化，含有黄酮类，可扩张软化血管、促进血液循环。救心草茶就是针对人类的这些疾病研制而成的。多维生态茶园林下经济救心草如图5-6所示。

具体做法是对采摘的救心草鲜叶反复试制、检测内含成份，确定救心草茶独特的加工工艺，产品由中国药品生物制品检定所和中国农业科学院杭州茶叶研究所（中检药函〔2009〕1233号）多次检测，结果如下。

（1）救心草茶总黄酮量高达9 800mg/kg，该成分有利于老年人的血管扩张软化。

（2）救心草茶总没食子酸含量12 000mg/kg以上，能够降血压、降血脂、降血糖。

（3）人体的维生素c库含量要保持在1 500~2 000mg。救心草茶维生素c的含量2 485mg/kg，能够提高人体免疫力。

（4）救心草茶植物蛋白质含量占22.9%，有利于人体排毒。

（5）救心草又名养心草、土三七、活血丹，能促进血管末端坏死的血栓排出和体内血液循环。

救心草与茶树立体种植效果如图6-6、图6-7所示。

---

① 见该书第721~724页。
② 见该书第223~224页。
③ 见该书第2 381~2 382页。

第六章 构建农业复合式生态产业体系——多维生态农业"3+1"体系之二

图6-6 多维生态茶园之林下经济救心草

图6-7 救心草与茶树立体种植效果

四、立体茶园与木槿

木槿花如图6-8所示。据药草名家李时珍在《本草纲目》中记载:"木槿具有除湿热、化风痰、消疮肿、治反胃吐食、痢疾、肠风泻血等作用。"在民间素有"多食木槿花等于内服美容剂"之说,人们常用其治疗青春痘、粉刺、雀斑和痱子等。

木槿花期百余天,天天引虫吃虫,农民在百余天内能够天天有鲜花蔬菜的收入。欧美日流行吃花,举办鲜花宴会。中国人食花已有上千年的历史,早在《诗经》中就有记载,民间有食用木槿花的习惯,如著名的"木槿花豆腐汤""木槿花面花"等。木槿花的花瓣薄,还可以冻干脱水加工后出口或晒干贮存食用。

木槿花叶、果实、茎根皮皆可入药,入百药治百病。木槿叶汁有洗涤功能,可使头发油光发亮。木槿花非常美丽,是一种常见的绿化植物,能够吸收有害气体,净化空气,还具有较强的滞尘功能。

图6-8 茶园引虫吃虫植物——木槿花

五、立体茶园与桂花

桂花很早被誉为"百花之尊,百香之源",也有"世上无花敢斗香""自是花中第一流"的美称,还有优美的传说和故事——"吴刚捧出桂花酒"。

桂花是中华民族传统而优秀的树种,富含锌离子,是一种可以替代香精的天然香料,也可以作为多种天然香料的配料,更是人体新陈代谢必不可少的微量元素。多维生态茶园优质桂花品种如图5-9所示。

在茶园种植桂花树能够帮助茶树起到适度遮阴、蓄水保水、挡风御寒、增香等功能和效果。多维茶园桂花收获期的可喜景观如图6-9、图6-10所示。

图6-9　多维生态茶园之优质桂花品种　　　图6-10　多维生态茶园之桂花收获期

桂花养生酒是由集团全资子公司黄山市金状元酿造有限公司开发生产,产品注册商标为"山越家坊",每年选用秋季盛开的金桂做为原料,配以优质米酒陈酿而成。该酒色彩淡雅,新酒呈淡黄色,陈酒呈琥珀色;该酒芬芳馥郁、甜酸适口,香甜醇厚,有开胃醒神、健脾补虚的功效,令人浅尝就回味不绝。此外,我国中医学中有花疗的理论实践,桂花酒就是典型的实例。

六、立体茶园与祁红、屯绿茶

生态茶园就是通过改造茶园、改造品质,创造适合茶树生长的独特小环境、小气候,形成多项"茶产业",再现历史上祁红、屯绿世界万国博览会金奖、银奖的高贵品质和风格,生产出更多的百姓喝得起的名优茶叶。多维茶园文化使茶文化走得更远更长,无愧于我国是"茶的祖国""茶的故乡"的荣誉称号。生态茶园农民采茶的忙碌情景如图6-11所示。

图6-11　多维生态茶园之农民采茶实景

七、茶园产品的深加工——木瓜蛋白酶酶活保护及提纯方案

（一）木瓜蛋白酶的性质特征

木瓜蛋白酶的最适温度为50~55℃。较短的作用时间必须有较高的最适温度，较长的作用时间必须有较低的最适作用温度。木瓜蛋白酶的有效作用温度范围是20~80℃。这个温度范围既适合木瓜乳汁生产粗酶的温度，也适合木瓜蛋白酶在一定条件下的活性反应作用。超过80℃时，木瓜蛋白酶活性会下降，当温度升到90℃时木瓜蛋白酶会钝化。

木瓜蛋白酶可进行催化反应的pH值作用范围是3.5~9，最适pH值是5~7。

木瓜蛋白酶需要在阴凉干燥的环境下避光保存。贮藏过久或贮藏条件不利，会使酶活不同程度地降低；如温度湿度过高，则需要在使用时适当的增加使用量。

木瓜蛋白酶是一种生物活性物质，易受重金属离子（Fe^{3+}、Cu^{2+}、Hg^+、Pb^+等）和氧化剂的抑制及破坏作用，在贮存或使用过程中应避免与之接触。

因此，木瓜蛋白酶酶活保护主要从消除重金属和氧化剂的影响着手。对于重金属离子，主要采用添加金属螯合剂乙二胺四乙酸来消除。乙二胺四乙酸在食品行业中被广泛使用，我国《食品添加剂使用卫生标准》（GB 2920—1996）规定，可用于酱菜、罐头，最大用量为0.25g/kg；对于氧化剂的消除，可以添加L-半胱氨酸盐酸实现。用于天然果汁，可防止维生素C的氧化和褐变，用量为0.2~0.8g/kg。

L-半胱氨酸盐酸的主要用途主要有4方面：①治疗放射性药物中毒、重金属中毒、中毒性肝炎、血清病等，并能预防肝坏死症。②用于化妆品的烫发精，防晒霜，生发香水。③作为食品添加剂，促进发酵，防止氧化。④用于天然果汁，防止维生素C氧化及色变。

（二）木瓜蛋白酶的提纯

由于食品行业对于木瓜蛋白酶的纯度要求不高，采用的纯化方法如下。

步骤1：新鲜木瓜汁（搅拌、过滤）。

步骤2：加入等量的0.2mmol/L EDTA、1mmol/L NaCl、1.5mmol/L Cys-HCl（活性保护剂）混匀。

步骤3：加入单宁溶液至终浓度为0.1%，静置。

步骤4：用盐酸调节pH值至3.5。

步骤5：3 500rpm离心20min。

步骤6：冷冻干燥，得到粗酶。

（三）皱皮木瓜优良品种选育项目

1．项目概述

（1）基本情况。黄山市多维公司是黄山市多维公司。2006年公司从山东沂州木瓜研究所引进了3个蔷薇科皱皮木瓜品种，并在我县的渭桥乡、商山镇、板桥乡以及池州市等地进行了区域化引种栽培，经过5年的观察研究，现完整保存2个品种，再经过4年的复选、决选，于2014年10月最终选出一个丰产性能稳定、单株产量高、出汁率高、易于前处理的优良品种。

（2）选育单位。该项目由黄山市多维公司选育。

（3）选育人员。该项目由黄山市多维公司董事长陈光辉负责。

（4）选育起始时间。该项目起始时间为2006—2014年。

2．选育地概况

选育地休宁县处于中亚热带北部，属季风热带湿润地区范围，热量丰富，雨量充足，四季分明，森林覆盖率达80%。年平均气温17.1℃，年极端最高气温41.3℃，无霜期256d；年降雨量1 569mm；年积温5 915.6℃，≥10℃的年积温5 113.3℃，有效积温2 759.3℃，河川径流量22.42亿m^3；全年日照时数1 755.6小时。光、热、水等都能满足农业生产和多种经济作物生长的需要。全县土地总面积2 151km^2。其中，耕地面积15 713公顷，林地面积167 732公顷，牧草地面积

14.3公顷，茶园面积10 763公顷。

3．选育意义

皱皮木瓜是我国特有珍稀水果之一，原产我国西南地区，现在南北各地多有栽培。皱皮木瓜以"百益之果"著称，属第三代果品，即营养保健型果品，是卫生部首批公布的药食兼用食品。现代医学证明，木瓜富含17种以上氨基酸及多种营养元素，能抗菌消炎、软化血管、驱风止痛消肿、抗衰养颜，还能阻止人体致癌物质亚硝氨的合成，具有防癌、抗癌功效。

木瓜在我国很多地方生长，如山东临沂木瓜、湖北当阳木瓜、浙江淳安木瓜。木瓜在我省也有分布，如宣木瓜，我县也有野生木瓜，但大多是乔木小果型木瓜（木桃），采摘难，果实肉少、产量低，亩效益不高，大部分仅作药用，加工附加价值不大。因此，引进山东临沂管兆国木瓜优良品种，选育适合我县乃至皖南及周边省市的品种，用于立体生态茶园改造，不仅改善了茶园的生态环境，减少茶园的病虫害危害，提高茶叶的品质和产量。同时，木瓜本身有着很高的价值，它可以加工木瓜汁、木瓜酒，可以提取齐墩果酸、SOD等，大量的木瓜渣可以发展养殖业。通过合理的开发，会大大增加山区茶园亩效益，提高农民收入，促进茶园生物圈良性循环系统的建立很有意义。

4．研究内容

（1）品种选择。品种的引进选育是基于休宁县茶园立体改造和产品深加工而进行的。选择的条件是炎热的夏季能给茶树适度遮阴，冬季落叶能给茶树有充足的阳光，树高2m左右的落叶小乔木，且果实香味好、产量高、能加工增值，为此选择了管兆国木瓜（皱皮木瓜的一种）。

（2）品种引进。管兆国木瓜品种有12个，通过分析筛选，选择了3个品种，分别是1号、9号和11号，并引进种植选育。

（3）生物学形状观察。对选定的品种单株进行系统观察，记录各品种的生物学特性，主要是树势树形、花期、果实发育时间、果实成熟期、果实大小、落叶时间，以及主要病虫害发生的时间等。

（4）经济性状分析。采集优良单株果实，进行考果，测定单果重、出汁率以及果实机械剥皮的速率；用果汁送权威机构进行营养成分分析测定，主要指标有总黄酮、维生素、齐墩果酸、蛋白质、总糖、脂肪、微量元素等。

（5）良种选择。根据树势树形、花期、结果量、单果重、出汁率等，开展优良品种选择，通过初选、决选，最终选择性状优异的9号作为良种进行申报。

5．品种的特征特性

落叶小乔木，高可控制2m左右，枝条直立开展，有刺；小枝圆柱形，微屈曲，无毛，紫褐色或黑褐色，有疏生浅褐色皮孔；冬芽三角卵形，先端急尖，近于无毛或在鳞片边缘具短柔毛，紫褐色。叶片卵形至椭圆形，稀长椭圆形，长3~9cm，宽1.5~5cm，边缘具有尖锐锯齿，齿尖开展，无毛或在萌蘖上沿下面叶脉有短柔毛；叶柄长约1cm；花先叶开放，3~5朵簇生于二年生老枝上；花梗短粗，长约3mm或近于无柄；花直径3~5cm；萼片直立，半圆形稀卵形，长3~4mm，宽4~5mm。花瓣近圆形，基部延伸成短爪，淡红色；雄蕊45~50，长约花瓣之半；花柱5，基部合生，无毛，柱头头状，有不显明分裂，约与雄蕊等长。10月开始落叶。果实近圆柱形，直径10~15cm，黄绿色，有稀疏不显明斑点，味芳香；萼片脱落，果梗短或近于无梗。花期1—3月，果期4—9月，平均单果重800g以上，最大果重达2000g以上，平均单株结果量25~30kg以上。

表6-1 木瓜1、9、11号果实产量及性状分析表

品种	树高（m）	冠幅（m）	果实性状（cm）		单果重（kg）	株产量（kg）	出汁率（%）	剥皮速率（kg/hr）
			纵径	横径				
1号	1.5	1.5	8.5	9	220	15~20	53	1 900
9号	1.6	1.6	12	20	810	25~30	60	2 000
11号	1.6	1.6	9	15	630	20~25	55	1 800

表6-2 木瓜9号内含物主要成分分析

品种	总黄酮（mg/kg）	蛋白质	Vc（mg/100g）	齐墩果酸（g/100g）	钙（mg/100g）	脂肪（mg/100g）	总糖（mg/100g）
9号	288	0.45	39.6	5.58	352	0.75	16.8

6．栽培技术要点

（1）树苗的选择。考虑在坡地的茶园中种植，因此选择树苗应当是树龄3年以上、树高1.2m以上、带土球的嫁接苗成活率高。

（2）苗木的定植。在皖南地区以11份定植为好。由于是在茶园中间作，为茶树适度遮阴，又不影响茶叶生长，定植的行间距3m×4m即50~60株/亩为宜。定植时挖坑30~50cm，每坑施土杂肥2.5kg，50g复合肥，与土拌匀，放入树苗（带土球树苗成活率高）盖上2/3土，轻提下，再覆土盖实，而后一定要浇透定

根水，再覆平土整边。

（3）科学施肥。木瓜幼树施肥4月、6月各追2次，晚秋施土杂肥等基肥，每棵约10kg。结果树施花前肥每棵50g复合肥，50g尿素，花后肥施同样量。针对南方提高坐果率的问题上应在花开后适当喷些硼肥或者"春雨1号"之类的保花保果方面的药剂。在果实长到50～100g时及时施果实膨胀，每棵追250g复合肥，100g尿素，最宜下雨之前施肥，木瓜根部30cm左右挖坑施肥并覆土掩盖。果实采摘后每棵木瓜树施猪粪、土杂肥等7.5～10kg作为基肥。

（4）整形修剪。皱皮木瓜小乔木，经过2年营养生长后即转入生殖生长，只要适时修剪，建立起骨干枝架，保证树体通风透光，就可达到提早丰产、高产稳产的目的。在茶园中间作的木瓜应采用多干式整形修剪。

（5）病虫防治。木瓜主要病虫害有蚜虫、叶螨（红蜘蛛）、食心虫、叶斑病、轮纹病、梨锈病，要采用农业的、物理的、生物农药及时防治。

（6）适时采收。木瓜在8月底9月以后陆续成熟，果实逐渐变黄，开始散发香气，这时是采收最佳时期，采收时先采树冠外围的果实，避免碰落果实，尽力减少损失。

第二节 多维生态茶园技术原理和产品标准

一、多维生态茶园技术原理

人类在从事农业生产和经营管理活动过程中，无法做到在365天的每时每刻都呵护作物的生长，既不能象青蛙那样日夜捕虫吃虫，也不能象森林那样随时抵御狂风暴雨等各种自然灾害的侵害。我们向自然学习，建立在森林花草树木和鸟兽昆虫形成的初级原生态组合基础上，通过研究"林草装备制造业"来破解林草问题。这就需要我们在乔灌草立体栽培时更加注重林草的优化配置和科学组合，同时也形成了依赖林草而生存的多种生物组合和生物所需要的环境组合，以生态化方式、洁净农业种植技术创造一种功能更加强大的生物组合体——复合式循环农业种植模式。

人类充分运用自然界植物、动物、微生物和环境之间的生态良性循环规律和生物多样性在多层次之间相生相克、相得益彰的特点。利用生物多样性，通过乔灌草的合理搭配、优化林草组合,落叶植物与常绿植物相结合,高秆植物与低秆植物相结合,生态类林草与经济类林草相结合,深根系与浅根系相结合,地表面与地面上部及下部相互联动,水、肥、光、热、土、气与生物之间形成相互依存的合理空间布局,构成多物种、多样性、多层次、多种途径良性循环的立体生态网络。

二、多维生态茶园的组合功能和产品标准

(一)多维生态茶园的组合功能

黄山市多维生物集团公司率先在茶园改造中实现山区系统问题的突破,按照茶树的生长特性和规律在茶园中增加物种,通过乔灌草合理配置,实现让茶农增收,让产品安全,让生态变好,让环境更美。

在茶树行间种植管兆国木瓜,在茶树两侧的空地上种植明日叶,在明日叶的2m距离之间种植一株除虫菊,在茶园外围种植高秆桂花树,在桂花树旁边和茶园中种植木槿,在每棵木瓜和桂花树下各种植$1m^3$的三叶草。这些组合植物品种具备以下7个功能。

(1)这些组合植物品种选择的都是多年生植物,山高路远,不用年年耕地与播种,这些植物非常适应土壤贫瘠、缺水少肥的山区,通过适地适林适草解决山体结构复杂性问题。

(2)组合中的每种植物都有经济价值,多种植物的花叶果实大幅增加农民收入,通过绿色循环延伸产业链,解决农民增收难和生产成本高的问题;通过鲜产品深加工使附加值又提高3~5倍。

在模式一中,在茶园种植木瓜发展木本粮。按照1万亩立体茶园每年产鲜木瓜1.5万吨计算,生态化提取木瓜蛋白酶、果酸物质以及加工1.5亿瓶木瓜饮料后的木瓜渣有3 000吨,木瓜渣可以免费给农民喂猪,农民将猪粪免费提供公司作为有机肥回园。猪粪还可以通过发酵转化成沼气作能源,猪粪秸秆等废弃物可以养殖蚯蚓喂鱼养鸭和用于食用菌生产,蚯蚓粪、沼渣回田回园,这些废弃物通过循环利用,大大降低种植业、养殖业成本。这不仅是三产融合的循环,而且是种植业、养殖业、微生物产业之间的良性循环。

在模式二中,用高秆油茶代替木瓜,利用茶园发展木本油。按照茶树需要适度遮阴30%~40%的特点,在茶园中种植高秆油茶和草本植物,通过共生互助,两茶结合互补发展,既扩大农民收入,又保护了生态,还能提高茶叶香气品质。

国家如果能够在全国1 000多个产茶县推广立体茶园改造，利用茶园发展年年再生的油茶食用油，将节约大量的大豆、玉米种子和耕地、化肥。

（3）根据茶树喜阴、有很强的吸附性的特点，种植这些植物能够给茶树适度遮荫30%～40%，使茶叶中的茶多酚、氨基酸等内含物增多，这些植物的花香、草香、果香被茶叶吸附，提高了茶叶的香气和品质。

（4）这些植物组合还能够杀虫、驱虫、引天敌吃虫、结合中草药防治，不使用农药，通过植物抑制杂草生长，不使用除草剂，通过生物防治解决农药农残问题。

在茶园中，茶树的病虫害有100余种，如果选择植物不当，病虫害往往还会交叉发生。但生物的特性和规律告诉我们：大多数茶树虫害的天敌与蜂类蚁类有关，如茶尺蠖的天敌有蚂蚁、绒茧蜂、瘦姬蜂，茶蛾的天敌有茧蜂、蚁形蜂，茶毛虫的天敌有绒茧蜂，长白蚧的天敌有姬小蜂……蜂类有色盲的特性，对白花分辨能力强，在茶园中种植白花木槿，能吸引大量蜂类，木槿花期为6—10月，这正是在茶树病虫害的高峰期木槿天天开花吸引蜂类、蚁类等茶树害虫的天敌，木槿还能吸收Cl_2、SO_2等有害气体，有很强的滞尘作用，我国民间至今还保存着木槿花作绿篱的习惯。管兆国木瓜是一种优质高产的木本粮食植物，木瓜春天的花香、夏秋的果香被春茶、夏茶、秋茶吸附，提高了茶叶的香气，还为茶树提供适度遮阴，木瓜上面寄生的螨虫、蟓虫又是茶橙瘿螨的天敌。

茶树两侧种植的明日叶适应缺水少肥的山区，象绿色草坪一样覆盖裸露的黄土，也是传说中所求的"长生不老草"，富含人体多种营养成分，《一种明日叶茶及其生产工艺》公司专利申请号200910144996.2。明日叶的香味可以驱虫，香气被茶叶吸收，自身不易生虫、不需施农药，有着顽强的生命力，在茶园中还能抑制杂草生长。茶园四周种植阔叶树种高杆桂花，具有遮阴、保水、储水、提供香气的作用。

茶树两侧种植的除虫菊是世界上少数不多的、能够集约化生产的杀虫植物，而且不含农残，用途广泛。再结合多种植物中医防治能有效控治茶树周期性爆发的其它病虫害，大树底下豆科类三叶草有生物固氮功能，这些林草优化组合使农产品更加有机安全。

（5）通过提前3～5年培育大苗上山，农民提前3～5年增收，草本植物当年见效，乔灌草中长短效益相结合，解决农业周期长问题；通过大量乔灌草配套苗木的集约化立体栽培形成多项特色产业，解决农村分而散、小而不大的问题。

（6）这些植物可以为茶树挡风御寒，在雨季能储水保水，通过各层枝叶阻挡，减少径流发生，旱季通过阴凉的林草冷热空气交换，形成水汽水雾水珠，创造独特的宜茶环境，降低自然灾害。

（7）乔灌草立体种植，三维空间得到充分循环利用，提高资源利用率、产出率。通过多项农产品加工，茶厂实现多元化经营，农民多渠道增收，利于茶产业健康发展，创建优质、高产、高效、安全有机的生态茶园，完成全生物链、全产业链的循环。

（二）多维生态茶园种植、加工、管理等标准简介

通过茶园改造，原来单一的茶园变成了木瓜系列、桂花系列、明日叶系列、救心草系列、木槿花系列、除虫菊系等多项"茶产业"。2016年1月，公司6 000吨木瓜果醋和金花葵养生米酒生产线通过国家SC审核；2016年3月，木瓜高利用率提取加工技术获得国家发明专利，成为安徽省唯一的木瓜醋饮料生产线，2016年4月，又通过ISO 22000认证、AAA认证；2015年山越家坊米酒获国家地理保护标志。公司年产2 000吨桂花米酒和4 000吨木瓜醋饮料生产线现有高效去皮机、连续榨汁机、储存罐、木瓜醋米酒罐装机组、蒸汽式巴氏杀菌机、臭氧水冲瓶洗瓶一体机、燃气环保锅炉等80余台（套）制备设备。茶厂现有鲜叶分级机、热风杀青机、烘干机、风选机等50余台（套）茶叶和代用茶制造设备。

在公司承担创建国家生态农业综合标准化示范区过程中，围绕生态茶园，收集、制定或修订了81个标准，涵盖从苗木选育、茶园建设、茶园管理到茶园多项产出品深加工、日常经营管理等方面，其中采标了36个国家标准，2个地方标准，制定了43个企业标准，具体包含《生态立体茶园栽培技术规程》《生态立体茶园中木瓜栽培技术规程》等生态立体茶园栽培技术标准、《绿茶生产工艺流程》《木瓜生产工艺流程》等加工操作标准、《公司员工手册》等企业管理标准、《管理人员通用工作标准》等工作标准。在实施过程中，不断健全各生产环节技术和管理工作标准，逐步形成标准综合体。期间，公司还通过了ISO 9001质量管理体系、ISO 22000食品安全管理体系、AAA级信用管理体系认证，结合实施认证体系文件，建立起从农产品种植、加工、包装、运输、贮存及市场营销等各个环节的质量安全档案记录，逐步形成产销一体化的产品质量安全追溯信息网络。如图6-12所示。

第六章　构建农业复合式生态产业体系——多维生态农业"3+1"体系之二

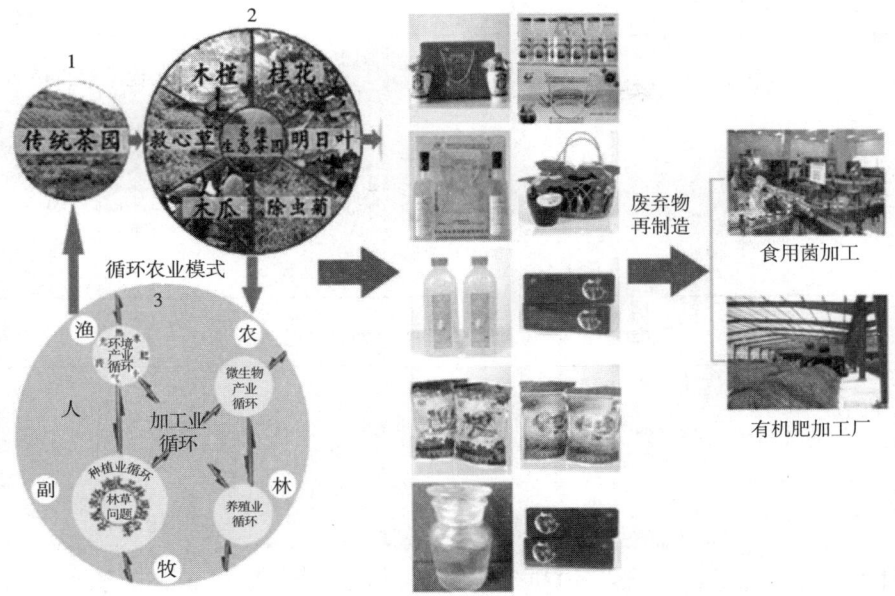

图6-12　多维生态茶园之系列产品

第三节　多维生态立体茶园的作用

一、增加农民收入

多种花叶果实促进农民增收,产品通过深加工附加值可以提高3~5倍。具体计算见表6-3和表6-4。

表6-3　多维生态茶园农民亩收入测算表

品种	数量 株/亩	产量 （每棵）	总量 kg/亩	收购价 元/kg	产值元	实地观察收获期
木槿花	180	15g×100d	270	8.0	2 160	6—9月天天有花
高杆桂花	25	3年后丰产期	75	12.0	900	花期6d
管兆国木瓜	50	60斤	1 500	3.0	4 500	8月下旬至9月上旬
明日叶	1 000		150	6	900	四季采摘
除虫菊	500	免费生物农药				配制多种生物制剂

（续表）

品种	数量 株/亩	产量 （每棵）	总量 kg/亩	收购价 元/kg	产值元	实地观察收获期
三叶草	75m²	免费氮肥				大苗树下
茶叶	名优茶		12.5	200	2 500	春夏秋茶
	绿碎茶		100	10	1 000	
合计					11 960	

表6-4 多维生态茶园生态效益测算表

参考指标	茶园收入/亩	水土流失	农药量	浇水量	肥料	产品质量	劳动力成本（工时）	碳氧转化	土地利用率
茶园改造前（2007年休宁县统计数字）	单项茶叶收入1 580元/亩	茶园表土减少3mm/年，林草覆盖率65%	农药2斤/亩除草剂4斤/亩	1吨/亩	尿素、复合肥15斤/亩	茗优茶香气较高，茶多酚25.4%—一些茶区含农残	33个工（主要是采茶、除草）	吸收$CO_2$23吨/亩放出$O_2$17.3吨/亩	0.65亩/亩
茶园改造后（2010年公司实验园数字）	多项花叶果实收入11 960元/亩	茶园腐殖质聚集向上2mm/年林草覆盖率100%~130%	农药、除草剂0元/亩（生物防治）	0吨/亩（调节小气候）	0元/亩（沼渣、菜饼等废弃物做有机肥）	茶叶呈复合香型，内质好，茶多酚27.35%，不含农残	67个工（数量、品种增加，扩大就业所致）	吸收$CO_2$36.5吨/亩放出$O_2$26.6吨/亩	3亩/亩（立体种植）

二、生产出绿色健康饮料替代碳酸饮料

黄山市多维生物集团与茶园多种花叶果实相配套的规模化、智能化、自动化生产线已经建成，通过生态茶园等多种新型模式种出有机产品，又通过创新加酿法生产第四代绿色健康饮料产品——全发酵、原汁、原浆、原味饮料和各种养生酒，以此替代当前市场上的碳酸饮料、果汁勾兑饮料、加色素防腐剂茶水饮料、勾兑食用酒精的白酒饮料，实现了饮料产品向绿色大健康的转型，那就是做好饮料产品，让中国人放心地喝！多维生态茶园木瓜深加工如图6-13所示。

第六章 构建农业复合式生态产业体系——多维生态农业"3+1"体系之二

图6-13 多维生态茶园之木瓜深加工

三、实现生物链、废弃物、产业链的大循环

茶园实现了生物链、废弃物、产业链的大循环，意义重大，具体体现在5个方面。

（1）图5-13所示的多维生态茶园苗木组合非常适合我国国情，适合大面积山区草原林草经济发展，从此不再局限18亿亩耕地，而是100亿亩国土高质量改造工程；

（2）图中把我国复杂的农业问题简单化为林草问题，把久拖不决的"三农"问题用"大循环"的办法来解决，通过大苗上山、林草装备制造业完成国土高质量改造，免费提供特色苗木能够使农民增收致富，这是最好惠农政策；

（3）这张图是传统单一茶园升级版，把单一的茶产业变成多项农林产业，通过生物组合智造，创新了一种复合式循环农业种植模式，把山区生态保护优先与社会效益、经济发展紧密结合在一起，实现了多赢，成为我国60个典型循环经济案例进行应用推广；

（4）通过新型茶园模式，可以举一反三，可以创新生态稻田、生态森林、生态草原、生态果园、生态湖泊、庭院经济、植物防火林带等多种新型模式，多种新型模式可以构成许多美好乡村，通过许多这样天人合一的美好乡村打造美丽中国；

（5）把传统单一的茶园经营模式转向构建整个茶园良性循环系统经营，完成茶园全生物链、全产业链农业工业化体系，使茶农收入提高3~5倍，企业通过鲜产品深加工，附加值又提高3~5倍甚至以上。通过大循环农业，农民不用花钱买农药、买化肥、买饲料……通过茶园大循环，下一步还可以构建美好乡村的大循环和农村城镇化、县域经济的大循环。如图6-14所示。

图6-14　多维生态茶园苗木组合

第四节　"郡县制"特色县域农业大循环体系的创意与构建

通过重点介绍多物种混合种养形成茶园全链示范模式案例，通过创新多种像茶园一样的新型农业模式组装形成天人合一的田园综合体，多个田园综合体通过农业技术集成创新、产业联盟、设备组装、标准化制定、互联网+形成一个个与田园综合体配套的农业园，多个农业园形成的康养特色小镇构建县域经济大循环农业体系，创建市场供求平衡、宏观区域规划下的不同地区新型农业模式微循环体系、田园综合体小循环体系、农业园中循环体系、县域经济大循环农业先进生

第六章 构建农业复合式生态产业体系——多维生态农业"3+1"体系之二

产力改革实验区,将引发农业全生物链、全产业链、价值链、信息链、生态链、制度体制机制等全面深化改革,构建多物种经济效益+多物种生态效益+多物种社会效益三者综合效益更大化的农业复合式生态产业体系,通过41颗全链绿色大循环"中国农业芯",创新中国农业的"华为模式",服务于全国3 000多个县的农业园创新模式建设,从宏观和微观创意构想中国3 000多个特色县域农业大循环体系。

一、重庆市丰都县案例

通过对重庆丰都县农业的多次深入调查和研究,正在联合中国典型循环经济案例企业,准备进行新型农业模式试验区的有益尝试和探索,采用多维生态农业多物种混合种养模式三大体系、中医农业"乙峰99"植保液、安徽8个典型废弃物"五化"处理案例、深圳前海天幕物联网大数据等进行产业联盟、技术集成,为重庆丰都总面积384万亩县域大循环农业体系做总体规划设计。其中,将该县单一种植的7.4万亩红心柚、7万亩花椒、7.4万亩柑橘、3万亩龙眼、3万亩烤烟、18万亩竹林、9万亩木本油料林、20万亩榨菜、31万亩稻田、75万亩山地等进行多物种立体升级改造,农民亩收入将会由原来的人均1 610元提高到亩收入5 000～10 000元以上,再规划与之配套的多种农林鲜产品深加工基地、中医农业、废弃物"五化"处理加工厂——农业园,把绿色生产贯穿全过程,也意味着丰都县384万亩土地、68万常住人口通过新型种养模式每年增收192亿～384亿元。新型模式还减少化肥农药除草剂的使用,种植基地由原来满足该县养殖200万只白羽鸡饲料8 000万kg、48万头猪的饲料3.84亿kg、21.8万头牛的粗饲料25亿kg,三项合计29.64亿kg的三分之一饲料,通过多物种A+B+C=D、1+2+3>6的多维生物优化组合,采用新型农业模式解决29.64亿kg饲料,农民通过有机农业废弃物定点销售可增收约25亿元,如果农民将饲料免费提供给养殖场,养殖场将产生的鸡粪、猪粪、牛粪等有机肥约134亿kg免费提供给农民或按照折扣交换肥料、饲料、肉食品等,将实现种植业、养殖业的成本双降,再通过打造世界鬼城、西南地区新型农民培训中心、森林康养中心、彩色庭院经济、生产者—多维平台—消费者产融结构营销体系等建设,会吸引更多的消费者、生产者加盟,构建丰都县域经济绿色科技+地方特色的大循环农业生态产业体系,通过选择红心柚、柑橘、龙眼等四季常绿经济林进行乔灌草立体优化组合,多物种多层次保护长江两岸生态环境,多物种的花叶果实让长江两岸变得更美丽,实现该县最大面积、最大群体的农民和三峡移民的脱贫致富,并且再也不会有农药、化肥、除草剂等非自然物质和农业有机废弃物排入长江,污染河流。

二、特色县域农业大循环体系构建的意义

通过"先输血、再造血"的郡县制特色县域经济新模式,进一步探索我国第一个新安江流域生态补偿机制试点办法的升级版,让中国山区草原成为中国最大的绿色经济,帮助山区农民脱贫致富的最好方法——给农民优质乔灌草组合苗木,农民可以年年"造血",大力发展适合我国国情的高效森林农业,促进山区草原木本草本粮棉油和畜牧业的健康发展,实现多物种多层次保护生态,创建更多的绿水青山,多物种多级循环增值山区草原处处是金山银山,多物种多项农林收入促进农民多增收全面脱贫奔小康,多物种构成特色县域经济大循环利于调节宏观与微观市场需求的平衡,多物种立体种植的多种花叶果实让中国乡村更美丽。

第七章 构建产融结构营销体系——多维生态农业"3+1"体系之三

多维生态农业产融结构营销体系是由三部分内容组成：①在传统、化学农业模式下农业资产的产融循环模式创新，完成农业生产多年来未能解决的农业资产融资问题，解决农业土地、农村小产权房产、生物资产无法融资问题，即有农模式；②产—供—销多维消费增值平台。从计划经济到市场经济，生产者、企业与消费者产—供—销容易脱节，这一环节也最为关键，多维消费增值平台通过互联网+为消费者量身定做，让生产者以销定产，消费者得到免费消费+消费增值的高额回报，将吸引大量会员投入绿色高效农业，大量的会员聚集惊人数字的资本，涉及金融创新和法律支撑，区别于非法集资融资，通过互联网+量身定做个性化形成规模化，构建闭环产融结构营销大循环即产—供—销多维消费增值平台；③大农业大产业大消费呼唤大金融——中国农业产融大循环。

中小微企业融资难，农业的中小微企业融资更难，农业的创新型风险企业融资更难，解放70年来农业资产一直是"僵尸资产"，融资难，特别是从个人承包制进入规模化农业生产的今天，新型经营主体农业资产不能融资，成为"僵尸"资产，农业会被搞"死"，农业金融就"不能搞活"。我们通过人工智能+生物技术创造农业新模式，解放土地生产力实现农业绿色高效发展，农业优先创新才能引发农业的金融创新，金融活，经济活；金融稳，经济稳。经济兴，金融兴；经济强，金融强。经济是肌体，金融是血脉，两者共生共荣。我们要深化对金融本质和规律的认识，立足中国农业大国实际，走出中国农业特色金融发展之路，在管控金融风险的条件下实现虚拟资本与实体经济的产融大结合，还需要从国家层面的宏观上来解决金融内部管理法制体制和政府政策导向与需求问题，大农业大产业大消费呼唤大金融——中国农业产融大循环。

第一节 产融结构营销体系之一：农业资产的产融循环模式创新

以整村土地流转、代耕代种、农民土地入股、产业联合体等四种方式进行农业资产的融资，本节以黟县农友种植专业合作社为例进行说明。该社建立了传统农业生产方式较完善的农业社会化服务体系。合作社通过不断摸索，在黟县建立了2.3万亩优质粮油种植基地，实现了全程机械化操作和"种植、加工、销售"产业链式经营，带动了7 000余户社员增收。在农业生产过程中，有农模式完成了多年来未能解决的农业资产融资大循环，解决农业土地、农村小产权房产、生物资产无法融资问题。

（一）有农模式的主要做法

1．创新流转模式，促进集约发展

立足黟县生态环境优势，克服农田耕作地理条件劣势，因地制宜，创新探索土地流转新模式。

（1）整村流转屏山模式。2014年，合作社在黟县屏山村整村流转土地1 270亩种植生态优质粮油，每年按500斤稻谷，以国家稻谷收购价格计算支付农民租金。同时每年按60元/亩，支付村集体管理费，协助基地日常事务处理，实现农民、村集体、合作社共赢发展。目前，该模式已辐射宏村、龙江、塔川、横岗等村，流转面积达4 600余亩。

（2）土地托管碧山模式。由碧山村村集体将1 660亩土地全部流转，再将流转土地委托合作社代耕代种，合作社统一采购生产资料，提供从育秧、耕种、收割、烘干的全程社会化服务。村集体安排专人负责田间管理，收割后稻谷按最低高于国家收购价格0.1元/斤，着力解决部分区域基础条件薄弱、规模经营主体缺乏、农业面源污染等问题。

（3）土地入股田川模式。成立农友种植专业合作社田川分社，农民以430亩农村土地承包经营权入股，有农公司以20万元资金、管理入股，村集体以管理入股，村民组以闲置土地入股，6户建档立卡贫困户以扶贫资金入股，组建土地股份合作社，把农民变股民、资源变资产、资金变股金，实行独立核算，年终根据经营效益进行分红。目前，合作社分红大会已经召开，户均分红610元，村集体增收1.16万元,并有效解决了田川区域抛荒问题。该模式已辐射13个村,其中贫困村3个。

2．创新服务模式,促进共赢发展

以跻身省级示范联合体为契机,不断健全农业社会化服务体系,着力解决生产、融资难题。

(1)抓抱团发展。依托合作社农业机械、种植技术、品牌销售优势,吸纳26家家庭农场成立"有农优质粮生产油联合体",联合体内实行"统一生产资料供应、统一种植安排、统一机械化服务、统一收购(按最低高于国家收购价格0.1元/斤回购)、统一品牌销售"的措施,发展优质粮油规模化种植。2018年实现粮油产量11 000余吨。

(2)抓社会化服务。发挥技术人才优势,联合农技人员举办大户、家庭农场、合作社专项培训12期、1 000余人次。推进农业生产标准化、流程化管理。建立优质品种试验园100亩,采取种植试验,选择适合地方种植的优质品种推广,降低粮油大户种植风险。组建专业农机合作社,制定农机服务标准,为种粮大户、社员提供从育秧、耕种、植保、收割、烘干的全程机械化服务。2018年开展水稻工厂化育秧、机耕、机插秧、无人机植保、收割烘干等服务2.3万余亩。

(3)抓金融帮扶。依托县徽商银行,开发有农联合体专项贷款,对联合体内成员贷款,公司提供担保,资金封闭管理,无需其它抵押,每户最多贷款50万元,年利率不超7%,2019年春耕正式运营。同时,黟县农友种植专业合作社与上海宋庆龄基金会合作实施农民创业接力棒计划,以现金和物资的形式向合作社内20户相对贫困家庭提供总计100万元免息无抵押贷款,分3年还清本金,其中每户获得5万元资金支持。

3．创新经营模式,促进品牌发展

牢固树立品牌兴企理念,突出产业融合,提高产出综合效益。

(1)差异化经营。依托黟县优越的自然生态环境,以市场为需求,以生态绿色优质粮油为主攻方向,以胚芽米加工为突破口,通过基地示范、主体合作、生态种植、规模生产,严把品质、安全关,探索出一条从种植、加工到销售的全产业链经营模式,整体打造"有农"优质农产品区域品牌形象。目前胚芽米已进驻合肥、黄山300多家连锁超市门店,市场零售价5~18元/斤,2018年优质大米完成销量6 000吨,收入7 000万元。

(2)融合式发展。坚持走生态农业与乡村旅游融合发展道路,推进一产、二产、三产融合发展。目前，合作社正积极与第三方合作，主要是在一产、二产运营基础上，依托当地旅游资源优势，发展以休闲农业产业为核心的乡村旅游项目，增加农民收入。

（3）网络化发展。推进互联网+深度结合，搭建电商销售平台，促进产品线上线下同步销。同时，正在建设农业物联网粮油精准化生产子系统，促进粮油向精准化、集约化生产。

（二）有农合作社扶贫做法

合作社自成立以来，坚持共享发展、合作共赢的理念，在自身发展壮大的同时，积极带动贫困村、贫困户发展优质粮油产业，带动13个贫困村增收13万元；累计带动461户贫困户（占全县贫困户的18%）增收100余万，户均增收2 170元，其中2017年入股分红2 000元以上的达44户，收购货值5 000元以上的达64户，工资收入5 000元以上的达20户。

1．土地流转扶贫

公司4年来共流转土地达7 015亩，辐射4个镇11个村2 854户农户，累计支付田租1 325.8万元、农民工工资580余万元，平均每户每年增收2 200余元。其中，贫困户171户，流转农田515亩，户均增收1 950元。

2．土地入股扶贫

2016年底在田川村开展土地股份合作试点，公司以现金、村集体以管理和扶贫资金、农民以土地共同入股，实行保底+分红，成立黟县农友种植专业合作社田川分社，实现资源变资产、资金变股金、农民变股东。2017年田川村6户贫困户共分红177 391元，户均达2 956.5元。截至目前，已在汪村、柏山、湖田、马道等13个村复制推广"田川模式"，成立了分社，土地股份合作基地达7 000余亩。

3．吸收务工扶贫

该社积极吸纳贫困户从事粮油生产、加工，结合贫困户劳动能力，安排从事田间肥水管理、插秧补秧、育秧看管、仓储等力所能及的工种，吸纳20户贫困户增收16万元。

4．发展产业扶贫

鼓励贫困户发展优质粮油种植，合作社统一提供种子、化肥、农药等，贫困户自行开展田间管理和生产，收获后由合作社按高于粮食收购价1毛钱全部回购，目前在汪村已有2户贫困户发展优质粮油生产70亩。

第七章　构建产融结构营销体系——多维生态农业"3+1"体系之三

5．资金入股扶贫

该社以现金和农机折旧共510万元入股，贫困户小额贷款360万元入股（每户5万元），13个重点贫困村扶贫资金130万元入股（每村10万元），共同成立农机专业合作社，为全县种植大户开展社会化服务，实行保底6%+效益分红，共带动贫困户72户增收21.6万元，13个贫困村增收7.8万元。

6．捐赠扶贫

合作社对口帮扶重点贫困村——柯村镇湖田村，累计向湖田村免费捐赠水稻秧苗345万株、菊花苗8.1万株、生物有机肥15吨、空调3台等，价值21万元；并委派技术人员，积极开展指导，帮助湖田村成功发展黄山贡菊、有机水稻等扶贫基地100余亩，实现增收13万元。

7．基金扶贫

该社成功与上海宋庆龄基金会达成合作，采取政府+合作社联合担保、基金提供资金等方式，对合作社内20户贫困家庭提供总计100万元免息无抵押借款，贷款期限3年，每户平均获得5万元创业发展资金支持。

第二节　产融结构营销体系之二：产—供—销多维消费增值平台

一、产—供—销多维消费增值平台的重要性

生产者、企业与消费者产供销容易脱节，这一环节最为关键，多维消费增值平台涉及金融创新和法律支撑，区别于非法集资融资，通过互联网+量身定做个性化形成规模化，生产者、企业平台、消费者构建闭环产融结构营销大循环，为消费者量身定制，让生产者以销定产，消费者从中获得高回报，免费消费和消费增值，即产—供—销多维消费增值平台。

新中国成立至今，从按照计划生产经济到发展市场经济，市场经济需求消费是关键一环，消费可以分为4个时期或时代。消费1.0时代：物有所值，一分钱一分货；消费2.0时代：物有所超，买100元打8折或9折；消费3.0时代：免费时代，买汽车送冰箱或免费券；消费4.0时代：消费增值，通过投资获得免费消费并享有股权，消费者因投资消费而产生消费增值。

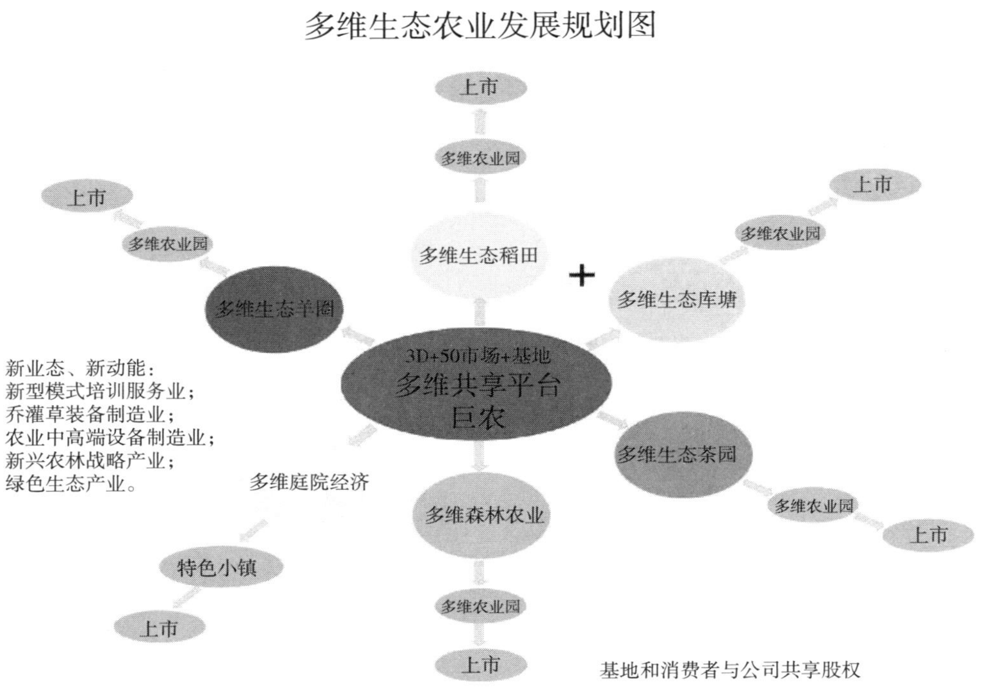

多维生态农业发展规划图

图7-1　6种新型农业模式：产—供—销全链闭环大循环规划图

二、消费增值案例分析

下面以多维生态稻田为例论述产—供—销多维消费增值平台（如图7-2所示）。

我们选择在南方抗倒伏、对稻飞虱产生抗体的高粱红稻优良品种，利用稻田养甲鱼吃虫，在甲鱼防逃栏、防天敌网内种植菖蒲配置中草药制剂杀虫，不使用农药；利用甲鱼天天爬行让农民不用耘田、除草；利用甲鱼吃得多、排泄得多的生物功能，农民不用施肥；为了防止大量甲鱼排泄物污染水源土壤，利用龙虾给甲鱼做环保，龙虾的壳是甲鱼的饵料，不污染水源；为了多养甲鱼我们在稻田环形沟放养鲫鱼，给甲鱼喂食，减少人工喂养；为了给鲫鱼创造良好环境和繁育后代，我们在环形沟种植茭白或芦苇，茭白、芦苇生长需要甲鱼提供大量肥料；稻子收割后种上油菜和紫花苜蓿，秸秆作为来年的绿肥，而且紫云英富硒、根瘤菌生物固氮，产生绿肥被来年稻子吸收，生产富硒稻，若有稻瘟病发生采用H离子水灭菌……构成稻田小生态系统的高级平衡，使每亩收入达到1万元甚至几万元以上。

第七章 构建产融结构营销体系——多维生态农业"3+1"体系之三

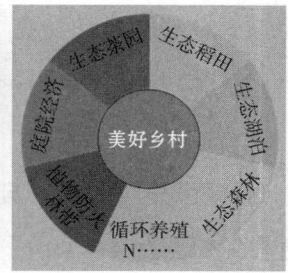

图7-2　产—供—销多维消费增值平台创意

左：多维生态稻田；中：多种新型模式构建田园综合体；右：多维生态茶园

多维消费增值平台可以用数学公式表示为：生产者+消费者+公司股权=多维消费增值平台。多维集团公司连续三年做了稻蛙鳅鱼菜草或稻鳖鱼虾药草模式实验，亩收入高达21 000～35 000元（袁隆平院士稻田亩收入达50 000元以上），平均三年亩投入4 700元，土地产出率提高3～15倍，稻田利润增加50～150倍。有了绿色高效农业模式，我们才能大胆设计多维消费增值平台极具诱惑力的商业模式。一期投放10 000亩给10 000个消费者，平均每个消费者每亩投入生态稻田4 700元作为原始股股权，每年以市场优惠价享有高粱红稻米、甲鱼、蛙肉、泥鳅、鱼虾、菜籽油、有机蔬菜、茶叶等价值4 700元的免费套餐和会员价全年购买N套优惠套餐，而且是一次4 700元投入年年获得4 700元食品的免费供应。投入的4 700元原始股由保险公司（可以随时分红退股），并与生产者、平台共同享有至少10 000元未分配的稻田利润分红。每批幸福套餐同时向多个城市或社区10万～50万消费者为单位的代理机构发出邀请，成为亩收入超过10 000～30 000元以上多维生态稻田模式的合格消费者会员，通过3D+50打印定制全年不同季节的生活幸福套餐包。这种创新型高效农业模式会带来极为丰富的生活物质，价廉物美、绿色有机、免费套餐+体验+人人共享股权。构建多维消费增值平台，为消费者量身定制，让生产者以销定产，实现三者共赢，这些资金带来的利润继续投给生产者，发展新型农业模式基地和康养、休闲旅游、科普等田园综合体体验馆，让每个会员每年在不同季节享有幸福套餐，还可以通过人工智能电脑、手机全程跟踪追溯。我们正在尝试让年费套餐变成股权投资、免费消费3.0+消费增值4.0量身定制的巨农网区块链，形成高效农业生产系统产融大循环、营销系统产融大循环、产供销闭环式大循环——共享基地、共享市场、共享股权、共享平台、互联互通，多维很快将绿色梦变成现实。

第三节 产融结构营销体系之三：中国农业产融大循环

一、深化农业供给侧改革，创建中国农业高质量实验区尤为迫切

集人民群众发明创造和智慧的多维生态农业会给乡村全面振兴带来什么？

通过创新农业新方法、新技术、新模式和农业系统解决方案的研究，即多物种多链绿色循环混合种养生产方式构成田园综合体、农民获得多物种增收、企业多物种生产加工、多物种废弃物循环利用新模式，替代传统单一、生产成本越来越高的化学农业生产经营模式，完成真正意义上的农业调结构、转方式；中医农业药肥加工厂（中医农药、中医兽药、中医肥料、中医饲料等）会让生产农药化肥除草剂等企业转型关门；农业园多物种深加工及废弃物集中五化处理加工厂（废弃物能源化、饲料化、肥料化、基料化、原料化）会带来新型农业园厂房基建增量化、新兴农业人工智能装备制造业增量化、功能性食品增量化、精细化包装增量化以及农业复合型人才培训就业、农业新金融、物质能量流等要素全链的顶层设计；建立多维生态农业高级平衡的人工生产系统与人工生态系统共同体会改变我们的生产、生活、生态，遏制化学农业恶性循环下去，降低农业生产成本，从源头、根本上改善人类生存环境、食品安全和增强人民健康，让医院减量化、药费减量化、药厂减量化……从而引发农业全链及相关产业的全方位大变革，而且中国农村政策法律体制机制也将进入与科学技术第一生产力新模式相配套、相吻合的实质性深化改革阶段，中国农民通过多物种组装形成多种农业新模式增收致富，多种新模式组装形成天人合一的田园综合体，多个田园综合体通过农业技术集成创新、产业联盟、设备组装、标准化制定、互联网+组装形成一个个与田园综合体配套的农业园，多个农业园形成的康养特色小镇构建县域经济大循环农业体系，创建市场供求平衡、宏观区域规划下的不同地区新型农业模式微循环体系、田园综合体小循环体系、农业园中循环体系、县域经济大循环农业先进生产力改革实验区，将引发农业全生物链、全产业链、价值链、信息链、生态链、制度体制机制等全面深化改革，这是一条新路，这是一条好路，这是一条生态农业文明之路，毫不夸张地说这是一场农业革命，在改天换地，化学农业向合乎自然、合乎人性、合乎生物多样性的多维生态农业转型，百万亿级的新动能、新业态会给中国乃至世界带来无限商机，不断学习研究创新农业的"华为模式"——"拥有41项发明专利全链绿色大循环"中国农业芯",创建先进模式先进、生产力的全国农业园。

二、高质量实验区将创新孕育大农业大产业和供需大消费

没有市场没有需求就没有消费,个人承包制下几乎不需要农业金融,但是今天多维生态农业孕育五大新动能、新业态、新板块,大农业大产业板块呼唤大金融,今后可能成为独角兽和上市公司的百万亿级的五大板块:①新型农业模式技术培训服务业(全面振兴乡村,中国农业新旧模式转型过程中,需要培训的农民群体非常大);②新型模式下的乔灌草装备制造业(76亿亩山区草原大部分乔灌草结构亟待调优调顺调好,利用北方四季常绿树种打造平原耕地的北方绿城、绿水青山金山银山);③农业中高端设备装备制造业(农业大国各省市县都需要有三产高效融合的农业园,需要大量的中高端农业智能装备和基建投入等);④新型模式带来的新兴农林战略产业和市场(替代亿万吨转基因粮棉油和饲料);⑤中国农业智慧、农业方案能否紧随一带一路走出国门,修复近十年毁掉的2.9亿公顷世界森林(需要几百亿株苗木),来降低全球极端气候灾害(失去2.9亿公顷森林意味减少1 350亿吨二氧化碳的吸收和森林对1 500亿吨蓄水保水功能,这是产生极端气因主要候素)。

三、大农业大产业大消费呼唤大金融——中国农业产融大循环

多维生态农业与化学农业两种农业生产方式的根本转变会引发体制机制等农业全方位的变革和颠覆,全链全新全方位大农业大产业呼唤大金融,只有创新发展绿色高效农业,才能消除金融服务农业的永久性障碍。当农村每亩土地的收入通过新型农业模式提高到5 000~10 000元的时候,13亿多人的大消费市场,参照城市房产50~70年总价值估值方法计算,农村30年土地承包不变×土地亿亩(18亿亩耕地+果园+茶园+山地等)×(5 000~10 000元/亩)=450万亿~900万亿元,人均分配30万~60万元,中国农村会形成巨大的土地流转和交易平台,一举解决农业融资难问题和政府地方债问题,实现农业估值30年×(3~5倍/亩收入)=90~150倍的财富倍增,一旦新型经营主体与虚拟资本结合,将助推中国农业跨越式发展。

最具诱惑力的财富游戏——下一个金矿450万亿~900万亿元在农村,农业30年有90~150倍的财富倍增空间,我们一起来共同实现这个绿色财富梦想。

第八章　多维生态"全域旅游"案例

休宁县，隶属于安徽省黄山市，属古徽州"一府六县"之一。其中，全国全域旅游示范县在休宁；中国第一状元县在休宁；红色旅游皖浙赣省委旧址石屋坑在休宁；中国四大道教圣地齐云山在休宁；中国最大的有机茶基地在休宁；中国吴鲁衡罗盘在休宁；中国重要农业文化遗产泉水鱼在休宁；舌尖上的中国毛豆腐在休宁；地道的本土蓝田花猪在休宁；新安江的源头六谷尖在休宁；还有古树、古道、古村落、民宿、舞龙、德胜鼓在休宁……不胜枚举。

第一节　休宁县旅游资源概况

一、休宁县概况

休宁县位于安徽省最南端，与浙、赣两省交界，自东汉建安13年（公元208年）建县，至今已有1 800余年的历史。休宁青山绿水，四季常绿，白墙黑瓦，小桥流水人家，宛若一幅画里乡村的美景图。休宁有上百家摄影点，它已成为黄山脚下的"一颗全域旅游明珠"，正在显山露水。

休宁县拥有"中国第一状元县""全国休闲农业与乡村旅游示范县""中国旅游百强县""中国休闲小城"等众多头衔。近年来，休宁县紧紧围绕全力打造"名山秀水·文化休宁"的总体战略部署，加快推进皖南国际文化旅游示范区建设，推动旅游与多产业深度融合发展。2017年，休宁县接待游客542.62万人次，同比增长14.6%；实现旅游总收入43.17亿元，同比增长15.5%；其中入境游客20.31万人次，同比增长14.1%；旅游创汇6 098万美元，同比增长14.5%。

二、休宁县多维生态"全域旅游"特色

（一）地理位置优越

休宁县地处黄山黄金旅游交通线的中心部位，有京福高铁、皖赣铁路以及京台等5条高速公路穿境而过，毗邻黄山国际机场和黄山高铁北站，通景公路最后一公里全部打通，交通出行十分便捷。

（二）生态环境极佳

新安江、富春江、钱塘江从休宁发源，境内水质优良，空气极佳，森林覆盖率达78.5%，负氧离子每立方厘米达2 000以上，是一处天然大氧吧。

（三）文化底蕴深厚

建县以来，休宁人民创造了丰富的物质和精神文明，留下了独树一帜的地方文化，状元文化、道教文化、风水文化、有机茶文化享誉海内外，素有"东南邹鲁"的美誉。

（四）旅游资源丰富

休宁县共有A级景区8个，省级旅游乡镇5个，百佳摄影点29处。拥有"中国四大道教名山"之一的齐云山、"徽州文化大观园"古城岩、皖浙赣省委旧址石屋坑等自然、文化资源，正在开发建设中的月潭湖风景区，这些都是休宁县旅游资源的优势补充。县内依托"旅游+农业"发展模式，衍生出的泉水鱼、毛豆腐、菊花、茶叶、茶干、茶油等农特产品已成为休宁旅游商品的亮点。

第二节 休宁县多维生态"全域旅游"经验做法

一、休宁县发展多维生态"全域旅游"的做法

（一）科学编制规划，引领全域旅游发展

按照全域旅游发展理念，着手出台《休宁县全域旅游发展实施意见》。《休宁县全域旅游发展规划》初稿已编制完成。按照《休宁县全域旅游发展规划》要求，大力发展全域休闲度假游、文化体验游、养生研学游等旅游产品，加快构建区域旅游发展新格局，引领休宁县旅游业全面转型升级和跨越式发展，将旅游业发展成为全县国民经济的战略性支柱产业和特色主导产业。

（二）全力抓好齐云山，推进精品景区建设

以齐云山景区5A创建工作为抓手，结合特色小镇、美丽乡村建设，全力推动齐云山景区质量提升工作的有效开展。树立精品景区意识，充分发挥齐云山作为休宁旅游产业发展的龙头示范作用，努力打造集"餐饮、住宿、交通、文化、演绎、休闲、养生、民俗"等为一体的特色产业链，形成旅游休闲产业集聚区。目前，自由家营地、祥源·齐云小镇、祥福瑞客栈等已正式运营，旅游公共服务体系、旅游业态进一步优化。

图8-1　中国四大道教圣地——齐云山

（三）注重政府引导，统筹项目建设

发挥资金整合叠加效应，将美丽乡村建设、百佳摄影点建设、全域环境整治、百村千幢工程等项目进行融合，全县旅游线路、旅游标识标牌、农家乐、旅游厕所、旅游停车场等基础设施建设得到完善提升。社会资本投入旅游产业开发掀起新热潮，涌现出像大阜、祖源、南坑、瑯斯等一批乡村旅游点。

（四）打造旅游+业态，助力乡村旅游

积极推进"旅游+"特色产业，在"旅游+农业""旅游+生态""旅游+文化"等方面持续打造和推出一批旅游新业态项目，形成三产联动的乡村休闲旅游新局面。泉水鱼养殖是休宁县"旅游+农业"的一个典型成功案例，2015年成功申报为"中国重要农业文化遗产"，仅2016年就投入专项资金320万元，扶持泉水鱼养殖项目18个，共发展家庭养鱼2 500户，年产量达850吨，年销售收入达

1.2亿元。目前,休宁县板桥、汪村等地共有400余农户依托泉水鱼办起了"渔家乐""农家乐",并且还带动有机茶、红薯干、苞芦松等特色农产品开发销售。每年举办的"赏呈村油菜花,走徽饶古驿道,品板桥泉水鱼"活动成为乡村旅游品牌活动,"吃农家饭、品泉水鱼、住农家屋"成了休宁乡村休闲游的新时尚。

（五）深挖文化内涵,推动文旅融合发展

在全力做好保护利用工作的前提下,深入挖掘丰富的道教文化、状元文化、罗经文化资源内涵,传承文化精髓,创新旅游新业态。高起点、高标准启动状元博物馆三期工程建设;进一步加强文旅融合,紧扣齐云山道乐、鹤城板凳龙、万安老街等旅游卖点,开发松萝茶、五城茶干、米酒、罗盘等特色旅游商品,包装打造齐云山道文化旅游节、松萝茶文化旅游节、油菜花摄影节等主题节庆活动,全力提升我县文旅品牌的市场知名度。

二、休宁县多维生态"全域旅游"未来计划

下一步,休宁县将紧紧围绕"一山、一湖、一城、一镇、一村"五大核心布局,以"旅游+"作为发展新引擎,对照齐云山5A创建标准和要求,结合齐云山特色旅游小镇建设,全力以赴争创齐云山5A级景区;依托国家级重点水利项目月潭水库,打造月潭湖风景区,助推全县形成"湖光山色"的旅游格局,引领休宁全域旅游健康有序发展。

（一）加快产业融合发展

依托地方特色,实现旅游产业与三产融合发展,加大金融支持力度,谋划一批旅游与文化、体育、养生、农业等产业深度融合的项目,完善旅游基础设施建设,推动景区景点旅游向全域旅游转变。

（二）注重整体形象推广

全域优化配置社会经济发展资源,依托"旅游+互联网",实现线上线下宣传营销,既为外来游客提供服务,同时也最大程度地满足本地居民的需求。

（三）实现区域联动发展

整合旅游资源,加大资金引进和人才培养力度,促进区县之间、乡村旅游示范村之间、景区之间的联动发展,建立合作共赢的开放格局。

第九章 多维生态农业人工智能系统的构建

现代都市农业示范园采取互联网+物联网+电商+田间综合体模式。多维生态农业建立在先进生态农业种养技术合方法基础上,通过构建农业系统解决方案"3+1"体系,采用人工智能+多物种多链闭环互联互通循环模式。

第一节 项目背景和意义

我国是农业大国,但农业基础相对薄弱。要改变这一现状,必须加快传统农业的转型升级,发展现代农业,而建设现代农业示范园区是推进农业现代化、提升农业科技水平、提高农业生产能力,示范引领现代农业全面发展的重要手段之一。

一、建设现代农业示范园是社会经济改革的必然要求

经过几十年的发展,我国农业生产力有了一定程度的发展,农产品供给已由相对紧缺到相对平衡与富余,传统农业结构调整与生产要素优化配置的需求日益增强。在此背景下,现代农业示范园建设就成为我国农业发展第三次变革的起点,它将改变传统农业低产、低效、粗放经营的特征,成为实现农业资源利用的高效化、农业产出率和农业生产效益的高值化的桥头堡。

二、建设现代农业示范园是提高农产品国际竞争力的重要手段

随着我国经济社会发展以及与国际市场的全面接轨,农业发展从主要面向国内市场转向面向国内、国际两个市场。在面临国际农副产品冲击的背景下,建设现代农业示范园区,通过示范、推广和运用高效、环保、节能型生产技术,推进农业标准化、生态化、安全化生产,保障食品质量安全就成为提高我国农产品国际竞争力的重要手段。

三、建设现代农业示范园是新一轮农村经济启动的切入点

2014年中共中央国务院印发了《关于全面深化农村改革加快推进农业现代化的若干意见》，指出推进中国特色农业现代化要始终把改革作为根本动力，要以解决好"地怎么种"为导向，加快构建新型农业经营体系，以解决好地少水缺的资源环境约束为导向，深入推进农业发展方式转变，以满足吃得好、吃得安全为导向，大力发展优质安全农产品，努力走出一条生产技术先进、经营规模适度、市场竞争力强、生态环境可持续的中国特色新型农业现代化道路。同时，随着土地、劳动力等天然禀赋资源作用的相对下降和市场、信息、品牌、人才、创新环境等后天获得性资源作用的与日俱增，现代农业示范园以其示范性、科技性、高效性的特征成为新一轮农村经济启动的切入点。

第二节　发展多维生态农业物联网的战略意义

传统农业发展模式已远不能适应可持续发展的需要，而物联网技术在农业上的应用能极大地改变农业的经营方式和作业方式。随着物联网技术的发展，农业将逐渐从以人力为中心、依赖于孤立机械的生产模式转向以信息为中心的生产模式，从而大量使用各种自动化、智能化、远程控制的生产设备，确保农产品质量安全，引领现代农业发展。

一、农业物联网的概念

物联网是指通过射频识别（RFID，Radio Frequency Identification）、传感器、全球定位系统、激光扫描器等传感设备，按约定的协议，把物品与互联网等网络连接起来，进行信息交换、通信、处理，在实现智能化识别、定位、跟踪、监控、管理和服务的基础上，深度应用于经济社会或自然领域，提高人类生产和生活管理水平的全新信息系统。如图9-1所示。将物联网相关技术应用于农业领域，就形成了农业物联网。"十一五"以来，以农业信息化、农产品质量追溯、精准农业和智能农业为主要内容的农业物联网建设在我国各地取得了积极进展。

农业物联网如图5-20所示。以蔬菜大棚为例，在大棚控制系统中，运用物联网系统的温度传感器、湿度传感器、pH值传感器、光传感器、CO_2传感器等设备，检测环境中的温度、相对湿度、pH值、光照强度、土壤养分、CO_2浓度等物

理量参数。通过各种仪器仪表实时显示或作为自动控制的参变量参与到自动控制中，保证农作物有一个良好、适宜的生长环境。结合无线传输技术，远程控制的实现使技术人员在办公室就能对多个大棚的环境进行监测控制。采用无线网络来测量并获得作物生长的最佳条件，可以为温室精准调控提供科学依据，达到增产、改善品质、调节生长周期、提高经济效益的目的。

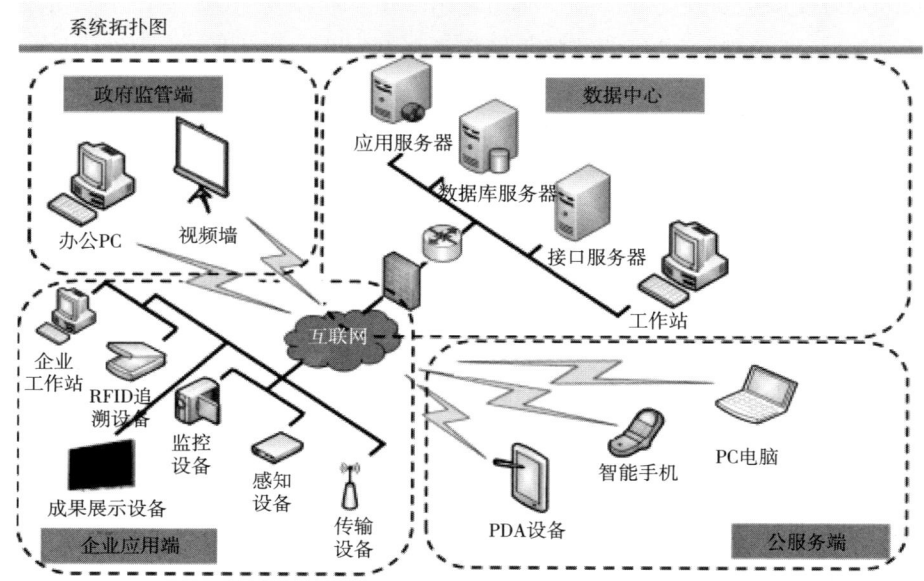

图9-1　农业物联网的应用

二、发展农业物联网的战略意义

（一）推动我国农业走向信息化的重要举措

当今世界已经进入信息化时代，现代信息技术迅猛发展，以信息化引领经济社会发展的趋势越来越明显。积极发展农业物联网和加快推进农业信息化是增强政府管理决策能力、促进农业转型升级、提高农业效益、增加农民收入的重要举措。中共十七届五中全会提出，要继续加大强农惠农力度，夯实农业农村发展基础，提高农业现代化水平和农民生活水平，在工业化、城镇化深入发展过程中同步推进农业现代化。同时，加快转变农业发展方式，推进农业科技创新，发展高产、优质、高效、生态、安全农业，加快发展设施农业和农产品加工业、流通业，促进农业生产经营专业化、标准化、规模化、集约化，推进现代农业示范区建设，提高农业综合生产能力、抗风险能力、市场竞争能力，走出一条有中国特色的农业现代化道路。

（二）我国人多地少国情的必然要求

发展农业物联网，提高农业综合生产能力，是我国人多地少国情的必然要求。我国人多地少，水资源高度紧缺。随着工业化、城镇化步伐的加快，人口增长与资源匮乏的矛盾将进一步加剧。面对这种矛盾，要想在日益狭小的资源空间上生产出越来越多、越来越好的农产品，就必须依靠科技进步。应用农业物联网技术能够不断提高土地产出率、资源利用率和劳动生产率。随着农业物联网技术的大范围应用，我国农业抗风险能力不断增强，农产品国际竞争力不断提高，农业综合生产能力不断增强。

（三）我国农业进入新阶段的客观需要

发展农业物联网，促进农业劳动过程机械化，是我国农业进入新阶段的客观需要。2010年我国外出就业的农民工已达1.5亿人。随着农业劳动力大量向外转移和农村生产生活方式的变化，农产品生产的某些环节或全过程迫切需要实现机械化。针对我国农业自然再生产和经济再生产的特点，大力发展农业物联网相关技术，推动农业科技创新，实现农业劳动过程的机械化，减少劳动力数量投入，这已成为我国农业生产要素变化的现实要求。在依赖物联网技术、推进农业劳动机械化的过程中，应紧紧围绕农业的规模化、精准化、设施化，在田间作业、设施栽培、健康养殖、精深加工、储运保鲜等关键环节，大力开展科技研发，尽快开发出一批多功能、智能化、经济型的农业物联网装备设施，为实现农业机械化提供物质基础。

（四）农业发展方式转变的重要途径

发展农业物联网，实现农业生产经营信息化，是转变农业发展方式的重要途径。我国正处在由传统农业向现代农业加快转变、推进农业现代化建设的关键时期。目前，农业信息化技术日新月异，采用农业物联网的发展理念，充分利用计算机技术、微电子技术、通信技术、光电技术、遥感技术等各种现代信息技术装备农业，重点开发信息采集、精准作业、灾害预警等先进技术，完成农产品生产、加工、储运和销售等环节的科学化和智能化，可以实现农业生产、经营、管理、流通的信息化，也能实现资源环境保护利用的信息化。这有利于切实转变农业发展方式，合理利用资源，提高农业效益，增加农民收入。

（五）我国农业科技进步的必然趋势

发展农业物联网，实现技术集成化，是加速我国农业科技进步的必然趋势。运用农业物联网技术、实现农业技术集成化是加速我国农业科技进步的重要内容，农业技术集成强调的是多项技术的配套使用。现阶段，发展现代农业，转变农业发展方式，实现农业生产的高产、优质、高效、生态、安全，仅仅靠单一技术突破是无法完成的，必须充分运用物联网相关技术，整合科技资源，加强农业技术研发和集成，重点支持生物技术、良种培育、丰产栽培、农业节水、疫病防控和防灾减灾领域的创新，推进农业科技进步，实现农业现代化。

第三节 现代都市多维生态农业产业园智能农业系统

一、系统简介

1. 农业"互联网+"和物联网

用"互联网+农业"武装农业、提升农业，实现农业的可持续发展。利用物联网技术实时远程获取生产基地内部的空气、温湿度、土壤水分温度、CO_2浓度、光照强度及视频图像。通过模型分析，远程或自动控制湿帘风机、喷淋滴灌、内外遮阳、顶窗侧窗、加温补光等设备，保证温室大棚内环境最适宜作物生长，为作物高产、优质、高效、生态、安全创造条件。同时，通过手机、PDA、计算机等信息终端向农户推送实时监测信息、预警信息、农技知识等，实现温室大棚集约化、网络化远程管理，充分发挥物联网技术在设施农业生产中的作用。

2. 农产品质量安全追溯系统

现代都市农业示范园质量安全追溯平台面向田间地头，对各环节进行管理，具备生产追溯管理、质量安全检测管理、视频监控、物联网技术应用等功能。

3. 作物长势监测及病虫害防治

在实时监测作物长势的基础上，结合作物模型和积温等气象数据，预估每个地块的产量。由于卫星覆盖的面积大，能极大降低大田的监测成本。开发设计一个诊断方法快捷、方便化、诊断过程可视化、诊断决策科学化、诊断结果可靠化、信息资源共享化的农作物病虫害专家在线视频防治系统尤为重要，该系统可以为作物病虫害防治提供有效的技术支持。

4. 区域性农产品电商平台

通过项目实施,建立园区企业电商平台。在精细化生产管理、农产品质量安全追溯系统建设的基础上,建立多元素、多技术集成的新型农产品电商平台,该平台具备农产品价格查询、在线销售系统、大客户服务、企业CRM管理、移动手机支持等应用功能。平台的建立为农产品电商平台奠定了技术基础,能够形成区域中心,从而更好地服务于社会。

5. 现代都市农业观光休闲园

结合现代都市农业园的优势,融入智慧旅游的理念,打造智慧农业观光休闲园。与大专院校、科研院所合作,组建科研团队,把新品种、新技术、新模式集中展示出来,形成高端技术、品种、模式和生态环保、旅游休闲的综合性现代农业科技展示基地。利用已成熟的有机农产品销售渠道,结合现代农业的观光休闲及生态养老、旅游地产的开发,以生态旅游带动销售,实现产销相结合。

6. 基于物联网的现代都市农业管控平台

建立基于物联网数据的现代都市农业管控平台,实现数据的实时展示、VR园区展示和生产视频展示等功能。如图9-2所示。

图9-2 现代都市农业管控平台

二、系统集成要素

系统包括传感终端、通信终端、无线传感网、控制终端、监控中心和应用软件平台。

1．传感终端

温室大棚环境信息感知单元由无线采集终端和各种环境信息传感器组成。环境信息传感器监测空气温湿度、土壤水分温度、光照强度、CO_2浓度等多点环境参数，通过无线采集终端以GPRS方式将采集数据传输至监控中心，用以指导生产。

2．通信终端及传感网络建

温室大棚无线传感通信网络主要由两部分组成，即温室大棚内部感知节点间的自组织网络、温室大棚间及温室大棚与农场监控中心的通信网络。前者主要实现传感器数据的采集及传感器与执行控制器间的数据交互。温室大棚环境信息通过内部自组织网络在中继节点汇聚后，将通过温室大棚间及温室大棚与农场监控中心的通信网络实现监控中心对各温室大棚环境信息的监控。

3．控制终端

温室大棚环境智能控制单元由测控模块、电磁阀、配电控制柜及安装附件组成，通过GPRS模块与管理监控中心连接。根据温室大棚内空气温湿度、土壤温度水分、光照强度及CO_2浓度等参数，对环境调节设备进行控制，包括内遮阳、外遮阳、风机、湿帘水泵、顶部通风、电磁阀等设备。

4．视频监控系统

作为数据信息的有效补充，基于网络技术和视频信号传输技术，对温室大棚内部作物生长状况进行全天候视频监控。该系统由网络型视频服务器和高分辨率摄像头组成。网络型视频服务器主要用以提供视频信号的转换和传输，并实现远程的网络视频服务。在已有Internet上，只要能够上网就可以根据用户权限进行远程的图像访问、实现多点、在线、便捷的监测方式。

5．监控中心

监控中心由服务器、多业务综合光端机、大屏幕显示系统、UPS及配套网络设备组成，这是整个系统的核心。建设管理监控中心的目的是对整个示范园区进行信息化管理并进行成果展示。

6．应用软件平台

通过应用软件平台将土壤信息感知设备、空气环境监测感知设备、外部气象感知设备、视频信息感知设备等各种感知设备的基础数据进行统一存储、处理和挖掘，通过中央控制软件的智能决策，形成有效指令，通过声光电报警指导管理人员或者直接控制执行机构的方式调节设施内的小气候环境，为作物生长提供优良的生长环境。

三、智慧农业应用系统功能

以养殖场物联网应用系统为例，智慧农业应用系统具有以下功能。

（一）视频监控

图9-3　养殖场物联网的视频监控

远程视频监控系统是以计算机网络为依托，系统将传统的视频、音频及控制信号数字化，以IP包的形式在网络上传输，实现了视频/音频的数字化、系统的网络化、应用的多媒体化以及管理的智能化。远程视频监控系统通过软件提供一个完善的用户界面，所有的常规操作如监视器、摄像机、矩阵等均可通过鼠标来控制，而无需使用菜单或输入命令，警报可以通过点击鼠标来确认，操作者的所有操作可以自动记录。利用远程视频监控系统可以帮助管理人员实现对养殖场生产过程的监督管理具有重大意义。如图9-3所示。

1．便于随时了解场内情况

养殖场大都建立在远离市区的地方，老板要随时了解场内的情况十分不方便，并且养殖场一般都采取封闭式管理，不方便人员随时进入。

2. 便于专家指导

根据需要可以邀请专家通过远程视频监控系统对养殖场提供远程指导和诊疗，有利于客户远程观察了解养殖情况从而增加销售机会节省销售成本。

3. 减少工作量

场内管理和饲养人员利用视频监控对养殖场进行巡视可减少人员的工作量。

4. 员工监控

提高饲养员的工作效率，监督其饲养工作责任心。

5. 防盗监控

夜间如有外来人员进入养殖场进行蓄意破坏、盗窃水产品，实施全面动态录像并存储在电脑硬盘中，供随时调阅。

6. 总结经验

管理人员可通过调看视频监控录像来总结相关经验。

（二）环境监测

在养殖场安装各种环境传感器，如温度、湿度、光照、氧气等。对养殖过程中的环境参数进行定量监测，更为科学的掌握养殖环境和改善空气质量。

环境监测系统可将各种传感器进行统一管理，通过报表和图形直观反映实时各类传感器监测到的定量数据，针对设定的预警阀值进行实时比对及报警。为设备远程控制系统提供数据基础。如图9-4所示。

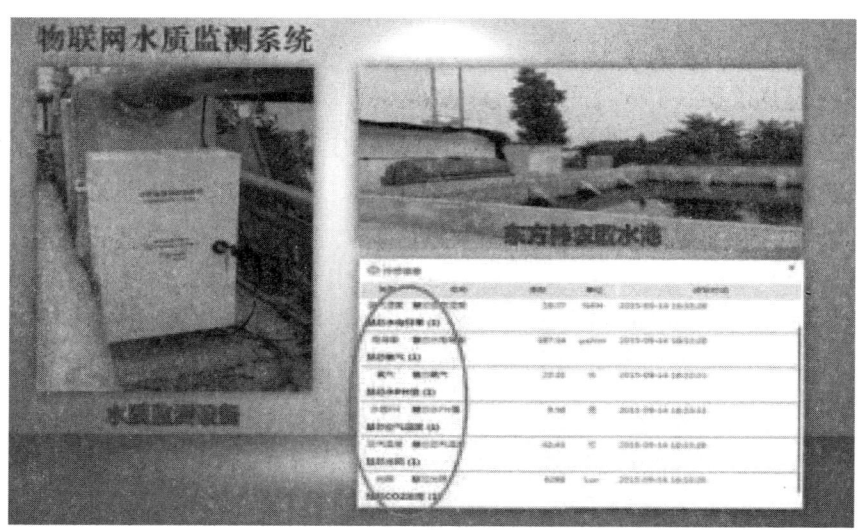

图9-4 养殖场物联网的环境监控

环境监测系统的功能主要有4个：①传感器的集中管理。②传感器实时定量数据的报表及图形化展示。③传感器阀值设定。④传感器阀值预警。

（三）设备远程控制

集中管理自动化设备，真正提高生产效率。运用电子技术和网络通信，通过设备远程功能系统对养殖场的水阀等进行远程控制，最大限度地发挥自动化设备的效用，实现真正的自动化和智能化。如图9-5所示。

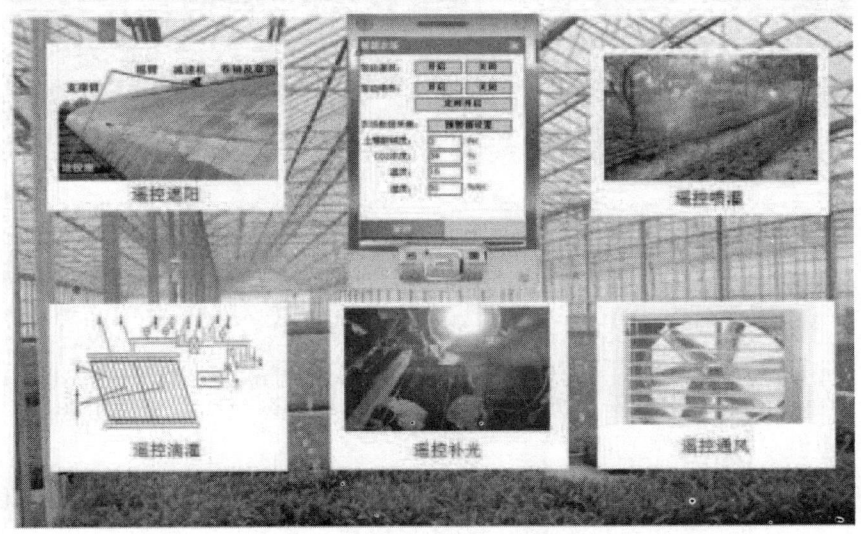

图9-5 养殖场物联网的设备远程控制

设备远程控制的功能主要有5个：①控制设备的统一集中管理。②远程遥控自动化设备。③智能自动控制。④运行状态监控。⑤实时异常报警。

（四）移动APP

系统手机客户端的服务能力来源于物联网及视频监控平台，是平台能力的映射，手机端更侧重于相关实时数据及历史数据的查询。手机版平台更突显便携性，即使在外出途中，管理人员也可以将养殖区域的相关情况掌握于手。另外，配合手机端的视频监控系统，也是农业监管和商务活动中实时监管以及产品展示的便利渠道。针对不同客户群，根据使用需要赋予角色权限，开放不同功能。如图9-6所示。

图9-6 养殖场物联网的移动APP

手机平台由4个功能模块组成，即监控报警、实时数据、历史数据、视频查询。

（1）手机平台报警查询，若某个监测节点的监测数据超过或低于事先设定的上限。

（2）手机端在线监控即在线集中显示各区域的实时数据，其中显示当前时间所有监测节点所采集到的各个参数值。

（3）在手机端界面上部设有查询条件设定选项框，用户可通过设定查询条件，寻指定区域、指定时间段内指定的参数数据。

（4）手机端亦可实时在线实时查看画面信息，支持回放。

(五)全环节追溯系统(图9-7)

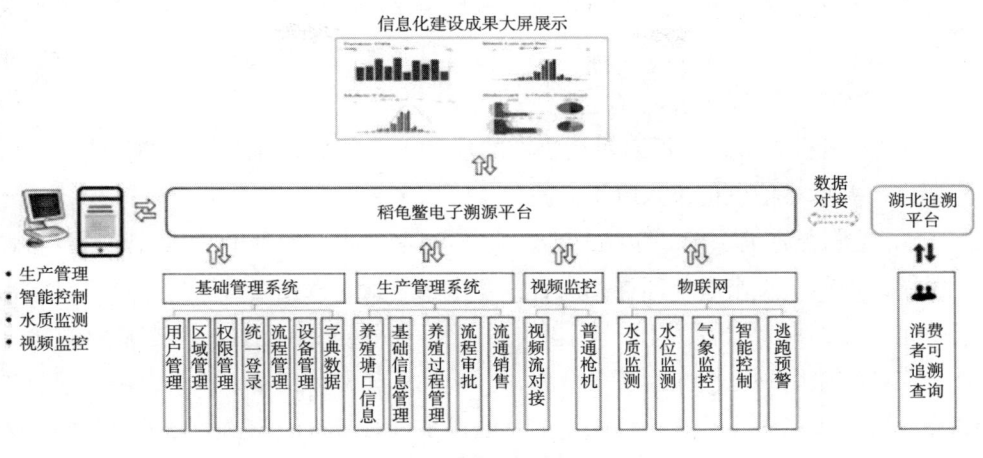

图9-7 养殖场物联网的追溯系统

1. 养殖场信息维护

对养殖场信息进行维护,包括营业执照信息、养殖单位名称、养殖单位法人代表姓名、养殖单位联系方式、养殖基地地址、养殖单位养殖基地存栏规模、养殖单位养殖的主要品种等。

(1)养殖品种维护。对养殖种类进行维护。

(2)投入品登记。对养殖场获取的投入品进行登记。

(3)养殖场所分配。对养殖企业养殖场所资源信息进行维护。

(4)养殖品RFID分配。对养殖品RFID分配信息进行维护,将持续写入养殖品生产过程信息。

(5)生长过程记录。利用RFID,录入生成养殖品生长过程的相关信息,如养殖时间、饲料投放、成熟时间等。

2. 追溯系统

(1)原材料信息管理。记录所需材料信息,包括材料名称、来源等。

(2)生产管理。包括电子标签的使用授权、电子标签开通,以及产品在出厂分选流程中的产品信息管理、电子标签绑定。实现生产的每件产品在数据库中具有详细的产品信息,并有唯一的电子标签相对应。同时,在产品的装箱以及运输过程中,每个包装箱也具有电子标签,通过读取标签可以批量读取所包含的产品信息。可以自动生成产品的生产日报记录,并可按月度、季度、年度生成统计报表。

（3）出入库管理。出入库管理完成库房信息管理，同时通过电子标签远距离读写的特性，在进出库房的过程中，读取电子标签信息，从而完成产品的出入库管理，包括入库、出库、移库。出入库管理子系统可以按照日、月、季度、年生成入库报表、出库报表。

（4）销售商管理。可以对销售商的信息进行管理，并对相应的销售信息进行记录，并可将信息记录入电子标签。

（5）溯源查询系统。包括5个方面：①新闻热点。对新闻热点时间排行，显示最新的新闻，点击看新闻详细内容。②市场行情。根据后台配置，动态显示市场行情，支持缩略图预览模式。③政策文件。根据后台配置，动态显示政策文件，支持缩略图预览模式。④公众留言。添加互动专区信箱，投诉，填入信息提交后台管理显示内容。⑤追溯码查询。通过手机对二维码扫描及输入追溯码查询到所购买农产品的养殖或种植等完整的追溯信息。如图9-7所示。

（六）中医农业物联网环境监测系统、喷滴灌远程控制系统

建设中医农业物联网控制滴灌系统选择具有取样特征的地块（如东西南北中），安装土壤墒情传感器。传感器采集土壤温湿度，当到达土壤湿度下限值时，打开田间电磁阀灌溉；当到达土壤湿度上限值时，关闭阀门。其他分区的灌溉可在控制中心远程开/闭电磁阀。产品方案如下。

（1）在果园办公室控制中心安装系统总控制箱一个，采集园区所有传感器数据。该控制箱向上可与"智慧农业平台"相连；向下可与田间灌溉控制器无线通信。

（2）提供温度、湿度、光照强度等传感器数据集中器设备箱，安装在监控杆上，数据传至总控制箱。

（3）结合配备土壤墒情（土温、土湿、pH值）传感器，探头线长10m，接到附近的田间滴灌控制设备箱，采集取样点的土壤墒情，将数据传至总控制箱。

（4）田间滴灌控制设备箱与园区办公室控制中心使用无线或有线方式连接。

（5）智能灌溉控制箱上配显示屏，可实时查看田间土壤的湿度数据、可设置土壤墒情的上、下限值、可手动控制田间阀门的开关。

（6）手机APP可远程查询系统信息、可远程控制阀门开关。

（7）系统可实现手动、自动及手机远程3种控制模式。

四、智慧农业系统的创新特色

智慧农业系统在以下4个方面进行了创新,具有不同于其他系统的特色。

1. 先进性

智慧农业系统所采用的传感器、通信技术和软件平台在国内均属领先水平。

2. 可靠性

智慧农业系统的软硬件都经过了大量的实际应用和严格测试,具有良好的可靠性。

3. 易用性

智慧农业系统的硬件设备安装和维护更方便,软件平台界面更友好,操作方便,易学易用。

4. 扩展性

智慧农业系统的软硬件都采用了模块化设计,可扩充结构及标准化模块,便于系统适应不同规范和功能要求的监控系统。

五、多维生态农业智慧农业系统案例分析和实施方案

本部分以多维生态稻田为例说明休宁县域智慧农业系统建设初期发展情况。

(一)背景

1. 发展多维生态农业意义重大

多维生态农业就是利用自然科学、社会科学、思维科学等交叉科学对我国存在的100多个农业问题系统解决方案的多向思维和系统工程思维。多维生态农业创造了一种源于自然森林农业的复合式循环农业模式:多物种混合种养+多链体内外循环+中医农业+多物种收益+多物种加工+多级能量物质流+多物种废弃物循环利用+多级循环增值+多维消费增值平台=多级财富倍增(农业新金融),构建全链闭环式循环,再结合人工智能系统可以在办公室电脑里"种田"和消费者全程可追溯系统,通过新型多物种混合种养模式使土地产出率提高3~10倍以上,同时实现农业全链绿色生产,人民群众的生活物质因新型模式多物种种养变得极为丰富。

多维生态农业颠覆几十年来的化学农业生产方式:单一化学农业+废弃物+污染人空气水土食品+人畜禽鱼虾抗生素等+生物抗药性=生态链恶性循环,非自然物质全面介入农业,这些年大量农药使用向土壤注入毒素,大量的化肥使用榨

干了土壤有机质，大量的农业有机废弃物污染了生存的环境，养殖过程中添加了激素、抗生素……因为化学农业严重影响了农产品质量安全、生存环境、人民生活健康和农民增收，导致农业生产成本越来越高。

100亩首创专利模式多维生态稻田率先在休宁中国第一状元县进行示范，将共同开启和见证农业向绿色、高效、循环、可持续发展、人工智能大数据、生态文明农业转型时代这一刻的到来，同时多维公司与农业部、科技部、中国农科院等专家教授共同编写了《多维生态农业》教材、制作《多维生态农业加密视频讲座》和新型模式影视片，成立科技部中国技术市场协会——多维生态农业培训中心，为多维生态农业模式应用推广打下良好基础。

2．休宁县稻田新旧模式发展现状

休宁县有11万亩山坞田，已出现部分荒芜，山坞田农民每亩每年一季投入900多元，在没有自然灾害条件下亩收入约1 200多元，平均每亩纯收入约300元，因为传统与化学农业种田种地方式效益低下，而且还需投入大量生产管理成本，农民种田不划算，没有生产积极性。

知识改变农民命运，知识创造绿色生活。近些年，休宁县政府创新了山区泉水养鱼法，并正向多物种立体共生、循环转型，通过示范推动大幅促进了山区农民增收，今天能否再为休宁11万亩稻农创造一种新模式？这个群体更多，面积更大。

多维公司通过3年的连续实验，示范田亩收入达到21 000～30 000元。所以，笔者在两会上提出为全县11万亩稻农脱贫致富《关于创建100亩多维生态稻田示范园的议案》，认为该议案非常必要，体现了人大、政府、政协对创新型农业模式、科学技术解放农村第一生产力的高度重视和支持，对农村农业农民的关心爱护和帮助，100亩示范园亩数不大，但意义重大，改变了化学农业低效污染的生产方式，让农民看到农业未来的希望。如果有一天全县11万亩稻田亩收入提高到10 000元以上，那一天到来意味着全县广大农民的亩收入由原来的11万亩稻田×1 200元/亩=1.32亿元通过新型模式提升到每年11万亩×10 000元/亩=11亿元，人工智能+生物技术创新是中国农村内在、真正的第一生产力，而且只有通过发展绿色高效农业才能解决农业融资难问题。

多维生态稻田不同于一般的稻鸭、稻鳖、稻鱼、稻蟹、稻蛙等模式，目前比较普遍的五种方式仅仅只是做到二三个物种的单链循环，而且链条不完整，很容易造成生物容量超载，产生次生生物面源污染，简单以"经济效益"为中心出发是不能构成稻田人工生产系统与人工生态系统高级平衡的多链循环，也无法实现经济效益、生态效益、社会效益三者综合效益的复合式循环。

这里简单介绍一下多维公司的多维生态稻田模式。我们选择在南方抗倒伏、对稻飞虱产生抗体的高粱红稻优良远缘杂交品种，利用稻田养甲鱼吃虫，在甲鱼防逃栏、防天敌网内种植菖蒲配置中草药制剂杀虫，不使用农药；利用甲鱼天天爬行让农民不用耘田、除草；利用甲鱼吃得多、排泄得多的生物功能，农民不用施肥；为了防止大量甲鱼排泄物污染水源土壤，利用龙虾给甲鱼做环保，龙虾的壳是甲鱼的饵料，不污染水源；为了多养甲鱼我们在稻田环形沟放养鲫鱼，给甲鱼喂食，减少人工喂养；为了给鲫鱼创造良好环境和繁育后代，我们在环形沟种植茭白、水草或芦苇，茭白、芦苇生长需要甲鱼提供大量肥料；稻子收割后种上油菜和紫花苜蓿（又叫紫云英），秸秆作为来年的绿肥，而且紫云英富硒、根瘤菌生物固氮，产生绿肥被来年稻子吸收，生产富硒稻，若有稻瘟病发生采用H离子水灭菌……构成稻田小生态系统的高级平衡，使每亩收入达到1万元甚至几万元以上，等于增加3~10倍土地面积，完成多链循环加上人工智能大数据就可以在办公室电脑里"种田"。其中高粱红稻品种优选我公司与安徽省种子协会、丰宝种业合作，进行种子提纯，由原来80%提纯到99%，2019年可以提供优质稻种10万斤，可以推广面积30 000亩。

通过多维生态农业新方法、新技术、新模式、系统解决方案的创新，引发农业全生物链、全产业链、价值链、信息链、生态链等带来农业两种生产方式的根本转变，这是一场农业革命，多维公司探索实践了20年。

3．多维生态稻田商业模式

多物种高效混合种养模式会带来人民生活物质的极大丰富，物美价廉、绿色有机、免费套餐+体验+人人共享股权。这些资金投入给生产者，通过资本积累、分红、共享发展新型农业模式基地和康养、休闲旅游、科普等田园综合体体验馆，让每个会员每年在不同季节享有幸福套餐，还可以通过人工智能电脑、手机可跟踪追溯全程。

我们正在尝试让年费套餐变成股权投资、免费消费3.0+消费增值4.0量身定制的巨农网区块链，形成高效农业生产系统产融大循环，营销系统产融大循环，农业产供销闭环式大循环——共享基地、共享市场、共享股权、共享平台、互联互通。

（二）多维生态稻田种养模式

2008年之前多维公司开展稻蛙鳅鱼菜草混合种养实验，结果青蛙泥鳅夜间被电被盗，直到2016—2018年多维公司开始安装物联网监控器和加人看管，又重新进行稻鳖鱼虾药草或稻蛙鳅鱼菜草两种立体混合种养模式实验，通过黄山学院和上海英格尔论证有限公司进行水土溶解氧、氨氮、速效钾、速效氮、镉、pH值、综合效益等多项因子的多次数据检测和有机论证，证明新型模式有效地解决稻田农药问题、化肥问题、除草剂等环境污染问题与农民增收难，而且利用生物动力，大幅降低农民劳动强度和生产成本，农民省肥、省药、省力、省工、省钱。2018年多维生态稻田实验田采取2种模式，取得明显的成效。

多维生态稻田模式一。1.7亩实验稻田养甲鱼收入：280只×平均1.5斤（1斤=0.5千克。全书同）×60元/斤=25 200元（汛期大水冲开防逃栏逃走了50多只），稻谷产量1 500斤，两项亩收入就达到20 000多元，还有鲫鱼、龙虾等收入未计入，现在秋天准备种油菜和播撒少量红花草籽。1.7亩甲鱼养殖成本投入：5月投放甲鱼340只×0.5斤/只×40元=6 800元（投放甲鱼重量0.3~0.7斤/只，平均单只重0.5斤），养殖甲鱼1.7亩50~80只以内不用喂养鸡肠、鱼肠等，加上鸡肠等饵料，以及购买防逃栏、筛网、挖机挖沟、人工工资等，1.7亩共计投入成本10 500元，亩均成本6 000元。

表9-1 稻鳖鱼虾药草模式亩效益

两种模式效益比较	稻鳖鱼虾药草模式效益						单一高粱红稻种植亩效益
品种	高粱红稻	甲鱼	小龙虾	鲫鱼	茭白	综合效益	高粱红稻
亩投放量	2斤种子	200尾幼苗	1 000尾幼苗	800尾幼苗	120株		2.5斤种子
亩产（斤）	900	300	100	240	200		1 100
单价（元）	5	60	15	10	2.5		4（含农残）
亩产值（元）	4 500	18 000	1 500	2 400	500	26 900	4 400
亩投入成本（元）	1 300	6 000	600	400	100	8 400	1 600
净利润（元）	3 200	12 000	900	2 000	400	18 500	2 800

备注*：第二年每亩不需要投入8 400元的成本，三年平均投入5 800元

多维生态稻田模式二。1.4亩实验稻田养蛙收入2 200斤×15元/斤=33 000元，1.4亩稻谷产量1 200斤，两项亩收入就达到20 000多元，还有泥鳅、田埂上西红柿等收入，西红柿茎梗是很好的中医农药。稻子上岸后准备种大白菜和共生的大蒜，作为青蛙保护色，第二年再种植水稻就不用花钱买大量的幼蛙苗了。备注：5月底投放幼蛙60 000多只×0.05元/只=3 000多元，投放青蛙饲料1 500元，加上购置天网、防逃栏、起沟、人工工资等，1.4亩共计投入成本7 800元，亩均养蛙成本投入5 500元左右。

表9-2 稻蛙鳅鱼菜草模式亩效益

两种模式效益比较	稻蛙鳅鱼菜草模式效益					单一杂交稻种植亩效益
品种	高粱红稻	青蛙	泥鳅	鲫鱼	综合效益	杂交稻
亩投放量	2斤种子	40 000只幼蛙	1 200尾幼苗	800尾幼苗		3斤种子
亩产（斤）	900	1 600	50	240		1 200
单价（元）	5	15	20	10		1.3（含农残）
亩产值（元）	4 500	24 000	1 000	2 400	31 900	1 560
亩投入成本（元）	1 300	5 500	600	400	7 800	1 180
净利润（元）	3 200	18 500	400	2 000	24 100	380

备注*：第二年每亩不需要投入7 800元的成本，三年平均投入4 700元

（三）人工智能多维生态稻田示范基地实施方案和预算

为此，2019年多维公司拟实施100亩绿色高效多维生态稻田实验园标准化项目。

项目地点：渭桥乡上演村，背靠齐云山风景区。

项目实施内容：在原有上演村水稻基地基础上，运用专利技术《一种多维生态稻田的种植养殖模式》（申请号：201710581622.1）及多年实践经验，通过立体种植养殖、科学配置和优化组合，连片规划建设100亩多维生态稻田实验园（稻鳖鱼虾药草模式、稻蛙鳅鱼菜草模式各50亩），全程不使用农药化肥，按照有机标准（2018年已取得有机转化认证），引进人工智能、物联网技术，构建智能化、可视化、标准化种植养殖的多维生态稻田实验园，使产品有机、安全、美味。

项目投资预算：项目预计总投资71万元，包括土地流转租金，100亩×400元/每亩=4万元；50亩稻鳖鱼虾药草模式投入：5 800元/亩×50亩=29万元，50亩稻蛙鳅鱼菜草模式投入：4 700元/亩×50亩=23万元；人工智能、物联网搭建10万元；管理费等其他费用5万元。

项目效益：项目建成后，年产高粱红稻9万斤，可加工成高粱红稻米6万斤左右，按10元/斤计算，产值可达60万元，加上稻田里的生态甲鱼、青蛙、鲫鱼、泥鳅等有机鲜产品总产值超过20万~300万元。

项目每年还直接带动上演村当地剩余劳动力30余人就业，年均农民劳务、租金各项收益达20万元以上。

多维生态稻田实验园，采用生态混合种植养殖，建设过程中将严格遵守国家环境保护的法律法规、有机标准，做好示范样板，为消费者提供优质有机产品，带动山区农民增收，促进企业产业化可持续发展。

（四）关于休宁县发展人工智能多维生态稻田以及多维生态茶园的几点建议

综上所述，就创建多维生态稻田示范园建设提出两点建议。

1. 支持选择具有一定立体条件稻田开展稻鳖鱼虾综合种养试点

多维生态稻田综合种养具有稳粮增效、节肥减药、种养结合、循环发展的显著特点，符合农业供给侧结构性改革和绿色生态可持续发展的总体要求。因此建议县政府及相关部门对多维生态稻田综合种养示范园新生事物的支持，将此项内容纳入农业综合开发、生态循环农业项目、扶贫开发等政策支持范围，积极采用信贷担保、贴息等方式，将专项资金向试点项目倾斜扶持，使"县域特色+科技"让农业产业得到快速发展。

2. 县政府组织有关部门专家对多维创新模式的合理性、科学性、重大意义进行论证

评估多维新型模式带来农业生产方式的根本改变，其发展前途能否立足休宁乃至黄山，闯出一条靠山吃山发展高效生态文明农业新路子，为全国不同地区新型模式创新、田园综合体打造、农业园的技术输出、农业园厂房建设设计规划、农业园中高端设备装备、标准化制定、后勤服务、技术培训等新业态、新动能打出一张黄山牌，因为多维公司集成了41项发明专利的"农业芯"，探索出一条化学农业转型高效生态农业的有效途径。

有一点补充是，能否重新考虑多维生态茶园模式在全县20万亩茶园今后的应用与推广。多维生态茶园通过多种花叶果实的乔灌草立体种植可以大幅增加农民收入，通过多物种多链循环解决了农药问题、化肥问题、除草剂等问题，多物种多层次保护生态和水土，而且多种植物的花叶果实让山区更加美丽，还可以帮助陷入多重困境的"茶产业"实现多元化经营和木瓜蛋白酶、桂花香油、查尔酮等深加工提取，而目前存在的问题主要是明日叶和救心草的"新资源食品论证"问题，原来需要花200万～300万元论证办证，现在大约需要100万元就可以让一种新型绿色高效茶园模式焕发新生，为下一步通过人工智能发展高效森林农业、构建76亿亩山区草原最大的立体粮仓打下良好基础。

11万亩多维生态稻田和20万亩多维生态茶园升级改造能否作为2018—2050年全面振兴乡村休宁县的扶贫工程、农民小康工程、最大民生工程、生态增值增绿工程等，因为这两块涉及的群体最多、面积最大、资源最丰富，而且探索形成全链绿色大循环的休宁模式今后还可以在全国1 000多个产茶县和4.5亿亩山坞田复制推广。我提出的多维生态稻田示范园是一个系统工程议案。

探索创新是一种超越，往往会成为孤独者，新生事物的诞生需要经历一个艰苦阶段和历程，特别是最难的农业探索。希望在县委县政府的大力关心和支持下，战胜多维创新途中的各种困难，共同赢得未来——成就新一代绿色徽商，因为2018—2050年中国主战场在农村。

第四节 多维生态农业的区块链技术

一、什么是区块链技术

工信部指导发布的《中国区块链技术和应用发展白皮书2016》对区块链进行了解释。广义来讲，区块链技术是利用块链式数据结构来验证与存储数据、利用分布式节点共识算法来生成和更新数据、利用密码学的方式保证数据传输和访问的安全、利用由自动化脚本代码组成的智能合约来编程和操作数据的一种全新的分布式基础架构与计算范式。

简而言之，区块链就是一种去中心化的分布式账本数据库。去中心化，即与传统中心化的方式不同，这里是没有中心，或者说人人都是中心；分布式账本数据库，意味着记载方式不只是将账本数据存储在每个节点，而且每个节点会同步共享复制整个账本的数据。同时，区块链还具有去中介化、信息透明等特点。通俗地说，区块链技术是一种全民参与记账的方式。所有的系统背后都有一个数据库，数据库被看成是一个大账本，由谁来记账就变得很重要。

目前是"谁的系统谁来记账"，微信的账本就是腾讯在记账，淘宝的账本就是阿里在记账。但在区块链系统中，系统中的每个人都有机会参与记账。在一定时间段内如果有任何数据变化，系统中的每个人都可以记账，系统会评判这段时间内记账最快最好的人，将其记录的内容写到账本上，并将这段时间内的账本内容发给系统内所有其他人进行备份。这样系统中的每个人都有了一个完整的账本，这种方式就被称区块链技术。

二、区块链技术对农业的影响

区块链行业应用最显著的优势在于优化业务流程、降低运营成本、提升协同效率，这一优势已在金融服务、物联网、公共服务、社会公益和供应链管理等社会领域逐步体现出来。那么，区块链和农业有关系吗？

当前社会的主要矛盾已转变为人民日益增长的美好生活需求与不平衡不充分发展之间的矛盾。事实上，供需不平衡、发展不充分也正是"三农"问题的症结。目前情况是，从供给侧看，很多农产品销路不畅，有产品无市场；从需求侧看，消费者苦于买不到安全食品，有需求无供给，大量依赖进口。在业界看来，这主要源于农产品供需不平衡，而造成供需不平衡的主要原因是在农业生产、流通、消费这三大环节中，生产者和消费者过于分散、弱小，双方无法实现信息对称，无法直接对接，无法决定价格。双方只能做出理性但可能错误的选择——生产者用一切降低成本的方式生产，产品必然不安全，自然更没有市场；消费者只能选择价格更低的产品，流通商只能打价格战，造成恶性循环。区块链技术恰恰可以解决这个痛点，从消费者端看，通过区块链技术可以满足知情权，选择自己信任的农产品；从采购商角度来讲，担心批量购买的农产品质量不好，则可以通过对种植过程以及大数据分析，选择信任的农户。例如，把化肥、农药的采购过程记录在册，从根源上避免重金属超标和农药残留超标的问题；通过大数据分析，建立种植户、采购商的信用评级参考；利用智能合约在种植户和采购商之间保证公平交易。销售过程也把分选加工等信息用分布式账本存储起来，保证给利益相关方完整透明的信息。利用区块链技术实现充分分布化，让消费者、种植户、采购商、批发商等都同步记账防止篡改，可以利用相互之间的利益不相容机制来制衡保证数据的真实，避免利益趋同下一致行动的风险。

有研究人员指出，传统的追溯体系是单一公司的个体行为，自己既当运动员又当裁判员，公信力弱。而采用区块链技术后，分布式账本将农民、合作社、经销商、消费者组织起来共同记录种植信息，利用不可篡改的特性起到信息透明的作用，有助于解决农产品供需不平衡的问题，促进农村农业的充分发展。

三、区块链+多维生态农业

随着互联网进程的推进，农业在科技的助力下发生了日新月异的变化。在这个进程中，也出现了诸多问题。首先，农业科技的参与比重依然不高，农业智能化水平还有待提高，大部分地区的农业生产依旧处于"靠天吃饭"的状态；其次，农业生产中的安全隐患问题依旧严峻，农作物的农药超标、重金属含量超标等问题屡禁不止，不合法的转基因作物也大肆流通；最后，农业方面的监管不够完善。随着区块链技术的兴起，我国农业现代化进程将进一步提升，并迎来新的发展机遇。

区块链技术是比特币的底层技术，通过区块链技术可以实现分布式记账，即所有人都可以参与信息的记录，这些信息不可篡改、不可删除，且基于区块链技术的去中心化特征，不需要监管机构等第三方的参与，这也在一定程度上提高了信息的透明度。区块链技术应用于农业之后，农业将因融入了创新因素而更具优势，区块链技术将在农业中迎来大爆发。

多维生态农业通过陆地生物组合、水生生物组合、水陆生物组合，把传统农业转型、升级到构建良性循环系统的经营，实现多级能量的转化，将生物链循环、废弃物循环和产业链循环进行到底。通过多功能大循环建立更高级平衡的人工生态系统，周而复始，永续循环利用。例如，多维生态农业的多功能生态库塘模式是通过构建水生生物两大循环来解决水污染和养鱼农民增收难等问题，构建水生生物链的循环，合理配置水生生物种类，形成大鱼吃小鱼、小鱼吃虾。在虾吃藻类生物链中获得附加值更高、品质更优、营养价值更好的水生生物品种。将区块链技术运用在多维生态农业水生产品上，每个产品都有独一无二的ID，就像是身份证似的，用APP扫描了一下就可以看到包括原产地、特级品、臻品型规格、捕捞人、捕捞时间、查询次数、物流信息等所有的信息，实现了全程在线监控机制，建立了从源头、分拣、打包、运输、末端配送的全流程监控机制，凭借区块链技术、分布式账本、去中心化、不可篡改、可追溯等特性，让消费者可以买得安心，吃得放心。

区块链技术是一种去中心化、不可篡改、可追溯、全民参与记账的方式。所有系统背后都有一个数据库，数据库就是一个大账本。养殖户通过智能检测、采集、分析视频图像判断水产品、家禽生长情况，对农户资产进行风险评估，农业保险也有了风险定价、风险控制的依据，这便解决了阻碍农业保险市场增长的一大问题；另一方面，区块链上的资产数据可以作为养殖户的征信依据，帮助银行对养殖户放贷进行风险评估，降低农业养殖贷款的门槛。而物联网的大数据分析系统还可以对相关部门发布的相关养殖病害情况进行实时监测，并分析当地养殖环境数据，及时对疫情进行预警，降低农户的养殖风险，这样也就降低了保险公司及银行开展农业保险和农户贷款业务的风险。对于农户而言，有金融保险的支持，对下一步多维生态农业的大规模推广与应用起到非常重要的支持。

综上所述，区块链技术将会在物联网农业、农产品溯源、农村金融等六大领域运用，并推动产业发展。

1．物联网

目前制约农业物联网大面积推广的主要因素是应用成本和维护成本高、性能差。而且物联网是中心化管理，随着物联网设备的暴增，数据中心的基础设施投入与维护成本难以估量。

物联网和区块链的结合将使这些设备实现自我管理和维护，这就省去了以云端控制为中心的高昂的维护费用，降低互联网设备的后期维护成本，有助于提升农业物联网的智能化和规模化水平。

2．大数据

传统数据库的三大成就，关系模型、事务处理、查询优化。数据库技术在不停发展，未来随着农业大数据采集体系的建立，如何以规模化的方式来解决数据的真实性和有效性，将是全社会面临的难题。以区块链为代表的技术，对数据真实有效不可伪造、无法篡改的这些要求，相对于现在的数据库来讲，是一个新的起点。

3．质量安全追溯

农业产业化过程中，生产地和消费地距离远，消费者对生产者使用的农药、化肥以及运输、加工过程中使用的添加剂等信息根本无从了解，消费者对生产的信任度降低。

基于区块链技术的农产品追溯系统,所有的数据一旦记录到区块链账本上将不能被改动,依靠不对称加密和数学算法的先进科技从根本上消除了人为因素,使得信息更加透明。

4．农村金融

农民贷款整体上比较难,主要原因是缺乏有效抵押物,归根到底就是缺乏信用抵押机制。区块链技术公开、不可篡改的属性,为去中心化的信任机制提供了可能。

当新型农业经营主体申请贷款时,需要提供相应的信用信息,这就需要依靠银行、保险或征信机构所记录的相应信息数据,但其中存在着信息不完整、数据不准确、使用成本高等问题。而区块链的用处在于依靠程序算法自动记录海量信息,并存储在区块链网络的每一台电脑上,信息透明、篡改难度高、使用成本低。因此,申请贷款时不再依赖银行、征信公司等中介机构提供信用证明,贷款机构通过调取区块链的相应信息数据即可。

5．农业保险

农业保险品种小、覆盖范围低,经常会出现骗保事件。将区块链与农业保险结合之后,农业保险在农业知识产权保护和农业产权交易方面将有很大的提升空间,而且会极大简化农业保险流程。另外,因为智能合约是区块链的一个重要概念,所以将智能合约概念用到农业保险领域,会让农业保险赔付更加智能化。以前如果发生大的农业自然灾害,相应的理赔周期会比较长。将智能合约用到区块链之后,一旦检测到农业灾害,就会自动启动赔付流程,这样赔付效率更高。

6．供应链

区块链技术有助于提升供应链管理效率。由于数据在交易各方之间公开透明,从而在整个供应链条上形成一个完整且流畅的信息流,这可确保参与各方及时发现供应链系统运行过程中存在的问题,并针对性地找到解决问题的方法,进而提升供应链管理的整体效率。

区块链技术可以避免供应链纠纷。所具有的数据不可篡改和时间戳的存在性证明的特质能很好地运用于解决供应链体系内各参与主体之间的纠纷,实现轻松举证与追责。区块链技术可以用于产品防伪。数据不可篡改与交易可追溯两大特性相结合,可根除供应链内产品流转过程中的假冒伪劣问题。

四、举例说明：区块链+农业的典型案例

（一）中南建设与北大荒打造全球首个区块链大农场

1. 案例介绍

近几年，随着区块链技术的热度不断提升，分布式商业模式也在不断普及，不少新型合作机构应运而生。2017年上半年，江苏中南建设集团股份有限公司与黑龙江北大荒农业股份有限公司发力"区块链+农业"，将区块链技术应用于"大数据农业"方面，双方共同出资打造了"善粮味道"平台，携手推动全球首个区块链大农场的发展。"善粮味道"平台是以农业物联网、农业大数据及区块链技术等为基础，依托北大荒大规模集约化土地资源及高度组织化的管理模式，并创新性地提出了"平台+基地+农户"的标准化管理模式，建立了一个封闭的自治农业组织，在这个组织中，产品从原产地至餐桌的过程都可以被追溯。

北大荒股份董事长刘长友指出，物联网与区块链技术都是新生领域的事物，生产出的产品将通过区块链技术真实地展现在消费者面前。虽然此前建立了农业物联网，但现在看来，所做的努力依旧不够完善。后期，若区块链技术被应用于传统农业，则很大一部分的消费者将受益于此。农作物的生长势头及运输流程将可以查询，消费者甚至还可以通过扫描二维码的方式来追溯农产品。

中南控股旗下中南资本CEO邱泽勇表示，东北的五常大米年产量在100万～200万吨，但市面上却有高达1 500万吨的销售额度，这与劣币驱逐良币的本质没有太大区别，其中的造假问题都十分严重。而区块链技术在保证产品质量方面有着不可小觑的意义，现代农业也会因此而大步前行。

当前，国内农业信息化还尚未发展成熟，政府出台的政策都一直在鼓励"互联网+农业"，鼓励农业行业的企业通过互联网、大数据、云计算等前些年十分热门的技术来实现产业升级，且也鼓励更多的金融机构进军农业领域，促进科技化水平的提升。两强联手合作也正好迎合了政府希望推进农业领域转型发展的政策方向。

在"平台+基地+农户"的模式下，双方利用区块链技术来共同创建分布式的自治组织，区块链技术认证也被提上日程，不论是播种还是农产品加工，或是最终的流入市场，一系列的环节都被结合。身份标识技术可以使每一件被生产出来的产品被记录到区块链中，并推动食品安全。

"区块链大农场"实际上是一个基于区块链技术的溯源性体系，将"区块

链+农业"作为战略，开启了"大数据农业"的新篇章，将帮助农业向着高效率及高质量的方向迈进。

2．案例点评

中南建设联合北大荒所研发的区块链大农业平台是区块链技术在"大数据农业"方面的应用场景和经营方式的一种尝试。在这套系统中，我们看到区块链在农业方面最大的应用场景便是溯源，以此实现农产品从田间到餐桌的产业链管理。当前，国内农业信息化还尚未发展成熟，政府出台的政策都一直在鼓励"互联网+农业"，鼓励农业企业通过区块链、大数据、云计算等新的技术来实现产业升级，且也鼓励更多的金融机构进军农业领域，促进科技化水平的提升。两强联手合作也正好顺应了政府带望推进农业领域转型发展的政策方向。

（二）众安科技利用区块链技术发力养殖领域

1．案例介绍

区块链技术不仅仅应用于保险、金融等领域，农业养殖方面也少不了区块链技术的身影。众安科技就成为了利用区块链技术进行养殖的主力军。据悉，众安科技与连陌科技、国元农业保险、沃朴物联、火堆公益等企业进行合作，已经达成了国内第一个金融科技农村开放合作同盟，并在安徽省寿县茶庵镇推行金融科技养殖。

此前，众安科技就已经宣布要把诸如区块链技术、人工智能、防伪等技术用于农业养殖方面，且最终与连陌科技等企业共同推出了"步步鸡"品牌，希望将区块链技术与农业结合，更好地为消费者提供可信赖的农产品。

当前，步步鸡已经在全国多个省市进行了推广，安徽、河南、贵州、陕西、甘肃、海南等地皆可见"步步鸡"的身影。预计到2020年时，步步鸡会在全国的2 500家养殖场实现落地，并为养殖者创收27亿元左右。

步步鸡只是众安科技打造的防伪链条项目之一，这样的区块链溯源解决方案还可以用在其他的农产品生产领域，以及奢侈品、工业品等行业中。制造、包装、物流、存储、销售等信息都将被消费者知晓。

众安科技利用区块链技术，步步鸡从鸡苗阶段到鸡的成长过程、最终的上市销售等环节都可以被消费者查看，且由于区块链技术的不可篡改性，使得这些被记录的信息更容易为消费者所信任，区块链技术的溯源特征也使消费者多一重保障。

另外，农户通过智能检测、采集、分析视频图像判断鸡的健康情况，对农户资产进行风险评估，农业保险也有了风险定价、风险控制的依据，这便解决了阻碍农业保险市场增长的一大问题；另一方面，区块链上的资产数据可以作为养殖户的征信依据，帮助银行对养殖户放贷进行风险评估，降低农业养殖贷款的门槛。而"步步鸡"舆情分析系统还可对相关部门发布的相关养殖病害情况进行实时监测，并分析当地养殖环境数据，及时对疫情进行预警，降低农户的养殖风险，这样也就降低了保险公司及银行开展农业保险和农户贷款业务的风险。

2．案例点评

对于区块链在养殖业的应用，众安科技开创了先河。这套技术既在区块链溯源应用上为养殖业提供了解决方案，同时与金融产品结合，尝试了养殖资产链上化后，作为养殖户的征信依据，帮助银行对养殖户放贷进行风险评估，降低农业养殖贷款的风险。这种多维度的尝试，无论成功与否，都对区块链未来的应用具有指引性作用。

（三）中粮开发区块链电商平台

1．案例介绍

2017年11月20日上午10时，5万斤拥有自己"身份证"的"链橙"在中粮旗下我买网平台甫一上市，半小时即被秒杀一空，即使只是试预售，亦引不少吃货们疯抢，这也是全球首款区块链赣南脐橙首度上市试销。这么受吃货们欢迎，"链橙"究竟是什么橙？

据悉，"链橙"是由区块链技术打造的、可溯源、可追踪食品防伪信息的赣南脐橙。

作为中粮集团打造"全产业链"重要出口的我买网，对进驻我买网的商品品质及食品安全设有很高门槛。此次大胆试水区块链，电商正是看重区块链技术加持的食品在品质和安全上令消费者放心这一特征。

赣州链橙科技有限公司亦是赣州市第一家专注于区块链技术实体应用的科技企业。链橙科技主要依托赣州区块链金融产业沙盒园从事互联网技术开发、技术服务、区块链技术开发与应用，目前主要聚焦为食品行业提供可靠的区块链技术支持和解决方案。

那么区块链技术又是怎样帮助赣南脐橙证明身份呢？这里首先要说一下区块链的工作原理。例如，A想要发送钱给B，这笔交易在网络上以一个"区块"作为代表,该区块广播给网络中所有参与者,当参与者同意交易有效时,这个"区块"才会被添加到链上,这条链的特点是提供永久和透明的交易记录,最后A的资金才会转移到B。

将上述区块链技术放在赣南脐橙的防伪应用上,就相当于把橙子的源头(即产地果园)、采摘、收储、加工、销售的每一个环节的信息都记录到"区块",它们被添加到"链"上,参与者(即消费者、商家、果农)可以从这条"链"上看到清晰透明的记录,从而确认橙子的真实身份。"链橙"就是利用区块链智慧防伪,数据存真的特点,为赣南脐橙贴上独特的防伪标签。每一颗"链橙"都有自己专属的"身份证",实现赣南脐橙从田间到餐桌上的每一个环节都即时可追溯。无论是消费者、商家、还是果农,都可以通过扫码确认"链橙"流通中的每一个细节,进而确定赣南脐橙的真实性。

2. 案例点评

"中粮链橙"取得成功是区块链近年来在农业应用方面最成功的案例之一,让我们看到了区块链在防伪溯源方面所带给企业的巨大经济效益。毫无疑问,区块链的特性可以高效实现赋"信"于农作物的功能,未来区块链也将在食品安全领域发挥更大的作用。

第五节 多维生态农业复合型人才培训

黄山学院坐落在风景秀丽、文风馥郁的中国优秀旅游城市——安徽省黄山市,是一所综合性省属普通本科院校,是安徽省首批地方应用型高水平大学建设试点高校之一。学校秉承"教人求真,学做真人"的校训,坚持"地方性、应用型"办学定位,依托黄山市丰厚的旅游资源、生态资源和博大精深的徽文化资源,重点打造"旅游、生态、徽文化"相关专业和学科,深化综合改革,加强内涵建设,提升发展质量,着力提高办学治校水平,大力培养高素质应用型人才,努力建设特色鲜明的地方应用型高水平大学。

学校坚持立足地方、服务地方,把服务地方经济社会发展作为一项重要战略任务,充分发挥智力优势和人才优势,主动对接黄山市发展战略和目标,为企业解决生产过程中遇到的技术问题,研发符合社会需要的新产品。同时,黄山学院也借助于社会资源,培养"双能型"师资队伍和适应社会需要的复合型大学毕业生,以达到"校企合作双赢"的目标。在这样的理念下黄山学院与本地企事业单位开展了卓有成效的广泛合作。与黄山市多维公司的合作,就是典型案例之一。

一、校企共建基地

为响应黄山学院"地方性、应用型"的办学定位和国家创新创业的号召,我校生命与环境科学学院充分发挥自己的优势,积极与黄山市多维公司对接,共谋校级合作基地"黄山学院—多维生物校企合作实践教育基地"建设,在取得阶段性成果的基础上积极建设省级实践教育基地"黄山学院—多维生物校企合作实践教育基地",并成立了"黄山多维生物实训中心"创新创业实践平台。黄山多维生物实训中心平台始建于2016年1月,为黄山学院校外创新创业实践平台,位于黄山市休宁县多维公司和霞溪生态农庄内;该平台可面向生物科学、生物技术、食品科学与工程、园林、林学等专业学生开展创新创业实践活动。该平台由校内教师和校外教师共同组成,校内教师以生物技术教研室教师为主,校外教师以企业领导和部门技术负责人为主,其中董事长陈光辉为黄山学院特聘教授,下属的金状元酿造有限公司的总经理周玉彬先生为国家一级注册品酒师、一级酿酒师。

图9-8 陈光辉董事长为黄山学院生命与环境科学学院的学生作报告

二、教师应用能力发展工作站的创建

建设地方应用型高水平大学,离不开高水平的"双能型"师资队伍。而将教师送到企业挂职锻炼,是培养"双能型"教师的最有效途径之一。黄山学院从2014年12月起,先后在相关行业、企业建立"教师应用能力发展工作站"40多个,选派进站挂职锻炼教师80余名,目前已考核出站教师20余名。其中,黄山市多维公司是生命与环境科学学院建设的第一个教师应用能力发展工作站,于2015年1月5日正式挂牌成立,先后有两位教师进站挂职锻炼。从结果看,进展挂职锻炼教师取得了极大的成功。借助于这种创新的校企合作模式,生命与环境科学学院先后与多维生物开展了多种形式的合作交流,包括建立了校级和省级"黄山学院—多维生物校企合作实践教育基地",成立了"中国技术市场协会——多维生态农业培训中心""黄山学院—黄山多维教师应用能力工作站"等创新创业实践平台,有大批学生到企业实习实训。同时,黄山学院与多维公司成立联合攻关小组,就生产实践中存在的技术难题进行研究,联合申报国家专利等等(见下文)。

鉴于双方合作共建教师应用能力发展工作站期间取得的极大成就,多维生物在黄山学院首次教师应用能力发展工作站考核中名列前茅,获得一等奖。两位进站挂职锻炼教师也分别获得"优秀"和"良好"的出站考核成绩。

一期聘请了7位专家教授、企业董事长作为"多维生态农业培训中心"的讲师。

1. 朱立志(多维生态农业培训中心首席导师)

中国农业科学院农业资源环境经济与政策创新团队首席科学家,农业经济与发展研究所高级研究员、博导,北京中农生态农业科技研究院[①]院长,同时还兼任中国国外农业经济研究会副会长、《全国农业可持续发展规划(2015—2030年)》撰写组牵头人、农业部休闲农业重点实验室农业经济首席专家、中国国学

[①] 该研究院成立于2018年9月28日,统一社会信用代码为5210000MJ016539XC,是以国务院农业农村部、国家发改委有关部门、国家民主建国会中央农业农村工作委员会为知道,以中国农业科学院、中国农业大学、北京农学院等专家智库为支持,经北京市民政局批准政策成立的民办非企业单位法人。研究院储备有多名生态农业科技领域的知名院士、博士等专家成员,是专门开展生态农业的课题研究、成果转化、业务咨询、业务培训、合作交流;承接支付对生态农业科技领域的委托服务;通过国家政策的导入,以推动我国生态农业的发展的新型智库。研究院以乡村振兴国家战略为引领,以农业新业态为抓手,配以产业、商业、金融、科技、信息等资源要素,构建新时代高纬度的三农新经济体系及农业一二三产业融合发展孵化平台。在国家大政方针的指引下,研究院立足自身优势,通过整合各方优势资源,着力推进现代生态农业科技领域内项目的产学研用一体化发展。

院大学食育文化研究院副院长、农业部农业环境污染咨询委员会委员、农业部工程建设项目评估专家、亚洲农业研究（英文）期刊编委、北京大学中国信用研究中心特邀研究员、世行亚行中国项目咨询专家。授课题目为《生态农业的理论、政策与实践》。

2．邓佩刚

邓佩刚，2004年获香港科技大学机械工程系博士学位，专业方向为MEMS芯片应用技术。邓佩刚博士具有10余年的国际知名大学、高科技公司、科研机构的物联网传感器、大数据应用等方面的研发经验，具有丰富的实际产品开发经验，以第一作者在国际高水平杂志和会议等发表20余篇学术文章，授权相关发明专利10余项。

邓博士以"物联网用集成化无线传感芯片开发"项目，获批武汉东湖新技术开发区第五批次"3551光谷人才计划"，现任深圳前海天幕科技有限公司执行董事。从事农业大数据应用多年，在农业物联网生产数据应用，基于大数据的农业互联网+应用等方面取得了丰富成果。授课题目为《大数据时代的农业新业态》。

3．张寿廷

瑞典国家研究院农业与环境工程（JOL）中国首席代表、北欧可持续发展协会会长。瑞典乌普萨拉大学博士。先后于瑞典多家研究机构包括卡罗林斯卡医学院从事环境与医学的研究工作。主导建立的北欧可持续发展协会通过创新平台正积极系统性整合北欧在环境科技与健康科技领域的多方资源，推动北欧中国的科技项目合作与交流。协会组织的北欧中国可持续发展系列论坛已逐步成为北欧与中国的可持续发展合作的重要平台之一。授课题目为《瑞典现代农业经验及模式借鉴》。

4．刘忠章

中国食品工业协会花卉食品专业委员会总工程师。授课题目为《特色农业与美丽乡村规划设计》。

5．贺乙峰（中医农业开拓者）

贺乙峰，重庆中瀚中医农业科技集团有限公司董事长、中医农业乙峰"99植宝"发明人、国家星火计划先进个人、国际中医农业联盟联合发起人。授课题目为《中医农业促进农业健康可持续发展》。

6．吕顺清

黄山学院生命与环境科学学院，院长，教授，副研究员。主持项目有：疣螈属动物的分子系统地理学研究（30870281）；中国科学院分类区系特别支持费项目"疣螈属系统发育研究"作为子项目主持人；参加了中国科学院重大项目"澜沧江流域人文因素对生物多样性的影响"；中国科学院西南创新基地项目"横断山及其临近地区生物多样性的起源、演化及持续利用研究"的一级课题级主持人。1993年因参与编写《云南两栖类志》获得中国科学院自然科学三等奖。授课题目为《做复合型新农民，书写精彩人生》。

7．陈光辉

十二届全国人大代表，副研究员、黄山学院客座教授、安徽省农业科学院客座研究员。现任新林草农民合作社理事长、黄山市多维生物（集团）有限公司董事长、安徽省循环经济研究院副会长，全国科普先进个人，全国首批创新创业导师。申请和获得11种模式和产品的国家发明专利，在担任十二届全国人大代表期间向多部委提出36项关于"三农"问题的建议，撰写论文几十篇。其中，《探索中国农业发展新思路》《林草经济是山区草原最大的绿色经济》获论文一等奖。授课题目为《多维生态农业的理论与实践创新以及未来发展前景》。

三、产学研结合成果丰硕

如前所述，依托教师应用能力发展工作站这种新型产学研合作模式，黄山学院与多维公司开展了多项卓有成效的工作，取得了丰硕成果，达到了双赢目的。

1．组建创新前沿团队，参与企业的科技攻关

和多维公司合作成功申报黄山市科技局项目"巨农木瓜醋饮品技术研发"，项目号2015KN-10；协助完成多维木瓜新品种巨农木瓜1号的鉴定工作；完成木瓜果醋饮料生产方案的确定，生产线的设计、布局、设备选型等；对木瓜蛋白酶进行活性和保存温度研究，为木瓜果醋产品研发提供实验基础；对养生米酒生产车间进行改造和布局设计。

2．组建兴趣小组，为企业攻克难题

实训中心指导教师柏晓辉带领生物技术以及食品科学与工程的学生完成了多维桑葚果园中患"白果病"植株病原菌的分离鉴定等工作，为企业节省了资金，同时也增强了学生浓厚的科研兴趣。

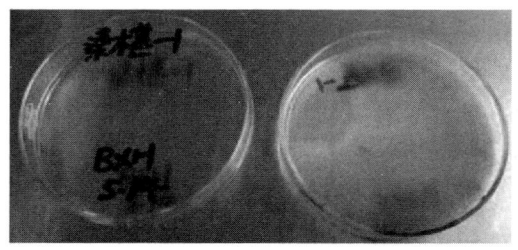
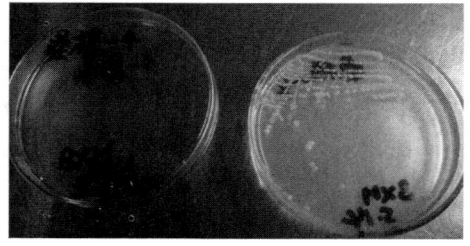

图9-9 "白果病"桑葚中分离的病原菌

其次,创新地在企业设立教师应用能力发展工作站,委派骨干教师到企业挂职锻炼,强化学校"双能型"教师培养工作,促进青年教师全面发展;同时,也为企业实地解决生产中的难题,开展了一系列的产学研合作。

3．参与研发木瓜汁果醋产品

根据多维循环农业种植的农产品——中华源非转基因木瓜为原料,研发新型保健饮料——木瓜汁果醋。从木瓜汁果醋项目的前期市场调研、生产工艺的设计探索与优化、产品前期的小试试验、中试试验等过程中出现问题的分析,提出合理的解决方案;后续采用正交实验对果汁的调配进行实验和优化,最终确认完善的生产工艺。根据完善的生产工艺,黄山学院挂职锻炼教师设计了生产线的布局和规划,设计采纳合适的生产设备及设备选型,与商家进行价格咨询,与公司总经理一起实地考察设备供应商,为董事长提供可选的设备采购方案,最终为生产线的正式投产和正常生产做出了突出贡献。

4．木瓜蛋白酶活性研究

对木瓜汁果醋中的木瓜蛋白酶活性进行研究,研究木瓜蛋白的稳定性,研究pH值、温度和保存方式等对木瓜蛋白酶在产品中活性的变化情况,为产品的稳定性提供数据支持和参考;合作发表科研论文,为木瓜果汁、果醋和木瓜果酒等产品的研发提供了理论支持。

5．为公司苗木基地患病果桑进行病原菌分析

黄山市多维公司旗下苗木基地150多亩果桑患"白果病",果桑颗粒无收,经济损失惨重。在工作站中挂职锻炼的老师不辞辛劳带领学生深入基地采取患病样品,对样品中的病原微生物进行小心分离、纯化和鉴定,为企业研究合理的药物用于该"白果病"的防治提供实验和理论支持。

6．协助公司进行科研工作

在该企业教师应用能力发展工作站中挂职锻炼教师,协助公司相关工作人员

对多维公司基地生产实践中发现的一株新木瓜品种进行新品种申报和立项。同时，在黄山市积极推动经济产业升级和探索中，黄山学院作为地方高等学校和企业一起合作积极申报，并成功地申报了黄山市科技局90万元的研发项目。

双方的合作取得了丰硕的成果，得到了黄山市当地媒体及安徽省重要媒体的关注。2014年8月10日，安徽电视台派记者专程赶到多维公司，对学生实习进行了深入采访报道。

图9-10　安徽电视台采访正在实习的黄山学院学生

四、复合型人才的培养

为了培养具有实践动手能力和运用系统工程方法思考和解决问题能力的复合型人才，借助多维生物的强大资源平台，黄山学院生命与环境科学学院先后安排了多批次学生开展课程实习实训和毕业实习实训。

1．学生实习实训

给生物技术班的同学安排《生物化学》《微生物学》课程实习。通过该课程的实习，使学生基本掌握了工厂化操作的基本流程，了解了酶、微生物等在日常生活中的应用，增强了学生学习专业课程的兴趣。

2．学生毕业实习实训

截至目前，先后有园林、林学、生物科学、生物技术等专业的30余人次在多维公司参加毕业实习。

图9-11　生技学生赴多维生物集团进行《生物化学》和《微生物学》实习

图9-12　黄山学院生命与环境科学学院师生在多维生物进行体验式实习

3．共同指导学生毕业论文

从实习基地建立起，客座教授陈光辉和企业导师周玉彬就一直担任生环学院学生的毕业论文指导任务，且很多毕业论文的研究内容都是围绕企业的实际情况开展的。

2015年5月20日下午，生命与环境科学学院还与多维公司合作，第一次在企业举行毕业论文答辩，在该公司实习并就业的五位2011级生物技术专业的学生参加了答辩。答辩委员会也是有双方人员组成，包括该公司的董事长、黄山学院的客座教授陈光辉，以及金状元酿造有限公司的总经理、国家一级酿造师周玉彬。

在企业进行本科毕业论文答辩，让企业人员参与学生的毕业论文答辩，更能发现学生论文中的闪光点和不足，使学生的论文更接地气，也给即将踏入工作岗位的同学提供了一次很好的锻炼自我的机会和实战性平台,同时学生论文中的独创性见解也使企业得到很大启发。

图9-13　在多维公司参加学生毕业论文答辩的答辩委员会组成人员

（左起：董丽丽、陈向阳、陈光辉、毕淑峰、周玉斌、马雪泷、柏晓辉）

五、人才培训工作进展

2017年10月,农业部、教育部、科技部制定了2018—2030年农业百万、千万绿色人才培训计划;2017年11月11日,首届中国农村创业创新论坛在江苏苏州召开,原农业部部长韩长赋表示,要把支持农村双创与新型职业农民培育工程结合起来,到2030年每年培育1 000万人次农村双创人才。中国太需要懂得采用系统工程方法解决农业问题的复合型人才,当今农村只剩下老弱病残小,农村农业人才市场需求非常大,是中国技术市场协会一项义不容辞的责任和义务担当。

多维生态农业培训中心2018年在中国科学技术市场协会领导的关心和支持下,建立在黄山市多维公司多年创新发展的基础上。截至2018年底,已完成创建699亩多种新型模式示范、参观、学习、培训、展示区、实验区和生物多样性组合研究科普实践基地,制定全链新型茶园模式国家生态农业综合标准化体系,创造了亩收入5 000～10 000元甚至几万元的多种新型农业模式——"人工智能+生物交叉点=生物智能化农业",通过实验区做给农民看,转变农民的思想观念;教会农民干,打造现代中国农业生态文明升级版;带着农民干,因地制宜地,探索适应全国不同地区的农业新模式——走中国农业绿色科学发展之路。

创办多维生态农业培训中心意义重大，迫在眉睫。《多维生态农业》就是利用自然科学、社会科学、思维科学等交叉科学对我国存在的100多个农业问题系统解决方案的多向思维和系统工程思维。多维生态农业把传统单一农业转化成人工生产系统与生态系统共同体高级平衡的生态农业，把人民对美好生活的需求与自然友好结合起来，创造了一种源于自然森林农业的复合式循环农业模式：多物种混合种养+多链体内外循环+中医农业+多物种收益+多物种加工+多级能量物质流+多物种废弃物循环利用+多级循环增值+多维消费增值平台=多级财富倍增，再结合人工智能系统在办公室电脑里"种田"和消费者全程可追溯系统，新型多物种混合种养模式使土地产出率提高3~10倍以上，通过人工智能+生物技术解放农村土地生产力，实现农业全链绿色生产，人民群众的生活物质会变得极为丰富。以此来颠覆几十年的化学农业生产方式：单一化学农业+废弃物+污染人空气水土食品+人畜禽鱼虾抗生素等+生物抗药性=生态链恶性循环。多维生态农业通过农业新方法、新技术、新模式、系统解决方案的创新，将引发农业全生物链、全产业链、价值链、信息链、生态链等带来农业两种生产方式和要素的根本转变，这是一场农业革命。这是绿色发展的需要，是国内外形势发展的需要，是人民群众对高质量生活的需要，是农业人才紧缺的需要。

在此背景下，2017年公司以获得"全国青少年食品安全科技创新实验示范基地"和成为航天食品战略合作基地为契机，2017年11月25日获得"多维生态农业培训中心"授牌，2018年筹建"中国技术市场协会多维生态农业培训中心"，一年内完成以下6项具体工作。

1. 有了自己的实践基地

完善多种多维生态模式实验基地，特别是多维生态稻田实验基地，完成稻鳖鱼虾药草和稻蛙鳅鱼菜草两种生态稻田立体混合种养模式，投入7.4万元，2018年9月30日，邀请休宁县电视台、黄山学院生环学院、农科院、内蒙古航天、上海有机认证公司、当地农户等共同见证了多物种稻田丰收景象，与黄山学院校企共建基地建设取得很成功，通过黄山学院和上海英格尔论证有限公司进行水土溶解氧、氨氮、速效钾、速效氮、镉、pH值、综合效益等多项因子的多次数据检测和有机论证，证明新型模式有效地解决稻田农药问题、化肥问题、除草剂等环境污染问题与农民增收难，而且利用生物动力，大幅降低农民劳动强度和生产成本，农民省肥、省药、省力、省工、省钱。

2. 有了自己编写的教材

2018年9月3日，与中国农科院、农业部、科技部专家等合编农业全链绿色转型教材《多维生态农业》第一版，目前已出版，并被国家图书馆收藏，投入15.5万元。《多维生态农业》第二版比第一版内容更丰富，增加了生态补偿机制、中医农业典型案例、复合型农业人才培训、人工智能区块链、主要作者关于体制机制建议等许多新内容，而且由三位院士题字签名。与2018年底完成的《多维生态农业》加密视频讲座、新型模式影视片、实践基地等内容共同形成教材的理论篇、实践篇、机制篇、总结篇。预计《多维生态农业》第二版将于2019年下半年出版。

3. 生态农业培训中心开班了

2018年10月27日，"多维生态农业培训中心"开业开班仪式在黄山学院举行。中国技术市场协会副会长杨素荣、中科院植物研究所张四维教授，中国农业科学院农业资源环境经济与政策创新团队首席科学家、农业经济与发展研究所高级研究员、博导朱立志，瑞典国家研究院农业与环境工程（JOL）中国首席代表、北欧可持续发展协会会长张寿廷，安徽省农科院院长杨剑波，香港科技大学博士、深圳前海天幕有限公司董事长邓佩刚等专家领导、企业家等出席了开班仪式。开班活动投入经费包括招待费等支出12.7万元。随后，开展了"多维生态农业培训中心"第一期培训，免费为黄山学院200余名学生带来了多维生态农业新模式、新技术、新理念。

4. 完成了视频讲座制作

2018年11月25日，多维生态农业培训中心第二期培训在黄山学院举行。与第一期的讲座内容视频共同完成《多维生态农业》视频讲座制作的全部内容，制作费用为12.7万元。

5. 完成新型模式影视片制作

2018年底公司完成制作多维生态农业全链加密视频教材和新型农业模式影视宣传片。制作费用为7.5万元。

6. 完成大数据人工智能稻田的设计方案

建立在2016—2018年三年大数据基础上，2018年底多维公司与深圳天幕合作完成多维生态稻田人工智能系统的总体设计方案、多维生态稻田的规程、大数据、自动装置、接触点、检测要求和范围等。设计和实施方案报价53万元。

总之，2018年是多维公司非常忙碌的一年，在中国技术市场协会的支持与帮助下,在多维生态农业培训中心专家教授、企业家们的扶植关心下,在全体员工的辛勤付出下,多维生态农业培训中心稳中求进,取得了培训阶段性初步成果,虽然在2018年一直是在不断投入而没有产出,但为2019年开展培训打下了坚实的基础,我们圆满完成了《多维生态农业》视频讲座制作、新型模式影视片制作、新型农业模式实践基地建设,《多维生态农业》第二版教材的修改和出版也将很快完成,打牢打好培训中心的基础,改变传统农业模式和思想观念;教会农民干,打造现代中国农业生态文明升级版;带着农民干,因地制宜地,探索适应全国不同地区的农业新模式——走中国农业绿色科学发展之路。

六、2019年工作计划

2019年的工作主要有以下4项任务。

1．做好培训

做好多维生态农业培训中心新型复合型农业人才培训工作,为实现农业绿色、高效、循环、可持续发展服务,计划2019年开展8~12期培训班,招收学员400~600人,培训时间为3—10月,主要培训多维生态稻田、多维生态茶园方面的农业人才,将视运营情况多增开几期培训班,为下一步全国复制应用推广做准备。

2．做好产—供—销服务

构建多维消费增值平台。与北京稻香村、航天福利网、重庆丰都等公司合作为多维生态农业多物种产品积极开拓市场做准备。2019年计划推广多维生态稻田10 000亩,其中人工智能生态稻田3 000亩;指导学员推广多维生态茶园5 000亩,与学员共享基地、共享市场、共享平台,互联互通。

3．做好示范应用推广

建好人工智能生态稻田示范园和。借力"物联网+""互联网+",结合多维生物种植技术,选择水产养殖田为试点,第一期以稻鳖鱼虾养殖田3 000亩以点带面,大力推进、对接"生物智慧农业"管理系统建设:①建设物联网应用系统,实现养殖场内环境监测、远程视频及水阀进出口等设备远程控制,确保精细化生产、提高效率。②建立中医农业土壤墒情监测、环境监测、远程滴灌控制系统。③建立生态农产品的质量安全追溯体系,对从生产到销售,全程实现数字化、精细化、智能化管理。

4. 做好孵化创新

孵化创新，扩大服务范围。巩固完善和做好《多维生态农业》教学实践基地。推广多维生态农业的多维生态茶园、多维生态平原、多维生态库塘、多维彩色植物园等多种新型模式，孵化一个，成熟一个，推广一个，发挥中国技术市场协会多维生态农业培训中心的功能和作用，服务中国农业向绿色、高效、循环、可持续发展转型。

第十章　多维生态农业"3+1"体系之体制机制创新的建议

　　为什么作者要反复强调体制机制要配套创新？农业是一个复杂的系统工程，作者刚开始从事农业的想法，只限于通过创新先进的生态农业种养技术方法，解决农业农药化肥除草剂等食品安全问题，通过多物种多链循环解决茶农增收问题。可随后问题来了，必须投资办厂解决农民多物种鲜产品加工出路问题，接下来，还要把多物种深加工产品卖到市场上去，最后不得不研究农业的全链闭环大循环，每一个环节必须环环相扣、环环相连，产供销种养微加每个环节与政府体制机制都有着紧密联系，一个环节脱节则全链断裂，一不小心碰到一个政策、一个红头文件就会栽跟头，辛辛苦苦探索出的绿色、高质量农业发展路子就走不下去。

　　一个政策、一个红头文件也可以淘汰转型一大批中小微企业，也可以让一个新兴行业迅速发展起来；反之，也可以成为束缚人类社会文明与进步的"枷锁镣铐"，更何况是两种截然不同的农业生产方式的全方位变革？所以，体制机制创新与配套非常重要，它成为多维生态农业新型模式应用推广的重要组成成分。还有一点，中央政策方针再好，但如果遇到"中梗阻"层层设卡、层层遇阻，也很难落地。之所以提出这一深层次比较敏感的问题，是因为作者在多年来进行全链探索过程中有过这方面的亲身经历和感受，特别是作者在创建农业园一个项目中，就遇到多层障碍和无意识的阻扰，而且经过多年总结出来的典型循环经济案例也都面临同样的困难和问题，值得有关部门深思。

　　2012年，中央出台了关于三产融合的文件，2013年陈光辉领衔31位全国人大代表提出"创建国家多功能大循环农业实验区的建议"，全国人大常委会办公厅有文件，中央领导有批示，省委书记有批示，省市县发改委立项（批示、文件见本书附件），可有关部门却拿不出三产融合的环评报告（中央文件下达一年多，下面还没有配套和成立三产融合环评部门，导致农业园项目中途夭折），还有禁养区问题（政府大面积范围禁养，农业如何循环，循环可以变废为宝，又哪来的污染？），土地经营指标问题（家庭农场、种养大户、合作社、新型经营主体等如果不批经营用地，鲜产品如何加工出售？农业项目落户工业园受到一些限制），新资源食品论证机制问题（新品种、新技术、新方法、新模式的创新受到该体制机制的很大限制，例如，明日叶、救心草产品不准上市。还有一个例子，中医源于中国，但许多不是处方药，为什么日本韩国却能将中国中药秘方拿走卖到全世界？云贵川等一些地方特色农产品因为人为设置高门槛，至今还不能准入市场）、新标签法对新产品宣传的限制、农业资产融资难问题（农业资产至今不能像房地产一样融资，显然对农民农业农村不公，也制约着今后乡村振兴和农业生产的发展）、农业项目实施周期问题、农村缺人缺钱缺技术……这些让新型农业模式的应用推广到不了"最后一公里"，我们满腔热血开拓创新多功能大循环农业实验区，是一个技术集成、产业联盟的全链大循环工程，内容包括多种新型农业模式农业基地示范区、与田园综合体配套的多物种鲜产品深加工厂、多物种废弃物"五化"（能源化、饲料化、肥料化、基料化、原料化）处理厂、中医肥药加工厂等组合而成的全链绿色生产农业园，认为创建这样的多功能全链大循环农业园才是中国农业希望所在，也是中央三令五申"把农业绿色发展贯穿全生产过程"的具体行动落实。遗憾的是，由于以上种种问题和原因，由41颗"多维生态农业芯"技术集成的高质量大循环农业园无法展示在读者目前。

批评与自我批评是我党的光荣优良传统，提出这些问题、反映这些问题的目的只有一个：为了有关部门更好地解决问题，也从中深刻领会以习近平同志为核心的党中央致力于推动"三农"工作的理论创新、实践创新和制度创新，能够深深体会到李克强总理关于坚决打通"最后一公里"的良苦用心，人民政府一切为人民。由此可见，深化农村改革意义重大。

本章有四节内容，分别是土地变革、土地合作经营与流转、作者的建议以及相关的重要文件。建议篇是本书的一个重要组成部分。

第一节 我国农业近代史上的四次重大土地变革

围绕解决农业系统难题的方案，首先回顾一下我国农业近代史。在农业近代史的几次土地变革中，最终解决农业陷入多重困境的方法都很简单，都是通过

"几个字"就把问题解决了,而且符合民意。

一、土地革命

第一次是四个字——"土地革命"。第二次国内革命战争时期,中国共产党在根据地开展打土豪、分田地、废除封建剥削和债务,满足农民土地要求的革命。土地革命使广大贫雇农政治上翻了身,经济上分到土地,生活上得到保证。通过轰轰烈烈的农民土地运动,彻底消灭了封建剥削制度,结束了中国社会的封建半封建性质,土地由剥削阶级所有转为归农民所有,实现了耕者有其田的目标,解决了民主革命时期留下的最大问题,同时也有力激发了农民劳动的积极性,大大解放了农业生产力,使农业生产迅速得到恢复和发展。

二、土地承包制

第二次是五个字——"土地承包制"。在大集体、大锅饭、大家吃不饱的情况下,小岗村农民发起了席卷全国的土地承包制。这次改革,将土地产权分为所有权和经营权。所有权归集体,经营权则由集体经济组织按户均分包给农户自主经营,集体经济组织负责承包合同履行的监督、公共设施的统一安排、使用和调度,土地调整和分配,从而形成了有统有分、统分结合的双层经营体制。土地承包制的推行,纠正了长期存在的管理高度集中和经营方式过分单调的弊端,大大提高了农民的生产积极性,较好发挥了劳动和土地的潜力,解决了农民的温饱问题。

三、民工潮

第三次是三个字——"民工潮"。在承包制之后的几十年里,虽然解决了农民的温饱问题,但有限的土地上富余劳动力越来越多。由于缺少创新,一直延续传统低效的农业模式,我国农民长期贫困,无法养活一家老小。一部分不满现状的农民背起行囊,离开家乡,走天涯、闯天下,形成汹涌的民工潮,完成劳动力的自发调节和平衡,其实质是农民离开土地的反贫困运动。

四、多功能大循环农业

认为第四次是多功能大循环农业——解放农村土地生产力,或者叫国土高质量改造。这次变革与以往变革的最大区别是,实现农业向绿色、高效、循环转型。一是要完成顶层设计；二是创新型农业模式，开创多功能大循环农业，通过三产融合的大循环农业彻底解决农药、化肥、废弃物等一系列污染问题，最大限度地提高国土资源利用率和产出率；三是宏观调整种植结构方面，通过发展高效森林农业，强化北方旱区粮区蓄水、保水、造水、防沙功能，解决18亿亩耕地水资源短缺问题，利用76亿亩山区草原发展木本草本粮棉油代替转基因食品、饲料、棉花等，构建四大立体粮仓，实现我国农业总体安全，依靠我国人民自己来解决吃饭穿衣问题，决不受制于人。

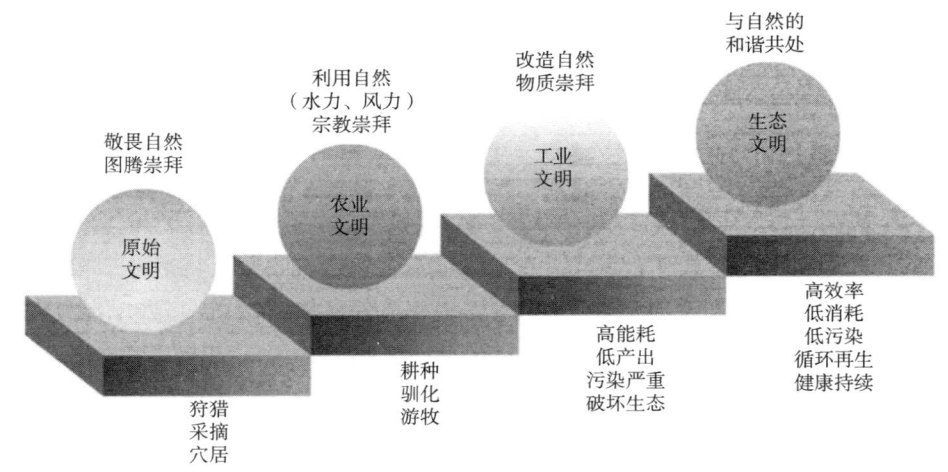

图10-1　原始文明向生态文明的发展过程

第二节　多维生态农业模式下的土地合作经营和流转方式

一、创新与农民土地合作经营模式

如果直接流转农民茶园1万亩，需要公司投入2亿元资金，农民可能从此失地失业。如果公司请农民干活，农民不是为自己干活，劳动不积极、消极怠工。现在，公司采取与农民土地——茶园合作经营的方式，在农民茶园地里推广新型茶园种植模式，农民出茶园不出钱买苗，公司投苗木不花钱流转茶园，茶园仍然由农民经营，农民采用公司的技术，双方共同管理茶园，合作经营，公司年年按照合同价收购农民的各种花叶果实，1万亩立体示范茶园的一切资源由双方长期共享。几年来，公司先后向农民提供苗木1 600万株，改造茶园面积10 021亩，这种土地合作经营方式农民愿意干，农民非常满意，而且劳动积极性很高。

二、反租倒包模式

以霞溪生态农业园为例说明。霞溪农业园通过反租倒包的方式流转土地699亩，建立公司种质资源圃。公司付给农民土地租金，让农民继续在原来的土地上边劳动、边学习，农民从中掌握了多种种植和繁育技术，然后公司将699亩土地的林下经济反租倒包给农民，收入归农民所有。农民还利用在霞溪农业园学到的技术回家发展明日叶、救心草生产，公司回购他们的鲜产品，农民年收入达万元以上，现在又立体种植木瓜、果桑，收入会更高。这种模式已辐射到10余个乡村，不仅为公司提供优质加工原料，还为公司扩大茶园改造培育了大量苗木。常年在霞溪生态农业园劳动的农民有200余人，年龄大多是六七十岁以上的老人和妇女，他们闲时在家门口的农业园务工，年人均务工收入达五六千元，忙时在家里种稻、养猪等，务工和农业生产两不误。

三、入股分红模式

在绿色、高效大循环农业新型模式条件下，农民看到了希望，生活有了盼头，他们就会自愿以土地、资金、劳动力入股。公司允许农民以多种方式入股参与分红，经过培训的农民成为农民工人，从事公司农业生产和农产品深加工，于是农民拥有了三重身份——农民、工人、股东，农村工业农业形成了。最终，形成农民工人、工业农业农村大循环农业体系建设与农村城镇化建设相结合的美好新农村。

四、产学研合作模式

以霞溪农庄为例说明。公司通过产学研合作，校企共建基地、校企共建教师应用能力工作站，创新亩产收入达到5 000～10 000元甚至。这种新型农业模式在各个村得到推广，各村建立起新型模式农民示范基地，大幅提高亩产收入，农民看到效益后愿意加盟，公司根据基地发展，加快多种新产品的研发和新型营销模式的推广，然后牵头组建新林草农民专业合作社，形成科研+公司+合作社+社员+基地的产学研合作模式，然后再大面积推广应用。

五、土地规模流转做大（茶）产业

以霞溪生态农业园为例说明。2012年底，公司流转渭桥乡上演村11个村民组的全部耕地1 000亩，既解决了当地428位农民劳动就业问题①，还有每年400元的土地租金，这样公司就可以集中土地干大事，能源源不断地为休宁县20万茶农、20万亩茶园改造繁育提供特色苗木。通过示范，今后还可以利用全国各地的苗木基地为山区特色区域经济发展和1 000多个产茶县的茶园改造建立种质资源圃，繁育特色苗木，培育新兴农林战略产业。

第三节 关于多维生态农业"3+1"体系之体制机制创新的建议

一、政府体制创新是多维生态农业系统解决方案的重要部分

2014年3月9日，习近平总书记在安徽团听取陈光辉代表发言后说："复合式循环农业模式这条路子值得好好总结""我看这种模式（指多功能大循环农业）很好，可以逐步推广。"总书记的话一直鼓励、激励着我们好好总结这种模式。

2017年3月10日上午11时，李克强总理来到安徽代表团审议报告。会后，陈光辉代表紧紧握住总理的手谈论给总理的说："我给您的信（建议）收到没有？"两会期间，陈光辉代表向李克强总理递交一个光盘——新型农业模式影视片、一封信——《关于农业问题的系统解决方案和体制机制配套创新》、一本书——关于《多维生态农业》新方法、新技术、新模式、新思路。《多维生态农业》一书的主要作者陈光辉在担任十二届全国人大代表期间，联名31个代表提出《关于系统解决"三农"问题的建议》《关于创新型农业模式试验区的建议》等36个建议，全国人大常委会办公厅先后出台4个文件，要求农业部会同财政部、国家发改委、国家林业局共同办理，汪洋副总理（时任全国政协主席）、李建国和吉炳轩两位副委员长都对多功能多循环农业模式作了重要批示，多部委也多次委派专家学者深入公司进行专题调研，因为"各自为政"不能成系统，就不能像大飞机、航母一样由多家企业、成千上万的零部件组装形成农业产业联盟、技

---

① 其务工收入为6 000～8 000元，原来种两季稻的收入才2 000多元。

术集成、设备组装、标准化等，以致作为农业大国的我国至今没有与新型农业模式配套的农业园。农业要素是由效益、金融、财政、人才、技术、加工、生产、市场、土地、模式创新试验区、资源配置、政策、体制机制等组合而成的系统工程——构建郡县制下中国3 000多个特色县域经济农业大循环体系。

综上所述，生物交叉点——生物多维组合技术——复合式循环农业模式——全链绿色生产——复合式生态产业体系——多维消费增值平台——多维生态农业——林草问题——多功能大循环农业——体制机制配套创新等，构成多维生态农业系统解决方案，每个环节的实施离不开政府的体制机制创新和配套。多物种种苗培育—构成多物种混合种养模式—形成多物种多链循环—农民获得多物种收益—企业进行多物种加工—多物种废弃物循环利用—多物种物质能量流—多级循环增值，模式中的每一个种苗、每一种鲜产品、每一个农产品、每一个流通环节需要政府的资源配置、项目支持、优惠政策等配套。

二、笔者的努力和提案

2015年9月3日至2017年5月，陈光辉先后两次写信——《关于从顶层设计入手》请中共中央办公厅转呈习近平总书记阅示。在十二届人民代表大会期间，笔者与其他31名代表提出了很多《关于创新型农业模式试验区》《多功能大循环农业试验区》等36项建议，因为这些问题的解决涉及诸多部委，2013—2017年，科技部、农业部、卫计委、国家林业局等多部委分别到多维公司进行专题调研，服务政府决策，积极建言献策，目的是希望国家早日发动农业绿色变革——国土高质量改造，尽快遏制和修复化学农业生产系统造成的自然生态系统向非良性或恶性循环发展，改善和提高人民群众对空气、水、土壤等最基本的生存环境需要、食品安全需要和健康需要。多维生态农业这种新型农业发展模式目前已得到媒体的大力宣传，取得了一定的研究成果和社会影响。2017年11月3日，农业部出台《2018—2020年农业百万实用型人才培训计划》，笔者申报了2018年多维新型农业模式试验区的建设项目；11月25日科技部中国市场技术协会为黄山市多维公司授牌——多维生态农业培训中心，同月成为全国青少年儿童食品安全科技创新实验示范基地。此外，多维公司还与航天食品签订战略合作协议，成为航天食品示范基地，2014年至今是安徽省黄山学院创建教师应用能力工作站、校企共建学习基地与复合型人才培养实验基地。

以下摘录本书主要作者陈光辉在十二届人民代表大会期间提出36个建议中的

7个建议，分别是新安江流域补偿机制建议、对"十三五"纲要中农业现代化重大工程的建议、关于创建国家多功能大循环农业改革试验区的建议、关于特别关注中小微企业发展问题的建议、关于慎重进口转基因食品和种子的建议、关于高度关注人民群众健康问题的建议、关于为了健康人人都喝茶且喝得起茶的建议。

（一）新安江流域补偿机制建议

1．背景

（1）大力倡导生态补偿机制，是生态文明进步的表现，中国虽然起步较晚，但国家高度重视人类生态、环境、资源保护，基于对其重要性的认识国家采取了必要经济手段和重要措施，这是实现利益合理分配、消除贫困两极化的一种公平举措。"生态补偿机制"如果改为"生态系统补偿机制"就更准确、更科学。因为生态问题是系统工程，必须用系统工程方法来解决。

（2）过去，保护生态环境一直属于公共服务范畴，而为保护地球环境和资源做出贡献的人在利益分配上从未得到真正合理的补偿，没有生态效益的意识，就不利于生态的保护。如果没有黄山人一直注重生态的保护，就没有今天的世界瑰宝——黄山。多年来，黄山市人民政府和人民为了保护新安江母亲河做出了巨大的努力和牺牲，在山区经济发展与生态保护的矛盾中选择了绿水青山，但为此也多次错过了工业发展的良好机遇，在财政不富裕、没有生态补偿的前期，黄山市人民政府就已经开始投入资金保护生态环境，这是黄山人民义不容辞的神圣职责。黄山不仅是黄山市人民的黄山，也是中国人民的黄山，更是世界人民的黄山，黄山已成为世界人民向往的最美丽地方，它以"人类生态第一山"闻名世界，这是无法用经济价值来估算的。

（3）生态保护与生态补偿应该有章可循。新安江主要发源于安徽省黄山市休宁县境内，是安徽省仅次于长江、淮河的第三大水系，是浙江省最大的入境河流，流域面积11 674 km^2，新安江干流长242.3 km^2。要治好黄山大山、治好新安江大水以及农村的治污、治土、治穷并非易事，投入大且不产生直接的经济效益，山区林农也很难靠生态补偿脱贫致富，黄山工业又不能大发展，也就是国内外媒体所高度关注的黄山将会为此陷入"美丽的陷阱"，黄山应该得到合理的生态补偿。

2．建议

为了更好地促进黄山山区农民增收，实现生态保护与山区经济发展双赢，让黄山美丽而富饶，建议加快补偿标准办法的制定，尤其注重利用山区资源发挥林农"造血"功能的前期投入补偿，国家应在以下几个方面加大扶持力度。

（1）建议定质定量完善和制定生态补偿标准和办法。因为至今还没有制定山区碳氧排放补偿标准和优质水资源的补偿标准，可以按照森林面积、容积、区域位置、生活水平等办法制定生态补偿标准。黄山市许多地方都作为公益林保护，封山育林，但是补偿标准很低，每亩森林由原来3元/亩提高到现在10元/亩，山区林农无法提供家人看病就医和子女上学的费用。现行制定的给黄山市的生态补偿标准10元/亩也明显偏低，就是国家每年给黄山市生态补偿提高到20亿元，黄山市有140万人口，人均生态补偿不足1 500元，即便是国家再拿出更多的钱，山区林农还是很难靠生态补偿脱贫致富。在旅游业发达地区，消费和物价都很高，生态补偿对于林农来说有总比没有好，这是一种办法，但不是最好的办法。黄山是一个"八山半水一分田""靠山吃山"的山区，大部分是林农，按照现在的生态补偿标准，黄山市的林农只能为生态保护作出牺牲，作出让步，只能靠出门打工来养家糊口。生态补偿应该有一个合理标准，国家在按照保护森林面积、流域大小、森林功能分类制定标准，森林对碳吸收多少、供氧、供水多少等应该制定标准，同时建议适当提高黄山市山区林农生态补偿标准比例，这个地区的人民一直承担着高物价、高消费的压力和负担。

（2）黄山市政府年年投入大量的资金治理黄山市四县三区农村的脏、乱、差、污水、粪便、塑料袋等以及垃圾废弃物源头污染处理，还要投入资金用于新安江延江河流段242.3km的沟渠路道堤坝河床的养护修理与绿化美化。为了让黄山更加美丽，黄山市在这方面的投入非常大，建议国家增加一定比例的资金进行补偿，支持黄山市的生态文明建设。

（3）为了保护新安江流域生态环境和优质水资源，近几年黄山市否定了160个外来投资工业项目，项目总投资规模800亿元。黄山的工业发展在很大程度上受到限制，影响了黄山市各项经济指标的达标和人民群众生活水平的提高，需要参照合理的标准补偿黄山市牺牲工业和经济发展受到的损失，因为黄山市人民肩负着既要保护好世界宝贵遗产黄山，又要保护好美丽的新安江的双重责任。

（4）建议国家加大用于改善黄山生态、促进农民增收的特色苗木基地建设投入，建立森林多元化功能的生态补偿机制，如用于植物防火林、森林混交林、茶园、果园等的升级改造。长期给山区"输血"不如"造血"，为山区驻绿、增绿，实施绿色富民计划，这才是上策。黄山市拥有80万茶农80万亩茶园，茶园大部分在斜坡，水土流失严重，影响黄山景观，同时茶园施用化肥、农药，造成源头污染，必须进行茶园立体改造。茶园改造按照2 000元/亩计算投入特色苗木，仅此一项就需要16亿元的前期资金投入，国家可以分步实施，使茶园通过改造成为农民年年有收入的"绿色银行"，从根本上解决山区农民"靠山吃山"却不能脱贫致富的问题，以后也不需要国家年年帮扶。

为了实现黄山市作为美丽中国的先行区而不陷入"美丽陷阱"，实现2020年脱贫致富奔小康的目标，黄山市委市政府积极开展绿色质量大提升行动，准备通过培育大量的特色苗木，实现山区林草结构性调整，既要保住绿水青山，又要金山银山，通过山区乔灌草的科学配置和立体种植，让农民不砍树，通过多种植物的花叶果实让黄山山区变得更加美丽，而且多种植物的花叶果实又可以大幅提高林农的经济收入，还可以构成多物种、多层次保护山区的生态和水土。这是最好、最有效的生态补偿办法，也是效果良好的办法。

（5）以上这些都需要受到限制工业经济发展的黄山市政府来投入，而黄山是没有强大工业支撑的城市，资金投入又从何而来？而下游经济发达地区既发展了工业，又无偿获得廉价的优质环境和水资源，这显然不公平。笔者认为，除国家拿出一部分生态补偿资金外，下游受益者应该提取一定比例的资金用于上游生态文明建设投入的补偿，资源共享，责任共担。如果黄山市也象下游一样大力发展工业，造成水资源污染，则饮水、蔬菜、粮食、环境等一切都将被污染。

（6）加大生态补偿是一种合理的要求，特别是用于能够为山区林农"造血"方面的生态补偿，建议向新安江源头及深山老林地区倾斜。

黄山市有四县三区，以休宁县为例，休宁地处三江源头，新安江干流在县域内长164.6km，占黄山市新安江干流长242.3km的2/3，流域面积1 947km²，占休宁县国土面积的90.5%，涉及人口27.1万人。休宁境内森林覆盖率达80%，该县是山区县，80%的林农一直"靠山吃山"，现在大部分作为公益林保护不能砍伐，而国家现行政策对林农公益林仅补助10元/亩，补贴标准明显偏低，农民因为生态保护而贫困，休宁县一直戴着贫困县的帽子。

多年来，休宁县为了新安江保护相继关停整顿污染企业21家，对7家轻度污染企业安装了环保"黑匣子"，付出了"减少工业产值8亿、税收5 000万元、就业岗位1 000余个"的代价，工业发展受到限制和制约，而县域经济无工不富。

笔者建议，减少休宁县公益林的保护面积，实现公益林结构性调整，既保证林农增收，又能更好地保护生态的林草结构。为了帮助山区农民脱贫致富，返乡建设家乡，休宁县响应市委市政府号召，实施了绿色质量提升行动，将培育大量的特色苗木，实现山区林草结构性调整，通过不砍树的方式，让山区种植的多种植物的花叶果实来大幅提高林农的收入，实现经济与生态保护双赢。而茶叶是山区农民的一项重要收入来源，休宁县27万人就有20万茶农20万亩茶园，20万亩茶园改造需要投入资金4亿元，对于财政困难的休宁县来说这笔投入非常不容易，恳请国家在资金和项目的安排上向新安江源头地区休宁县倾斜，帮助休宁县推广通过多年努力探索、创新的复合式循环农业模式，这种模式被国家发改委作为全国60个典型循环经济模式案例，还被推荐到2012年联合国可持续发展大会（里约+20峰会）上进行技术交流。笔者还建议，把休宁县作为大农业循环山区试验区，通过优化山区林草结构，实现种植业、养殖业、微生物产业、环境产业的大农业循环，实现农业向绿色、高效、循环农业转型，实现多年来山区系统问题的突破，因为中国592个国家级贫困县都是山区，到2020年实现全面奔小康的目标难点在山区，潜力在山区，希望在山区，建议把休宁县作为国家山区试验区。

（二）对"十三五"纲要中农业现代化重大工程的建议

"十三五"期间，农业现代化重大工程项目不能仅仅只盯住18亿亩耕地生产和发展，中国是一个多山国家、草原大国，山区草原面积是耕地的4倍多，农业现代化重大工程项目应该全面涵盖国土46亿亩山区、30亿亩草原、18亿亩耕地、6亿亩内陆水域和海洋，也包括石漠化、沙漠化、荒漠化地区的治理。

笔者认为，除了国家"十三五"纲要列出的高标准农田、现代种业、节水农业、农业机械化、智慧农业、农产品安全、新型经营主体、农村一二三产业融合8大重大项目外，还要增加以下8个项目，因为农业是系统工程问题，必须用系统工程的方法，否则就很难解决农药、化肥、废弃物污染问题以及农民增收难等一系列问题。由于人、植物、动物、微生物都是生物，所列出的8个项目不能没有生物技术的创新，生物技术和成果是发展现代农业的内在动力，生物技术创新可以推动中国农业绿色革命。这8个项目列举如下。

（1）建议把加快、加紧保护生物多样性和在全国不同地区建立生物种质资源圃作为"十三五"农业现代化重大项目。许多生物资源如果再不加以保护将濒临灭绝，许多生物都是可以好好利用的"宝"。

（2）把生物技术创新作为美丽农村发展内在动力列入"十三五"农业现代化重大项目。特别是通过生物组合智造技术实现农业全生物链、全产业链循环，利用生物多样性解决复杂的生态系统难题和农民社会群体问题。例如，利用青蛙吃虫而不使用农药，把虫变成青蛙肉；利用鸡、鹅除草吃草而不使用除草剂，把草变成鸡肉、鹅肉；在山区选择多年生植物，山高路远不用年年耕地播种，解决山区不能机械化耕作的问题；通过乔灌草立体种植，以多种花叶果实的收入来解决农民增收难问题。

（3）建议把创建新型农业种植、养殖模式试验区列入"十三五"农业现代化重大项目。通过新型农业模式可以因地制宜，举一反三，创新亩收入达到5 000～10 000元甚至以上的生态稻田、生态果园、生态湖泊、生态森林、生态竹园、彩色园林、庭院经济等多种新型农业模式，尽快建立这样的示范区做给农民看，教会农民干。通过多种新型农业模式的复制和推广，让中国农业从此走向绿色、高效、可持续、循环发展道路，多种新型模式构成天人合一、美丽而又富饶的乡村。

（4）建议把建立现代农业生态综合标准化体系和示范园列入"十三五"农业现代化重大项目。通过农业标准化为一二三产业相互融合、融合的比例、数量、金融、厂房投入等一系列政策的配套出台提供科学数据、依据和标准。

（5）建议把适合不同地区生态、经济发展的林草装备制造业列入"十三五"农业现代化重大项目。国土种植面积最多的是乔灌草，大多是杉树、松树、枫树、杨树和灌木杂草，大部分是农民不能增收致富的乔灌草，通过利用生物多样性，选择既有多种根茎叶花果实收入又能保护生态的植物进行大量繁育，通过大苗上山、乔灌草立体种植实现大面积山区草原生态与经济的双赢，特别是培育带有营养钵、根系完整、上山前浇足水施足肥的高杆大苗上山，成活率很高，为环境恶劣地区生态修复探索一种新方法，这种方法有利于立体林业的发展，有利于沙漠化、石漠化、荒漠化地区的改造，有利于强化北方旱区粮区蓄水保水造水和防风固沙功能，有利于对自然保护区混交林的改造，也有利于国土最大面积的山区、草原发展木本草本粮棉油替代转基因粮棉油，确保国家农业安全。

（6）建议把青壮年农民工培训成为懂科学、懂技术的新型农民列入"十三五"农业现代化重大项目。发展现代农业，农民主人翁不能缺位，全面奔小康不能没有现代新型农民参加，农村不能只剩下留守儿童和孤寡老人。

（7）建议把中草药防治病虫害列入"十三五"农业现代化重大项目。中国经济植物志、文革被打倒的专家教授以及民间创造的好方法，特别是河北曾经利用中草药防治病虫害进行试点，中草药防治病虫害分解快、杀虫效果好、不含农残，如巴豆、野菊、菖蒲、西红柿茎杆等都可以配置生物土农药。

（8）建议把收集、整理和梳理遗落在民间的、不在国家食品目录范围的的特色食品、偏方、药方等宝贵资源和财富作为"十三五"农业现代化重大项目。设立专项资金进行补助，简化食品办证、健字办证、药字办证手续和费用，因为遗落在民间、不在国家食品目录的特色食品大部分在少数民族地区，不在国家药字目录的偏方、药方的知晓者也已经是七八十岁以上的高龄老人，如不及时进行这项工作，这些祖传秘方将会消失，而日本、韩国等许多国家正在利用我国的中医技术将其产品销往世界各地，包括返销到中国。

（三）关于创建国家多功能大循环农业改革试验区的建议

通过多年的探索实践和研究，笔者认为，深入乔灌草研究是破解农业系统难题的最大交叉点、切入点。研究发现，利用生物的特异功能可以解决复杂的农业系统难题，通过把多种生物（利用特异功能）种植、养殖在一起形成生物多维组合技术，这种新型生物技术可以改变落后的农业模式和化学农业方法，创造一种经济效益、生态效益、社会效益三者综合效益更大化的复合式循环农业模式，通过总结全国人民群众的发明创造和实践经验，同时总结全国最好的典型循环经济案例、模式、技术、设备、标准、互联网+三产高效融合，通过创建该试验区完成全生物链、全产业链的多功能大循环农业，形成解决"三农"问题的系统解决方案，因此建议创建这样的试验区。

试验区具有以下4个鲜明特点。

1．试验区改变了落后低效的农业模式，实现了农业向高效发展

试验区重新为中国的农民，包括养牛的、养猪的、养羊的、养鱼的，还包括菇农、稻农、茶农、菊农等设计亩收入达到5 000～10 000元的多种新型农业种植、养殖模式展示区，为农民授之以渔，打开土地巨大的增值升值空间，促进亿万农民增收。

2．试验区改变了传统的化学农业方法，实现农业向绿色发展

试验区利用生物驱虫、杀虫、吃虫、抑制杂草生长、中草药治虫、H离子水灭菌以及通过大循环将废弃物变废为宝，实现农业向绿色发展和确保食品安全，创造更多的绿色，推进绿色生产方式。

3．试验区集成全链全国典型案例，实现三产高效融合

试验区通过生物多维组合技术创新绿色、高效全生物链的植物绿色工厂、动

物绿色工厂、微生物绿色工厂,实现农业向绿色发展;通过种植业、养殖业、微生物和加工业的全产业链循环,通过新技术、新设备、最好典型案例的产业联盟、技术集成、设备组装创建了一个完整的多功能大循环农业园。

4．试验区孵化5大板块

试验区放大后将会形成非常大的新动能、新业态,表现为5大板块:

（1）新型农业模式技术培训服务业（中国农业新旧模式转型过程中,需要培训的农民群体非常大）;

（2）新型模式下的乔灌草装备制造业（76亿亩山区草原大部分结构亟待调优调顺调好）;

（3）农业中高端设备装备制造业（农业大国各省市县都需要有三产高效融合的农业园,需要大量的中高端农业装备）;

（4）新型模式带来的新兴农林战略产业和市场（替代亿万吨转基因粮棉油和饲料）;

（5）我们贡献的中国农业智慧、中国农业方案能否紧随"一带一路"走出国门,修复近十年毁掉的2.9亿公顷世界森林（需要千百亿株苗木），降低全球极端气候灾害（失去2.9亿公顷森林意味减少1 350亿吨二氧化碳的吸收和森林对1 500亿吨蓄水保水功能,这是产生极端气候的最主要因）。

（四）关于特别关注中小微企业发展问题的建议

1．背景

实体经济的发展关系到社会稳定、金融风险、社会就业、税收等,会给政府、两院工作带来巨大压力。实体经济中的中小微企业是社会经济发展的基本细胞,在当前我国调结构、稳增长、促就业、惠民生等方面发挥了不可替代的功能和作用。当今全球经济疲软,美国和欧盟债务危机仍未走出困境,国内经济结构调整转型难度加大,民间债务危机层出不穷,地方政府债务风险加大,消费不振,再加上资本避实就虚,互联网+竞价侵售,一部分商店关门,劳动力和原材料成本增加以及各种不稳定等因素。在这样的背景下,我国中小微企业面临着失去廉价劳动力和资源优势、成本不断上涨、订单萎缩、融资难等迥境,中国的企业本来平均寿命就短,现在的生存状况和运营能力将面临着更多严峻考验,唇亡齿寒,甚至会对整个社会产生重大影响,需要政府尽快拿出切实有效的措施和方法,不能随之任之,自生自灭,只有共产党才能救实体经济,实体经济为国之基

第十章 多维生态农业"3+1"体系之体制机制创新的建议

础,涉及社会、人民群众方方面面的最突出问题。中小微企业问题与"三农"问题同样都是系统难题,是社会普遍关心、关注的突出问题,系统问题必须采用系统方法解决。

2. 中小微企业的功能和作用

首先,中小微企业功能大

同世界各国的小微企业一样,这些年我国的中小微企业功能十分强大,表现为经济功能(就业功能、创业功能、竞争功能、配套大产业等)、城市功能(完善城市保安、保洁、保绿、生活服务等)和民生功能(家政、消费品物流、信息流等)三个方面。总的来看,绝大多数中小微企业(特别是工商个体户)主要从事传统服务业,既解决了大量就业,也为社会提供了便民服务,如果这些企业出现了经营困难和倒闭潮,必将不利于的社会和谐。因此,中小微企业的经营和发展,对于国民经济发展、城市发展和民生改善都是不可缺少的。

其次,中小微企业具有一定优势

同各国中小微企业一样,我国中小微企业的优势表现在:一是"船小好调头",上项目快、投产快、出产品快、占领市场快、服务效率高,因此是天生的"市场派",是建设社会主义市场经济的生力军,是社会主义市场经济体系的有机组成部分;二是大产业的"配套""配角"功能,围绕新兴战略产业和高新技术产业以及其他新兴产业(如文化产业),中小微企业能够快速配套、甘当配角,从而为大产业的快速培育和繁荣创造了必备的产业条件,进而使整个产业链更有活力、更加完善。

最后,中小微企业提供大量就业岗位,缓解就业难问题

据国家税务总局2015年3月的报道,小微企业是我国安置新增就业人员的主要渠道,新增就业和再就业人员的70%以上集中在小微企业。大力发展中小微企业是缓解社会就业压力的最直接办法。

3. 当前影响提升中小微企业运营能力的若干制约因素

这些因素可以概括为"10高",即高泡沫、高库存、"高工资"、高成本、高税率、高费用、高保险、高赔偿、高利息、高房地税。这些因素在互联网+竞价侵售等多重压力下,致使企业生存和经营困难。

一是高泡沫。

资本脱实就虚,期货和原料价格动荡波动太大,2016年底白纸从500元/吨上升到1 000多元/吨,铝材从9 600元/吨上升到15 600元/吨,企业无法核定生产成本。

二是高库存。

每个行业一哄而上，千军万马，盲目生产，供求失衡，包括现在全国各省市县一哄而上的新兴战略产业是不是下一个去库存？缺乏国家宏观规模计划的有效发展和控制，如以前的钢铁、煤炭，以后的光伏、汽车……又将面临去产能、去库存。

三是"高工资"。

生活基本成本太高构成的"高工资"，而人民群众实际收入不高，老百姓说："房住不起、病看不起、书读不起、人埋不起"等是对生活的客观写照和反映，每月4 000~5 000元/月工资的工人，扣除房贷1 000~2 000元/月，扣除缴纳的保险1 000多元/月，他们月工资还剩多少供一家人的生活费？让相当一部分人为生活所迫不得不"放下道德"，以"金钱为中心、认钱不认人"，引发各种社会不正之风和思想道德畸形转变。

四是高成本。

土地贵、原材料贵、物流贵、利息贵、电费贵、燃料贵、税费贵、服务贵等构成高成本。

五是高税率。

企业增值税17%、所得税25%等累计税项68%，总税率约28%，特别是通过互联网线上电商销售后，企业相互恶性竞争，打价格战，利润空间大幅缩水，同样68%税项，企业今天的日子不同以往税项68%的日子好过了，此一时彼一时。

六是高费用。

环评费、消防费、化验费、检测费等五花八门的多种费用，一个部门还派生许多部门和协会，进行乱收费，企业家宗庆后说差不多500项费用。但有一点企业原来最多的招待费、送礼等支出在八项规定和反四风之后是大幅减少，得到明显改观。

七是高保险。

企业为一个进厂25岁员工缴纳的保险费如果直到65岁退休，按照企业年利率7%计算，40年每月缴纳1 088元，企业共缴纳78.8万元，而一个员工从65岁退休到全国平均寿命73.5岁共享受8.5年退休金，每年按照领取30 000元退休费计算，这个员工只能拿到25.5万元，其余弥补社会保险统筹多年留下的缺口，企业等于多支付53.3万元的保险，有没有更好的办法减轻企业负担？还有今年保费费率降了，基数却上调了，朝三暮四、朝四暮三，企业家谁都会算！？为企业减负要实！

第十章 多维生态农业"3+1"体系之体制机制创新的建议

八是高赔偿。

一个员工只要上下班时出现任何意外事故或死亡，造事一方不够赔偿的部分全部由企业承担，企业多则赔个几十万、上百万元，是否合理合法？两院以前不能结的案子现在能结了，但是对企业来说，这种执法否有失公正？员工因技术操作不当或带病工作造成的工伤是否全部由企业承担？还有其他方面诸多不公的问题，农民有劳动合同法，能否为现在的"弱势企业群体"保护立法。

九是高利息。

小微企业贷款难，从事农业企业贷款更难，比较好的方式是支付利息、担保费、公证费，但有的还款到期时需要筹集应急资金，向典当行高息借贷，有的向社会借高利贷还贷，有的企业节前还款给银行，有时还了不给续贷，企业老板心急如焚，人为造成社会不稳定因素，老板心里压力太大，一直没有解决的中小微企业融资难这一突出问题希望能够引起政府相关部门高度关注。

十是高房地税。

中小微企业前期建房已缴纳土地等多项费用和税收，以往每年还只继续缴纳土地税、房屋税约2元/m^2，现在红头文件下来一下，上涨到8～15元/m^2，每亩每年工业用地缴纳房税、地税两者合起来支付10 000多元/亩。

依法纳税、担当社会责任是每个企业家应尽的义务和光荣，是应该的，企业家责无旁贷，但是今天中小微企业负担如此沉重，企业的产品国际市场竞争力在哪里？企业负担如此沉重，大众创业、万众创新创新的平台活力在哪里？如果大批企业关门、倒闭、破产，伴随而来是金融风险、社会稳定、就业问题接踵而来，政府是放水养鱼还是竭泽而渔？皮之不存毛将焉附？难怪有良知的企业家曹德旺、董明珠、宗庆后等发出强烈呼声和呐喊！质疑今天的企业能承受了这么多负担吗！

再谈谈2015年受到两院信用惩戒的案件约810万多件，占总案件的43%，是导致两院案多人少、压力大、上升的主要因素之一，两院有公务员开始辞职、换岗做律师等，这些因实体经济产生的多种社会矛盾问题形成的并发症蔓延到两院，会形成难以解决的多种社会综合征。信用惩戒惩罚的应该是老赖，而不是某些中小微企业！难道这么多企业都不讲信用，法不法众？中小微企业现在如小孩去干大人活、挑大人的重担，一些小微企业压力大、负担重，年终还到处筹钱发工资，苦不堪言。

4．中小微企业存在的问题

第一是税负重。

中小微企业的税负重,特别是新办企业,希望有关部门核实一下,企业总共缴纳的各项税费是多少?涉及哪些部门?

第二是费负重。

一是名目繁多的费,如公共服务系统的有偿服务等;二是形式多样的费;三是各种隐形的费,据企业家宗庆后说有500多项。

第三是融资环境差。

金融机构对中小微企业放贷倾向往往是慎之又慎,原因如下。

一是中小微企业多是民营企业,财务制度不规范,抗风险能力较弱;中小微企业资产较少,普遍缺乏可用于抵押担保的土地或房产;中小微企业贷款额度小、频率高,银行的服务成本较高,发生风险时银行对其员工追究责任要比给大型企业放贷严厉得多。

二是面向中小微企业服务的金融机构数量严重不足。目前,虽然有四大国有商业银行的中小微企业信贷部、农村信用社、城市商业银行、小额贷款公司、担保公司等服务小微企业的这些金融机构,但数量少、总量小、人员少、门槛高,远远不能满足成千上万家中小微企业对金融服务的需求。

三是民间借贷对中小微企业的发展尚存风险。不规范、成本高、风险高的民间借贷是中小微企业融资的主要渠道,农村还有大约50万亿的农业生物资产、农村土地、农民小产权房产等没有被激活,不利于农业新型经营主体的发展和做大做强。

第四是能力弱。

由于占有资源少和市场竞争力量弱,中小微企业更容易受到经济形势波动的影响。譬如,物价上涨更加容易导致中小微企业经营成本的上升,内需不足、需求疲软更加容易导致中小微企业产品市场的萎缩,成本上升和市场萎缩对中小微企业形成更为强大的"两头挤压",导致中小微企业利润显著下降,进而危及中小微企业的生存。固然,众多中小微企业往往采用传统、粗放的增长方式,往往跟不上科技进步和市场变化,因此,"两头挤压"所造成如果中小微企业的生存问题都难以维持,那么,中小微企业的转型升级也只能是"奢谈"、"空谈"。所以,当务之急只有确保中小微企业能够生存下来,才能使之获得发展的机会和转型升级的能力。

第五是当前我国劳动法律法规对中小微企业的保护不足。

当前我国劳动合同法对企业保护不足，如签订长期合同等规定，不适应我国外向型、代工型等企业，在一定程度上僵化了劳动力市场的灵活性；工资刚性增长，使得工资增长超过劳动率的增长，中小微企业的竞争力越来越不足。

我国劳动法律法规针对中小微企业的优惠、豁免非常少，劳动合同法中没有针对中小微企业的特殊规定。对于小微企业来说，其生存周期短、人员流动率高、盈利能力弱、抗风险能力低，要想建立起和谐的小微企业劳动关系，就需要完善劳动法律法规，提升小微企业盈利能力、减低其人力资本支出。

以上问题希望能引起政府有关部门高度重视和关注。

5．关于"着力提升中小微企业运营能力"的政策建议

（1）制订和完善旨在减轻中小微企业税费负担的各项政策，以不断优化中小企业的发展环境。

一是建立支持中小微型企业发展的长效机制，深化中小微企业税收、收费改革；

二是完善社会性保障费用减免政策，降低中小微企业在劳动力招用中的成本支出；

三是区别对待中小微企业。鼓励支持创新型企业发展，淘汰落后、污染、产能过剩企业，维稳关系民生生活用品的企业，适度给予中小微企业贷款财政补贴，降低中小微企业的融资成本；

四是出台"敦促金融机构对中小微企业贷款的增速不低于全部贷款平均增速，适当提高对中小微企业贷款不良率的容忍度"的政策或政府通过成立风险基金给予补贴；

五是健全和完善中小微企业金融服务专营机构，大力整顿小额贷款公司和担保公司，以鼓励中小微企业摆脱和大企业"抢食"的尴尬局面；

六是建立中小微企业信用体系，以保障金融机构的利益和信贷安全，消除金融机构向中小微企业放贷的顾虑，为中小微企业提供无抵押、无担保的信用贷款。

（2）制定和完善金融改革的政策，以优化中小微企业融资环境。

一是出台鼓励大型金融机构向中小微企业放贷的政策，发挥大型银行"中小微型企业信贷部"的功能和作用，推出中小微企业信贷产品；

二是支持农村信用社、城市商业银行、小额贷款公司、担保公司、民间借贷

等金融机构强化对中小微企业的信贷功能；

三是鼓励国内外国有资本、民间资本和外国资本进入金融领域，鼓励成立"公有制为主体，多种所有制并存"的专门支持中中小微型企业的中小微商业银行；

四是通过商业性金融与政策性金融工具相结合，努力缓解中小微企业融资难、融资贵问题。

（3）制定和完善提升中小微企业自身运营能力的政策。

一是鼓励中小微企业尽快提高资源、劳动力的使用效率，激活中小微企业自身的造血功能，提高中小微企业的核心竞争力；

二是鼓励中小微企业在配套战略性新兴产业、高新技术产业、文化产业以及在发展家政服务业、生活物流配送业、休闲娱乐业、城市保安保洁保绿业等第三产业中寻找发展机会；

三是鼓励中小微企业在改善和服务民生改善及民生建设过程中寻找发展机遇。

（4）对中小微企业摸底，尽快出台扶持良策。

尽快对全国中小微企业进行摸底，哪些属于高耗能、高污染企业，尽快淘汰；哪些属于僵尸企业，可以让其自生自灭；哪些是可以通过政府引导转型的企业；哪些是创新型科技含量高的、需要金融大力扶植的企业；哪些是作为新兴战略产业的上中下游企业、可以支持转型的企业，尽快为企业搭脉，"治病救人"。中国在日新月异快速发展的今天矛盾和问题也很多，实体经济的存亡关系到社会稳定、亿万家庭生活幸福和社会就业，希望国家尽快出台扶持良策，希望政府、企业、银行、两院一起通过供给侧改革形成解决中小微企业的一系列综合性方案。

（5）关于完善、修改《劳动合同法》的建议。

一是现行《劳动合同法》尚存不足之处，亟待完善。

我们国家既要保护劳动者合法权益，也要保护企业的基本权益。《中华人民共和国劳动合同法》于2008年1月1日起施行，2012年12月作了首次修订。但在实施过程中，尚有许多不够完善之处，亟待再次修订完善。

关于试用期问题。首先，《劳动合同法》规定"同一用人单位与同一劳动者只能约定一次试用期"。如果劳动者从单位离职后再次被招用，他所就职的部门和岗位很可能和原来不一样，那么用人单位与劳动者就必须再次约定试用期；其次，在劳动关系存续期间，如果劳动者对原来的岗位不满意要求重新换岗，则有必要重新约定试用期,但这往往增加了企业的违法成本;最后,《劳动合同法》规定"劳动合同期限三个月以上不满一年的,试用期不得超过一个月;劳动合同期限一年以上不满三年的,试用期不得超过两个月……"。一方面劳动者在这么短时间内无法适应工作或者技术不熟练,很难做好自己的本职工作,在实际工作中往往是劳动者由于对所岗位工作有一个熟悉、适应、了解过程,用人单位和劳动者很难在短时间内相互了解。因此,普遍认为,试用时间太短,而且对双方能否延长试用期法律也未作明确规定。因此,完善关于试用期的相关规定,赋予企业和劳动者约定试用期的自主权。

关于违法成本问题。例如,《劳动合同法》对用人单位未与劳动者未续订劳动合同、未定额支付劳动报酬,未依法为劳动者缴纳社会保险、提前解除劳动合同等方面作了明确规定,如果用人单位违法,用人单位都为此需要付出高额的赔偿成本。但对劳动者而言,劳动者自身不愿签订劳动合同,不愿缴纳个人承担部分的社会保险费,擅自辞职,说走就走,(给用人单位造成岗位短缺,工作未做交接)完不成岗位工作走人等等,法律未作明确的赔偿规定,往往用人单位违法成本过高,而劳动者的违法成本过低,甚至无违法成本,显失法律的公平。建议完善劳动者违法的相关规定。又如,《劳动合同法》规定"扣押劳动者居民身份证等证件有用人单位责令限期退还劳动者本人,并依照法律规定给予处罚"。现实中往往是有的劳动者具有专业技术职称证书,用人单位按其专业技术职务/职称支付报酬,然而劳动者却将自己的专业证书挂在其他用人单位,获取额外报酬,法律未作明确的处罚规定……笔者认为,随着社会的发展和变化,《劳动合同法》有些条款亟待完善和修改,这样才能在新形势下更好地保护劳动者和用人单位的共同利益,因此建议全国人大常委会重新修订该法。再如,关于书面劳动合同的问题。劳动者和用人单位之间在入职时已经填写申请表,如该表格有工作内容、报酬、上下班时间等主要相关内容约定的应视为书面劳动合同,因为该材料可以反映当事人之间的相关约定,符合《劳动合同法》的法律精神。而实践中劳动者故意拖延签订劳动合同,恶意提起仲裁以获取双倍赔偿的利益大量存在。建议增加条款:当事人之间有材料能够证实劳动关系主要内容的即可认定为签订了书面劳动合同。

二是建议《劳动合同法》平衡好对劳动者和企业的保护。

首先,完善劳动法典。我国目前颁布制定了《劳动法》《劳动合同法》《劳动争议调解仲裁法》等多部法律法规。但是,由于目前我国并没有统一的劳动法典,各部劳动法律法规只是单独存在,缺少相互之间的联系、界定和支持,就造成了许多法律真空地带的存在,甚至个别不同的法律条文还存在相互矛盾的问题。因此,制定一部具有完善体系、逻辑清晰、科学合理的劳动法典是我国劳动法律建设目前急需解决的问题。

其次,完善配套制度,建立减负长效机制。从立法层面考虑降低企业社保缴纳比例、基数,采用退税、补贴等方式鼓励中小微企业与员工签约。目前,我国部分省市已经开始对小微企业在社保缴纳方面进行缓缴、减免和补贴等相关政策,如果能在法律层面制定统一的中小微企业减负的长效机制,对于减少企业负担,保障中小微企业发展将起到很好的促进作用。

最后,推行集体合同、电子合同。岗位数量较少的中小微企业可推行集体合同、电子合同,降低人力资源成本。可根据中小微企业的行业特性、盈利情况、区域性质等特点开展行业性、区域性的工资集体协商,开展集体合同电子备案工作,并制定相应的财政奖励政策予以鼓励中小微企业开展此项工作,建立小微企业与劳动者风险共担、共同成长的良性机制。

劳动合同法根本基点在于保护劳动者利益,这是与建设和谐社会、推动国民经济发展息息相关的。应当重视劳动合同法在中小微企业实施中出现的各种问题,逐步完善制度、建立体系、提供服务,加快推动我国劳动法体系的修改和完善。

(6)浓缩机构,精兵简政,减低企业税负,增强企业的市场竞争力和活力。

精兵裁军、精员简政,逐步形成"三级政府+村"为主的扁平组织结构,同时强化城市密集区人口安全管理是为企业减负的重大举措;我国2015年推出裁军30万人,这样可以拿出更多的资金投入到高精端部队武器装备和研发上去,提高我国国防科技水平和战斗力;我国的公务员比例大约为1:23,成为世界之最,每年支付的工资、福利等开支几万亿,在反腐前还要加上每年支出的公款旅游、招待、车辆使用费、各种豪华办公楼、会议室等开支约占全国财政收入的1/3以上,如此庞大臃肿的机构通过改革精员简政,可以大幅降低企业税费和负担,增加企业对科技创新的投入,增强企业产品的市场竞争力和活力,通过精员简政减掉带病上岗的公务员,通过精员简政减掉不作为、不称职的公务员,通过精员简政减掉公务员中的腐败分子,通过精员简政减掉懒证、怠证的公务员,整合一些政府臃肿部门机构和分支,一个部门的事情非要分出许多部门来管理还派生许多协会组织,互相扯皮还办不成事,希望加快对公务员精员简政制度改革,留下真心真意为人民服务的公务员……

中小微企业是国民经济发展的重要组成部分,是提供就业岗位的重要渠道。因此,建议特别关注、支持中小微企业目前的发展状况,尽快开出"治病良方",这对于保持我国社会稳定、经济稳定较快发展有着重要的战略意义。

（五）关于慎重进口转基因食品和种子的建议

1．背景

（1）中国大量进口转基因食品。我国人多地少,落后的农业模式不能满足13亿人口的需要。我们没有做好80亿亩山区草原的大文章,大量农民工外出打工。过去粮食自给变成现在供给,18亿亩耕地只能解决13亿人的吃饭问题,而13亿人口每年需要的食用油、养殖饲料、棉花和肉食品等只能通过进口亿万吨转基因粮棉油和饲料来解决。

现在中国的粮区旱区大部分地下水位到了250m甚至1 000m以下,长期超采地下水,会竭泽而渔,耕地退化,是不可持续发展农业,以后粮食安全就会出大问题,加上城乡二元化,现在谁在种地?将来谁会种地?2018年1.2元/kg的玉米价格您会相信吗?还有多少农民会再种?以前的豆业就是这样一步一步被消灭的,拱手让人,现在的大豆全产业链已被国外蚕食大约80%,下一个会不会是玉米……照这样下去,粮棉油和饲料只能依赖进口且可能长期依赖进口,甚至肉食品也正在被国外势力渗透与控制,如果把希望和解决办法放到进口转基因食品上,国家的农业安全在哪里?

有限的18亿亩耕地承担着14亿人口的吃饭问题和动物饲料,已经不堪重负。我国每年需要进口大量的转基因粮棉油:2011年世界大豆总量9 200万吨,我国就进口大豆5 500万吨,进口总量占世界57%;国内棉花总产量660万吨,我国就进口331万吨;植物油国内总产量1 000万吨,我国就进口674万吨;还有大量的玉米,2016年进口转基因大豆数字是8 000多万吨,中国自己生产的大豆1 000多万吨,我们现在的大豆还廉价吗?大豆还是当初的600～800元/吨吗?2018年玉米1.2～1.6元/kg会不会重蹈大豆的覆辙吗?而大豆、玉米等一旦被国外垄断之后马上就会暴涨。外国势力象大豆产品一样不断渗透入侵和围剿我们,我们曾丢失了许多民族品牌和产业基地,一场场看不见的经济战争在悄然发生,转基因又会对生态系统的生物多样性产生什么变异和中国千年物种的稳定性的冲击,大棚反季节蔬菜与我们身心健康,我国进口的棉花质量越来越差。

世界上72亿人口要吃饭穿衣，粮食安全问题只能靠自己解决，而我国国情是山多耕地少，希望在山区草原，山区草原开发举步维艰，如果年年进口这么多转基因食品和饲料，粮食安全就没有保障。这些关系国计民生的突出问题不能过度依赖进口，正因如此，所以习总书记说：中国主粮必须牢牢掌握在中国人自己手里！

（2）人民群众的疑惑。转基因食用油、转基因饲料育成的动物肉等转基因食品到底能不能吃？目前急剧上升的心血管病、"三高"患者、癌症患者增多是否与转基因潜伏期到来有关？中外研究转基因的学者专家有相反的试验结论，而主管部门却没有关于食用转基因食品长短期均无害的试验报告，政府部门也没有带头在机关食堂食用转基因食物，广大人民群众对转基因食品感到疑惑。

互联网和微信的传言更是沸沸扬扬：某些官员被美国孟山都等利益集团捆绑，有关专家已经在一些地方实验推广转基因品种，到现在为止人们不知道转基因食品能不能吃，吃的不明不白，有些专家认为在转基因方面千万不可以草率，否则就是拿13亿中国人的生命作赌注，拿中国人当小白鼠做实验。

转基因出现的风险会波及整个生态系统，是难以控制的风险，我们现在连一枝黄花、水花生、紫茎泽兰等生物入侵都束手无策。那么，对转基因的不确定性、隐蔽性、安全性、风险可控性等问题，我们准备好了吗？我们必须尊重科学，不能按照主观愿望操之过急不能违背自然科学规律，更不能让少数人见利忘义，与国外勾结忘掉民族大义。

2．如何看待转基因食品技术

（1）转基因技术成熟吗？二三十年前，技术权威部门谁不说滴滴涕农药杀虫效果好，要加以大力推广呢？推广30年以后的实践证明：留下今天挥之不去的农药残留，生物多样性减少，还有水胺硫磷……这都是通过权威技术部门论证过使用的，而现在出问题，又有谁来承担责任？我们对任何事不可以想当然，因为每个人的知识面有很大的局限性，难以预料未来的发展变化，更何况这么大的生态系统问题，那么就不可以轻而易举下结论，必须实践、实践再实践，才是检验真理的唯一标准，转基因问题更是如此，更要慎重行事，需要取得足够、足够的科学论证。

当前，一些技术专家、权威部门又在说全面推广孟山都的转基因食品，许多网友认为这是利己祸国殃民，质疑这些人和国外利益集团什么关系？在看不见硝

第十章 多维生态农业 "3+1" 体系之体制机制创新的建议

烟的经济战争中换取鸦片战争的沙弹哑弹、充当抗日战争中的什么角色？是伪军、汉奸、卖国贼吗？我们对转基因食品或生物战争的未来结果了解多少？还是想当然？至于这些人和国外利益集团有什么关系，有关部门应该进行深入调查，在零容忍、反腐的今天是否被利益集团绑架了，牵着鼻子走没办法了，1.2元/kg的玉米会毁掉中国农业的，为什么国外会先采取倾销的方式重击中国农民的农业生产积极性，然后像大豆一样占领中国市场后就不再廉价了？听说农业部2017年进行结构调整鼓励农民种大豆了？网友问：我们是不是弱智？给这些网友一个明智的答复，也还你们一个清白。

（2）从正反两方面看待和认识转基因。转基因是在物种基因组中嵌入了非同种特定的外源基因，改变了物种部分基因，而大部分转基因技术专利权在美国。

如果是有益的基因组合，成长过程中会得到较多的优点，如增产、降低生产成本、增强作物抗虫害和抗病毒等的能力、提高农产品耐贮性、不断培植新物种，生产出有利于人类健康的食品等。

如果转基因食品错误地使用一种毒性更强、隐性致病能力强的一种变异菌的毒素，好像是控制住了病虫害，但是植物中却含有了更具有伤害性的物质，或者不稳定再产生变异，进入生物链途径，造成无法预见的生态系统性风险，那就是灾难，谁都无法预知后果。转基因产品所谓的增产也是不受环境影响的情况下得出的，如果遇到自然灾害，也有可能减产更厉害，转基因是否会转移到其它物种，需要有足够的时间来检验认证。

现在很多人认为转基因食品有较大的危害性。据媒体报道，国外多项研究表明，有害的基因组合食品对哺乳动物的各项功能都有损害，且试验用仓鼠食用了转基因食品后，到第三代就绝种了，我们是否发现我们身边的老鼠、苍蝇、螳螂等在不断减少。不妨可以进行这方面的专项调查，中国人在没有知情权和选择权的情况下已经吃了好多年转基因食品，只要对更多医院的病例（包括不育不孕、心血管、癌等重大疾病急剧上升，是否与转基因有关）进行病例统计，2016年央视节目主持人白岩松在新闻中报道：中国现在有2亿人高血压，而且每年增加1 000万人；糖尿病9 240万人，其中1.4亿人血糖每年在上升；心脑血管疾病超过2亿人，占每年死亡人数的1/3……是否能告诉我们关于这方面的真实答案？关于绝种一说对于人类来讲，验证结果至少需要两代人45～50年，暂且不论。

3．建议

（1）建议慎重考虑转基因食品的推广和进口。对转基因的不确定性、隐蔽性、安全性、风险可控性问题，我们是否准备好了？我们当然需要抢占世界生物技术的高点，我们首先要研究如何提高我们的转基因技术水平，实事求是做学问，因为科学与伪科学只一字之差，而应用推广是建立在转基因可靠、有把握的基础上。

（2）开始只能建立在转基因试验田的小范围基础上，转基因的实验范围可以由小到大，延伸到一定区域范围的生态系统进行实验，通过实践检验它的科学性，通过阶段性认证，确实可靠、安全了，得到人民群众的理解、拥护，然后才能广泛推广。

（3）建议学习俄罗斯等国家，立即停止进口和销售转基因类的食物，而棉花等非食物类除外。我国可以逐步暂停。建议我国暂停进口转基因食品，目的是先解决我国老百姓大量玉米和粮食库存，这是一种较好的帮扶和脱贫措施。

（六）关于高度关注人民群众健康问题的建议

1．背景

2016年5月30日至6月4日，笔者在北京参加2016年第一期全国人大代表专题学习班，期间看到央视节目主持人白岩松的新闻报道：我国高血压病患病人数将近2亿人，且每年增加1 000万人；糖尿病患者9 240万人，其中1.4亿人血糖还在增高。我国慢性病发病人数快速上升，现有心脑血管疾病、糖尿病、恶性肿瘤等确诊患者2.6亿人。慢性病导致死亡已经占到我国总死亡的85%，疾病负担已占总疾病负担的70%，是因病致贫、返贫的重要原因。2016年笔者是第二次提出关于高度关注几亿人民群众最突出的健康问题的建议。上次提出的建议中，有的问题已经由国家卫生计生委开始解决，已经采取了不少有力措施，而且取得了一定的阶段性成效。改革开放给中国带来翻天覆地的变化，但是危害人民健康的生存环境问题和空气、水、食品安全问题、看病难问题、乱用抗生素、几亿"三高"人群、癌症、心脑血管等重大疾病问题有的正在解决，有的还没有解决好，有的问题急剧上升，越来越成为人民群众议论的焦点和突出问题。因为健康问题涉及政府多个部门，因此希望由多部委共同研究办理。

人民群众的健康问题可以概括为：一是化学农业面源污染；二是食品安全出问题；三是农业、工业和交通等多种废弃物污染造成空气、水、生存环境问题；

四是国民生活、饮食习惯改变以及食品不能科学配置、身体缺乏锻炼等多种因素造成的群众健康大问题；五是转基因食品对人体潜伏的危害。医院门口天天车水马龙，这种现象什么时候才会改变？去医院看病的人什么时候才能越来越少？这些都是以人为本的政府必须高度关注的问题。

笔者之所以提出这个建议是基于以下两点考虑。

（1）多年来我们在农业模式上创新不够，一直延续着现代农药农业、化肥农业、塑料农业、激素、抗生素等化学农业方法，致使生态系统日益恶化，生物多样性日益减少，农业废弃物不能转化成为资源循环利用，再加上工业、交通废气、废水污染等，出现了严重的大气、水、土等突出环境污染问题和带来的食品安全问题，造成人民对生存环境越来越不满，对食品安全越来越担心，从2013年开始全国大范围的雾霾成为社会议论的焦点，2016年再次出现重度雾霾，且有愈来愈加剧的趋势。现在的人们非常关注健康，渴望绿色、健康成为人民群众生活的第一需要，以人为本的政府必须尽快实现农业向绿色发展转型，高度重视生存环境问题和食品安全问题等引发的看病难问题和人民群众健康问题。

（2）现在中国有几亿亚健康人群、几亿"三高"人群、9 000多万糖尿病、几百万癌症患者等疾病，其中心血管、肺癌患者以30%以上递增，这么大的群体健康出了问题！他们中一部分人天天要吃药打针，整个家庭生活幸福指数下降，而医药企业产值却以30%～40%的速度迅速增长，各大城市的医院门前车水马龙，出现看病难、看病贵（药物、医疗器械甚至拿高额回扣）等问题。以人为本的政府必须高度重视人民健康问题，找到这些疾病泛滥的根源，尽快从根本上、源头上解决人民群众最关心、最突出的健康问题。

2．建议

基于以上案由，笔者提出以下解决方案。

（1）将农业生物链、产业链、废弃物利用循环到底。农业污染面积最大、最广，必须改变现行的化肥农业、农药农业、塑料农业、激素农业模式，实现化学农业向绿色、高效、循环农业的转型升级，把传统的单一作物种植、生产、经营，转向研究构建作物的良性循环系统经营，也就是把整个农业产业链循环起来，做成循环农业、生态农业、洁净农业，实现三产高效融合。

（2）将工业、民用、交通、生活垃圾等废弃物的利用循环到底。通过多方面产业联盟、技术集成，由政府牵头来实现资源整合，由发改委立项成立新科目，每年从财政预算中拿出一部分专项资金支持产学研+各种废弃物的技术研究和创新，实现交通工具尾气的再循环利用洁净排放，通过煤烟充分循环利用控制千家万户取暖尾气的乱排放，制定严格的工业排放标准、严格的环评标准、检测标准、电子监控系统，所有的废弃物通过再循环利用到底实现变废为宝，通过严格的环评、暗访、监控、摄像、抽查、政府牵线搭桥等多种方式来倒逼企业环保工作上台阶、上水平，通过政府搭台，产学研合作进行企业升级改造。

（3）保护生存环境，做到人人有责。规范公民的道德和行为准则，特别是青少年思想教育，不乱扔垃圾，并对垃圾进行分类。全国13亿人中如果每人乱扔一个易拉罐、一个塑料袋、一块废电池等废弃物，久而久之就会带来全国性的、巨大的面源污染，危及人类的生存环境，最后将责任全部推给政府。

（4）通过媒体大力进行科普宣传，鼓励国民多学习、多读书，提高国民素质，养成良好的生活习惯，减少吸烟酗酒，合理调配劳动和休息时间，号召、宣传全民体育锻炼，科学搭配早、中、晚餐，提高食品安全质量，增强人民群众的健康和体质。在交通拥堵的城市，可实行错峰制，推迟或提前1小时上下班，采用多种智能化方式进行分流，为城市人民创造便捷的生活条件，不要活得太累。早、中餐要吃饱吃好，晚餐要少吃。而人们的实际情况是，早餐时间太紧，大都吃油条喝豆浆，中餐一般都是快餐盒饭，非常简单，而晚上下班后时间充裕，大吃大喝，这样生活极为不健康。另外，特别需要开发一些针对人类疾病新的花叶果实品种，如藜麦、救心草、高粱米、明日叶、木瓜、金花葵等新品种。与其明天要天天药补，不如现在就提前天天食补，号召人们减少饮用不健康的垃圾饮料、碳酸饮料，多喝茶。希望国家在这方面大力宣传和传播健康保健知识。

（5）给城市人民更多的学习和锻炼时间。通过创新尽快解决"三农"问题，发展高效农业，鼓励部分农民返乡建设家乡，分流城市人口，缓解城市交通拥堵、环境容量超载等一系列问题，通过加快智能化交通建设，把市民每天耗费在交通上的时间用来学习和锻炼身体。

（6）加强对食品安全的监管力度。食品安全人命关天，务必加大加重对制造假冒伪劣食品的打击力度和惩罚比例，让不法商家为不安全的食品付出沉重的代价。例如，国家对酒驾、禁烟的"升级处理"就产生了明显良好的效果，违章的人数大幅减少。在食品安全和打假方面不妨效仿惩罚酒驾的方式进行严惩。同时，提高科学技术水平与企业转型升级、产品质量提高有机结合，政府对企业的维护保护与科学发展结合起来。

第十章 多维生态农业"3+1"体系之体制机制创新的建议

(七)关于为了健康人人都喝茶且喝得起茶的建议

笔者提出这个建议目的很明确,对类似茶叶、油茶、果桑等中华民族几千年传统木本草本粮棉油这样的产品必须保护、保护再保护,这些农林产品既能够保护我们大面积的生存环境和山区生态,又有利于亿万人民的身体健康,而且历史文化悠久,涉及农民群体最多面积最大,还能够帮扶山区农民增收脱贫,解决很多人就业,有利于社会稳定,对这一类农产品国家有必要进行保护、宣传、鼓励大众消费(新食品标签法取缔食品康养及药用的宣传,下一代很难将这些文化传承下去),共同来维护保护种植户的利益,保护消费者的健康,保护产品质量,保护产品市场份额,对贫困茶区的生产的茶叶国家要鼓励央企、民企、机关单位、学校、部队以合理的价格通过福利进行采购和发放,对关系国计民生健康的大宗产品和弱势群体市场保护要尽快上升为国家意志,实施计划经济与市场经济相结合的方式,建立供需平衡+互联网平台产—供—销,这是拉动消费第三驾马车的最有效措施之一。一旦丢掉民族这些宝贵东西,不仅丢了文化、丢了健康、丢了下一代,也丢了市场、丢了生存环境,丢了社会稳定和国家农业安全。

1. 背景

(1)中国历史和文化离不开茶。中国是茶的祖国,茶的故乡,茶文化源远流长,千万不能在我们这一代或到下一代断流。一张图看懂中国茶的发展历程和文化有多长,看懂茶与今天的"一带一路"。

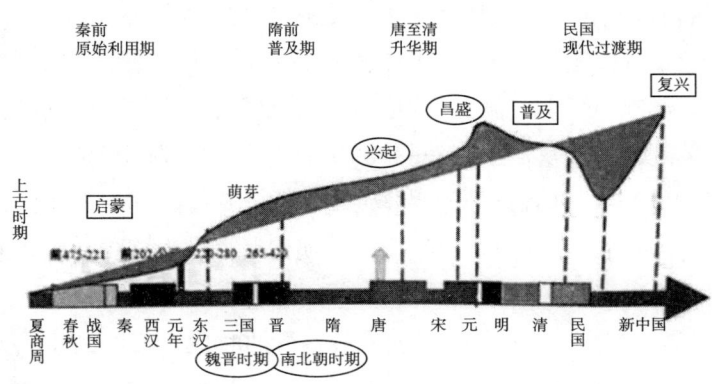

图10-2 中国茶的发展历史

神农时期:药用。传说大约5 000年前,"神农尝百草,日遇七十二毒,得茶而解之",自此,茶的生叶便被用来煮着喝,做药用。

春秋时期：食用。约三千年前，春秋时期，茶做食用，并被作为祭祀用品。此时出现最早记载茶字的文献——《诗经》，诗曰："予手拮据，予所捋荼。""荼"即茶也。此外，婴相齐竟公"食脱粟之饭，炙三弋五卵，茗茶而已"，这里说的茗菜就是用茶叶做的菜肴。这是茶始为菜肴汤料供人食用的最早的记载。

汉代：煮茶，市场形成。约2 000年前，茶叶已成为宫廷饮料。人们开始制作茶饼，以便运输，在著名的丝绸之路上留下了茶叶靓丽的身影。成都是我国最早的茶叶集散中心。汉代直接采生叶煮饮，即煮茶法。

魏晋时期：饮用。约1 700年前，人们开始有意种植茶树，一整套干燥和加工方法也逐渐发展起来，也开始注意到茶的烹煮方法。与此同时，六朝佛教盛行，茶叶对佛教的传扬起到了独特的作用。茶与禅这两种截然不同的文化在漫长的发展过程中相互影响，相互融合，形成了独特的禅茶文化。

唐代：煎茶，茶道兴起。约1 200年前，唐《封氏闻见记》中有这样的记载："茶道大行，王公朝士无不饮者。"受唐朝经济、文化的影响，和陆羽《茶经》的倡导，茶道大行，成为国饮，至今不衰。此时，国家空前繁荣，各民族经济、文化交流频繁，遣唐使将茶道传入日本。陆羽《茶经》极力提倡煎茶法，并制定出一套较完整的煎茶方法。唐代煎茶盛行，标志着中国茶道的形成。

宋代：点茶，茶道鼎盛。约1 000年前，茶已传播到世界各地，茶区基本上已与现代茶区范围相符，宋人拓展了茶文化的社会层面和文化形式，由唐以僧、道、文为主，向上（王公贵族）向下（普通平民）拓展饮茶群体。"斗茶"文化的盛行，是茶文化发展到鼎盛时期的标志。与此同时，宋代形成点茶法。

明代：多茶类形成。公元1368—1700年前后，茶区基本稳定，茶叶的发展主要是体现在茶叶的制法和各茶类的兴衰演变。朱元璋下诏"罢造龙团，惟芽茶以进"，散茶开始流行，六大茶类相继出现。明清时期，形成将茶置壶或盏中以沸水冲泡的简便方法，即泡茶法。

清代：外贸。300年以前，茶馆进入最盛行的时代，茶被民间成为"开门七件事"之一，中国茶叶开始大量出口，在1817—1833年的17年间，中国茶叶出口货值（除个别年份外）占总出口货值的50%以上，最高到71.7%。

民国时期：蒙尘过渡。由于清政府的腐败和内外战争频繁，此时茶道难觅，但因许多林立街巷的茶馆成为大众闲谈聚会的地方，茶文化由此增添了一个新内容，就是大众茶馆文化。民国时期的资本主义萌芽也对茶向现代茶行业的发展起了过渡作用。

改革开放后：复苏繁荣。改革开放后，由于政府的重视和大力支持，伴随着人民生活水平的提高，茶文化得到了弘扬和全面发展。中国茶文化作为中国传统文化的重要组成部分，其根基深厚，历史悠久，内容丰富，成就斐然。它是中华民族历史文明的产物，也是中国人民对世界文化的一大杰出贡献。

（2）人民群众的身体健康离不开茶。喝茶使人长寿。在对百岁老人长寿调查中发现，有四成百岁老人的长寿诀窍是一生嗜茶如命，有八成百岁老人有饮茶习惯。很多老人长寿到108岁，被长寿研究机构称为"茶寿"。

喝茶能够起到抗氧化作用。抗氧化试验证实，1杯300ml的茶，它的抗氧化功能=1瓶半的红葡萄酒=12瓶的白葡萄酒=12杯啤酒=4个苹果=5只洋葱=7杯的鲜橙汁。越喝茶越美腻！

喝茶能够起到抗衰老作用。茶叶比维生素E强18倍。日本科研人员试验结果证实，茶多酚的抗衰老效果要比维生素E强18倍，茶叶不止长生还减缓衰老。

喝茶可以减肥。每天喝8~10g茶叶，大约减脂3斤。不需要任何节食、锻炼等手段，每天喝8~10g茶叶，12周内，仅茶叶自身作用减掉的脂肪约为3斤。

喝茶可以提升免疫力。中国农业科学院茶叶研究所对小白鼠免疫、癌变、酒精中毒、减肥、血脂、交配等方面上千次试验证明，灌服茶水或注射茶叶提取物的小组生命体征极其明显优于普通喂养白鼠。喝茶能使宝宝少生病，妈妈多放心。

喝茶使人愉悦。喝茶使人像谈恋爱一样愉悦，因为茶叶中的氨基酸会促进多巴胺的大量分泌，多巴胺就是那个产生爱情的成分。

喝茶可以避开核辐射和癌变的广岛现象。1945年8月，日本广岛原子弹爆炸使10多万人丧生，同时数十万人遭受辐射伤害。若干年后，大多数人患上白血病或其他各种癌症，先后死亡。但研究却发现有3种人侥幸无恙：茶农、茶商、茶癖者，这一现象被称为"广岛现象"。

喝茶可以预防癌症。日本政府1999年启动"饮茶预防全民癌症"的两阶段计划，共调查8 522人，跟踪10年，其中癌症患者419人，有饮茶习惯的女性癌发病时间比不饮茶者晚约7年，男性延迟时间为3.2年。

喝茶可以降低癌症的发病率。常喝绿茶，癌症病发率降低60%以上。据日本国立癌症中心、美国凯斯西储大学、澳大利亚科廷科技大学等机构发表的针对"绿茶与前列腺癌疾病研究"数据表明，常喝绿茶的男性比不常喝的病发率降低了60%以上。

目前，有四千多篇权威部门发表的"茶叶抗癌"专题论文证明，茶多酚主要成分EGCG几乎是所有癌症的克星，特别是对子宫癌、皮肤癌、肺癌、结肠癌、前列腺癌、肝癌、肾癌、乳腺癌等有独特疗效。研究发现，茶水与治癌药物同服会提高药物疗效。

英美科学家在《过敏与临床免疫学》杂志报告称，EGCG可以有效阻止艾滋病病毒在人体内的传播，一经免疫，艾滋病病毒将没有机会靠近。

如果女性每天喝茶2杯，患卵巢癌的概率降低46%。瑞典卡罗林斯卡医学院（Karolinska Institute）的研究人员对61 057名40~76岁的女性（其中301名女性确诊卵巢癌）资料进行分析，与不喝茶或很少喝茶的女性比，每天喝茶少于1杯的女性患卵巢癌的概率降低了18%，每天喝茶1~2杯的女性患卵巢癌的概率降低了24%，每天喝茶2杯以上的女性患卵巢癌的概率降低了46%左右；喝茶越多，患卵巢癌的概率越低。

如果经常喝红茶，患帕金森氏症的概率降低了71%。新加坡国立大学的研究人员历时12年，对63 257名45~75岁的新加坡华人进行跟踪调查。发现与没有喝茶习惯的人相比，经常喝红茶的中老年人患帕金森氏症的概率降低了71%。

喝茶可以降低心血管疾病的发病率。每天饮茶10小杯，心血管疾病危险指数可以减少42%。日本进行的流行病学研究表明，每天饮茶10小杯，男性心血管疾病发生的危险指数和每天喝少于3杯的比，可以减少42%，女性可以减少18%。

喝茶可以预防白内障。白内障患者中无饮茶习惯的占71.4%，有饮茶习惯的占28.6%。

喝茶可以减缓糖尿病症状。糖尿病患者持续喝茶半年82%的人症状明显减轻。日本富山医科药科大学的研究人员发现，1 300名糖尿病患者喝凉开水泡的茶，持续半年，82%的糖尿病患者的症状明显减轻，大约9%的糖尿病患者的血糖水平完全恢复正常。

茶水可以消灭大肠杆菌。茶多酚使10 000个剧毒大肠杆菌全部死亡。日本昭和大学的医学研究小组发现，在1毫升稀释至普通茶水的20分之1浓度的茶多酚溶液里放入10 000个剧毒大肠杆菌0~157个，5个小时后细菌全部死亡，一个都不剩。高效杀毒，保护肠胃！

（3）经济发展离不开茶产业。全球茶叶需求旺盛。目前全球有160多个国家与地区的近30亿人喜欢喝茶，这意味着每4个国家中就有3个国家的人喜欢喝茶，每5个人中就有2个以上的人喝茶。

中国茶叶供给情况。中国有1 000多个产茶县，8 000万人从事茶产业，2 000多万公顷茶园。2014年中国产茶总量198万吨，是全球第一产茶大国，占全球茶叶产量的39.4%。据Quartz网站统计，中国人均茶叶消费量是566g，被第一名的土耳其（3 157g）超5倍打脸，在全球排名第19位。据华南农业大学的茶学系主任、博士生导师黄亚辉介绍，广东是中国最大的茶叶消费市场，人均消费量1 000g。其中，珠三角地区年人均消费量高达2 000g，居全国之首，超过英国人均消费量，全球排名第3位。中国是茶的故乡，早在3 000年前的夏商周时期就有了饮茶说。然而，今天世界上最大的茶品牌却在一片茶都不产的英国。作为茶叶的搬运工，英国国民茶品牌每年有230亿人民币的年产值，几乎相当于我国整个茶产业（7万家茶厂）全年产值的76%。重振中国的茶产业，提升中国茶品牌迫在眉睫。

山区脱贫和生态保护离不开茶产业。茶是山区绿腰带，上有乔木来遮盖，下有草本来覆盖，1斤芽茶要60 000～80 000个芽头。茶叶更是山区农民脱贫致富的主要农产品之一，农民脱贫来得快。

2．建议

通过种好茶、做好茶、买好茶、讲好茶的故事，弘扬中国茶文化，创建一个完整的闭环茶产业标准化市场体系。

种好茶。改变落后的、单一种植模式，培育高杆油茶苗，把油茶和茶树以及林下经济的发展结合起来，创造良好的宜茶环境，提高茶叶香气品质，通过乔灌草科学配置、立体生态化种植，大幅提高一产茶农收入，这样能够更好地保护茶区生态和宜茶环境，通过立体种植减少农药化肥的使用和水土流失，生产更多老百姓喝得起的名优茶，种出好茶来。

制好茶。能够稳定、固定一批茶叶生产加工技术人员，把手工制茶工艺与智能化生产相结合，降低生产成本，提高茶叶的色香味形和功效，做出好茶来。

买好茶。茶叶市场价格要合理公道，不以次充好，不拿回扣、不销售天价茶叶，让大部分人喝得起茶，老百姓喝不起茶会影响我们茶产业的生产和发展。

讲好茶的故事。互联网+使茶叶家喻户晓，人们普遍知晓茶的有益之处，喝茶比喝垃圾饮料、碳酸饮料健康得多，强得多，喝茶应从娃娃喝起。

制定一个强有力推进我国茶产业的发展计划和振兴方案。对传统历史悠久的诸如茶文化一类的健康产品，对于这一类能够实现国家经济效益、生态效益、社会效益多赢的农产品，国家要立法立规作为一项国策，对民族的、传统的、文化的、生态的、健康的农产品进行市场份额保护，是不可以任其像现在这样放任、随意性，甚至产品、质量、价格管控失控。

首先，鼓励团体消费。类似茶叶这样的产品既能够保护我们生存的环境和山区生态，又有利于整个中华民族的身体健康，还能够促进农民增收脱贫，解决很多人就业，而且利于社会稳定，对这一类农产品国家有必要进行保护、宣传、鼓励大众消费，共同来维护保护种植户的利益，保护产品质量，保护产品市场份额，对贫困茶区的生产的茶叶国家要鼓励央企、民企、机关单位、学校、部队以合理的价格通过福利进行采购和发放，对关系国计民生健康的大宗产品和弱势群体市场保护要尽快上升为国家意志。

其次，强制个人消费。类似茶叶这样的健康产品国家有义务和责任规定每一个中国人（包括老人、妇女、少年、儿童）人均每天必须消费3~5g，每人年均消费1~2kg，中国人年消费茶叶量就会将达到13亿~26亿kg，130万~260万吨（中国年产茶叶198万吨），为了人民健康国家要有强制性，或者叫正确引导，每人必须喝茶，为保护生态环境喝茶，每人必须为自己健康喝茶，因为喝茶可以减少以上种种文明疾病，而且喝茶多少年以来就成了中国老百姓每天生活必需的"柴米油盐酱醋茶"开门七件事。

三、多维生态农业今后发展与顶层设计相关的重要文件

需要政府体制机制与新型模式同步创新。实践证明，农业老路走不通，希望国家围绕新模式制定一系列金融、市场、环评、人才、资源配置等农业方针政策，让新模式、新业态、新动能茁壮成长。其中，政府体制机制、政策方针、资源分配等必须跟上农业每一个环节的创新发展：从人工生物智能化农业生产系统设计开始，到生产系统多物种繁育，到多物种组装新型农业模式的基地建设，再到新型经营主体多物种技术培训、生产管理，这个产业链一直延伸到与新型模式田园综合体多种鲜产品以及废弃物加工相配套的三产融合农业园，实现农业互联网+全链向绿色、高效、低成本、循环农业转型，通过新模式完成农业系统工程的中高端设备实施，中国的农产品才具备国际市场竞争力，通过新模式农民农产品市场有了，让中国最大的山区草原成为替代亿万吨进口转基因粮棉油饲料大市场的重要木本草本粮棉油基地（新增山地20亿亩），实现国土高质量改造和国家农业总体安全。

四、多维生态农业在解决"三农"问题上的体制创新

《多维生态农业》一书把政府体制机制创新作为农业系统工程的重要一部分。中国的航母、大飞机、组网卫星等是由成千上万个工厂、生产成千上万的零部件组成的系统工程,能够集中国制度优越性,集中力量办大事。而发展高质量农业新模式同样需要国家采用工业国防的系统工程方法,将农业诸多一维每个环节问题的解决、推广和应用与政府政策体制机制创新相配套,将生物链、产业链、废弃物循环多维对接,环环相扣,围绕多功能大循环农业全链各个环节制定财政、市场、金融、保险、人才、资源配置1+1+1+……n个配套方针政策,设计农业从质变到量变再到农村巨变全过程措施保障、配套跟上,如果当中一个环节脱节,农业就会出问题。通过对两个最大交叉点的100多个问题进行思考,并进而破解,认为政府体制机制要围绕科学技术是第一生产力为核心的系统工程进行改革创新。由此,需要探索一条非常清晰的绿色农业科学发展思路:多维生态农业=复合式循环农业模式+政府体制机制创新,从宏观与微观上构成了《多维生态农业》制度部分创新。

第四节 多维生态农业今后发展与顶层设计相关的重要文件

一、2017年《关于创新体制机制推进农业绿色发展的意见》

近日,中共中央办公厅、国务院办公厅印发《关于创新体制机制推进农业绿色发展的意见》,并发出通知,要求各地区各部门结合实际认真贯彻落实。

《关于创新体制机制推进农业绿色发展的意见》全文如下。

推进农业绿色发展,是贯彻新发展理念、推进农业供给侧结构性改革的必然要求,是加快农业现代化、促进农业可持续发展的重大举措,是守住绿水青山、建设美丽中国的时代担当,对保障国家食物安全、资源安全和生态安全,维系当代人福祉和保障子孙后代永续发展具有重大意义。党的十八大以来,党中央、国务院作出一系列重大决策部署,农业绿色发展实现了良好开局。但总体上看,农业主要依靠资源消耗的粗放经营方式没有根本改变,农业面源污染和生态退化的趋势尚未有效遏制,绿色优质农产品和生态产品供给还不能满足人民群众日益增

长的需求,农业支撑保障制度体系有待进一步健全。为创新体制机制,推进农业绿色发展,现提出如下意见。

一、总体要求

(一)指导思想

全面贯彻党的十八大和十八届三中、四中、五中、六中全会精神,深入贯彻习近平总书记系列重要讲话精神和治国理政新理念新思想新战略,紧紧围绕统筹推进"五位一体"总体布局和协调推进"四个全面"战略布局,牢固树立和贯彻落实新发展理念,认真落实党中央、国务院决策部署,以绿水青山就是金山银山理念为指引,以资源环境承载力为基准,以推进农业供给侧结构性改革为主线,尊重农业发展规律,强化改革创新、激励约束和政府监管,转变农业发展方式,优化空间布局,节约利用资源,保护产地环境,提升生态服务功能,全力构建人与自然和谐共生的农业发展新格局,推动形成绿色生产方式和生活方式,实现农业强、农民富、农村美,为建设美丽中国、增进民生福祉、实现经济社会可持续发展提供坚实支撑。

(二)基本原则

——坚持以空间优化、资源节约、环境友好、生态稳定为基本路径。牢固树立节约集约循环利用的资源观,把保护生态环境放在优先位置,落实构建生态功能保障基线、环境质量安全底线、自然资源利用上线的要求,防止将农业生产与生态建设对立,把绿色发展导向贯穿农业发展全过程。

——坚持以粮食安全、绿色供给、农民增收为基本任务。突出保供给、保收入、保生态的协调统一,保障国家粮食安全,增加绿色优质农产品供给,构建绿色发展产业链价值链,提升质量效益和竞争力,变绿色为效益,促进农民增收,助力脱贫攻坚。

——坚持以制度创新、政策创新、科技创新为基本动力。全面深化改革,构建以资源管控、环境监控和产业准入负面清单为主要内容的农业绿色发展制度体系,科学适度有序的农业空间布局体系,绿色循环发展的农业产业体系,以绿色生态为导向的政策支持体系和科技创新推广体系,全面激活农业绿色发展的内生动力。

——坚持以农民主体、市场主导、政府依法监管为基本遵循。既要明确生产经营者主体责任，又要通过市场引导和政府支持，调动广大农民参与绿色发展的积极性，推动实现资源有偿使用、环境保护有责、生态功能改善激励、产品优质优价。加大政府支持和执法监管力度，形成保护有奖、违法必究的明确导向。

（三）目标任务

把农业绿色发展摆在生态文明建设全局的突出位置，全面建立以绿色生态为导向的制度体系，基本形成与资源环境承载力相匹配、与生产生活生态相协调的农业发展格局，努力实现耕地数量不减少、耕地质量不降低、地下水不超采，化肥、农药使用量零增长，秸秆、畜禽粪污、农膜全利用，实现农业可持续发展、农民生活更加富裕、乡村更加美丽宜居。

资源利用更加节约高效。到2020年，严守18.65亿亩耕地红线，全国耕地质量平均比2015年提高0.5个等级，农田灌溉水有效利用系数提高到0.55以上。到2030年，全国耕地质量水平和农业用水效率进一步提高。

产地环境更加清洁。到2020年，主要农作物化肥、农药使用量实现零增长，化肥、农药利用率达到40%；秸秆综合利用率达到85%，养殖废弃物综合利用率达到75%，农膜回收率达到80%。到2030年，化肥、农药利用率进一步提升，农业废弃物全面实现资源化利用。

生态系统更加稳定。到2020年，全国森林覆盖率达到23%以上，湿地面积不低于8亿亩，基本农田林网控制率达到95%，草原综合植被盖度达到56%。到2030年，田园、草原、森林、湿地、水域生态系统进一步改善。

绿色供给能力明显提升。到2020年，全国粮食（谷物）综合生产能力稳定在5.5亿吨以上，农产品质量安全水平和品牌农产品占比明显提升，休闲农业和乡村旅游加快发展。到2030年，农产品供给更加优质安全，农业生态服务能力进一步提高。

二、优化农业主体功能与空间布局

（四）落实农业功能区制度

大力实施国家主体功能区战略，依托全国农业可持续发展规划和优势农产品区域布局规划，立足水土资源匹配性，将农业发展区域细划为优化发展区、适度发展区、保护发展区，明确区域发展重点。加快划定粮食生产功能区、重要农产品生产保护区，认定特色农产品优势区，明确区域生产功能。

（五）建立农业生产力布局制度

围绕解决空间布局上资源错配和供给错位的结构性矛盾，努力建立反映市场供求与资源稀缺程度的农业生产力布局，鼓励因地制宜、就地生产、就近供应，建立主要农产品生产布局定期监测和动态调整机制。在优化发展区更好发挥资源优势，提升重要农产品生产能力；在适度发展区加快调整农业结构，限制资源消耗大的产业规模；在保护发展区坚持保护优先、限制开发，加大生态建设力度，实现保供给与保生态有机统一。完善粮食主产区利益补偿机制，健全粮食产销协作机制，推动粮食产销横向利益补偿。鼓励地方积极开展试验示范、农垦率先示范，提高军地农业绿色发展水平。推进国家农业可持续发展试验示范区创建，同时成为农业绿色发展的试点先行区。

（六）完善农业资源环境管控制度

强化耕地、草原、渔业水域、湿地等用途管控，严控围湖造田、滥垦滥占草原等不合理开发建设活动对资源环境的破坏。坚持最严格的耕地保护制度，全面落实永久基本农田特殊保护政策措施。以县为单位，针对农业资源与生态环境突出问题，建立农业产业准入负面清单制度，因地制宜制定禁止和限制发展产业目录，明确种植业、养殖业发展方向和开发强度，强化准入管理和底线约束，分类推进重点地区资源保护和严重污染地区治理。

（七）建立农业绿色循环低碳生产制度

在华北、西北等地下水过度利用区适度压减高耗水作物，在东北地区严格控制旱改水，选育推广节肥、节水、抗病新品种。以土地消纳粪污能力确定养殖规模，引导畜牧业生产向环境容量大的地区转移，科学合理划定禁养区，适度调减南方水网地区养殖总量。禁养区划定减少的畜禽规模养殖用地，可在适宜养殖区域按有关规定及时予以安排，并强化服务。实施动物疫病净化计划，推动动物疫病防控从有效控制到逐步净化消灭转变。推行水产健康养殖制度，合理确定湖泊、水库、滩涂、近岸海域等养殖规模和养殖密度，逐步减少河流湖库、近岸海域投饵网箱养殖，防控水产养殖污染。建立低碳、低耗、循环、高效的加工流通体系。探索区域农业循环利用机制，实施粮经饲统筹、种养加结合、农林牧渔融合循环发展。

（八）建立贫困地区农业绿色开发机制

立足贫困地区资源禀赋，坚持保护环境优先，因地制宜选择有资源优势的特色产业，推进产业精准扶贫。把贫困地区生态环境优势转化为经济优势，推行绿色生产方式，大力发展绿色、有机和地理标志优质特色农产品，支持创建区域品牌；推进一二三产融合发展，发挥生态资源优势，发展休闲农业和乡村旅游，带动贫困农户脱贫致富。

三、强化资源保护与节约利用

（九）建立耕地轮作休耕制度

推动用地与养地相结合，集成推广绿色生产、综合治理的技术模式，在确保国家粮食安全和农民收入稳定增长的前提下，对土壤污染严重、区域生态功能退化、可利用水资源匮乏等不宜连续耕作的农田实行轮作休耕。降低耕地利用强度，落实东北黑土地保护制度，管控西北内陆、沿海滩涂等区域开垦耕地行为。全面建立耕地质量监测和等级评价制度，明确经营者耕地保护主体责任。实施土地整治，推进高标准农田建设。

（十）建立节约高效的农业用水制度

推行农业灌溉用水总量控制和定额管理。强化农业取水许可管理，严格控制地下水利用，加大地下水超采治理力度。全面推进农业水价综合改革，按照总体不增加农民负担的原则，加快建立合理农业水价形成机制和节水激励机制，切实保护农民合理用水权益，提高农民有偿用水意识和节水积极性。突出农艺节水和工程节水措施，推广水肥一体化及喷灌、微灌、管道输水灌溉等农业节水技术，健全基层节水农业技术推广服务体系。充分利用天然降水，积极有序发展雨养农业。

（十一）健全农业生物资源保护与利用体系

加强动植物种质资源保护利用，加快国家种质资源库、畜禽水产基因库和资源保护场（区、圃）规划建设，推进种质资源收集保存、鉴定和育种，全面普查农作物种质资源。加强野生动植物自然保护区建设，推进濒危野生植物资源原生境保护、移植保存和人工繁育。实施生物多样性保护重大工程，开展濒危野生动植物物种调查和专项救护，实施珍稀濒危水生生物保护行动计划和长江珍稀特有水生生物拯救工程。加强海洋渔业资源调查研究能力建设。完善外来物种风险监测评估与防控机制，建设生物天敌繁育基地和关键区域生物入侵阻隔带，扩大生物替代防治示范技术试点规模。

四、加强产地环境保护与治理

（十二）建立工业和城镇污染向农业转移防控机制

制定农田污染控制标准，建立监测体系，严格工业和城镇污染物处理和达标排放，依法禁止未经处理达标的工业和城镇污染物进入农田、养殖水域等农业区域。强化经常性执法监管制度建设。出台耕地土壤污染治理及效果评价标准，开展污染耕地分类治理。

（十三）健全农业投入品减量使用制度

继续实施化肥农药使用量零增长行动，推广有机肥替代化肥、测土配方施肥，强化病虫害统防统治和全程绿色防控。完善农药风险评估技术标准体系，加快实施高剧毒农药替代计划。规范限量使用饲料添加剂，减量使用兽用抗菌药物。建立农业投入品电子追溯制度，严格农业投入品生产和使用管理，支持低消耗、低残留、低污染农业投入品生产。

（十四）完善秸秆和畜禽粪污等资源化利用制度

严格依法落实秸秆禁烧制度，整县推进秸秆全量化综合利用，优先开展就地还田。推进秸秆发电并网运行和全额保障性收购，开展秸秆高值化、产业化利用，落实好沼气、秸秆等可再生能源电价政策。开展尾菜、农产品加工副产物资源化利用。以沼气和生物天然气为主要处理方向，以农用有机肥和农村能源为主要利用方向，强化畜禽粪污资源化利用，依法落实规模养殖环境评价准入制度，明确地方政府属地责任和规模养殖场主体责任。依据土地利用规划，积极保障秸秆和畜禽粪污资源化利用用地。健全病死畜禽无害化处理体系，引导病死畜禽集中处理。

（十五）完善废旧地膜和包装废弃物等回收处理制度

加快出台新的地膜标准，依法强制生产、销售和使用符合标准的加厚地膜，以县为单位开展地膜使用全回收、消除土壤残留等试验试点。建立农药包装废弃物等回收和集中处理体系，落实使用者妥善收集、生产者和经营者回收处理的责任。

五、养护修复农业生态系统

（十六）构建田园生态系统

遵循生态系统整体性、生物多样性规律，合理确定种养规模，建设完善生物缓冲带、防护林网、灌溉渠系等田间基础设施,恢复田间生物群落和生态链,实现农田生态循环和稳定。优化乡村种植、养殖、居住等功能布局,拓展农业多种功能,打造种养结合、生态循环、环境优美的田园生态系统。

(十七)创新草原保护制度

健全草原产权制度,规范草原经营权流转,探索建立全民所有草原资源有偿使用和分级行使所有权制度。落实草原生态保护补助奖励政策,严格实施草原禁牧休牧轮牧和草畜平衡制度,防止超载过牧。加强严重退化、沙化草原治理。完善草原监管制度,加强草原监理体系建设,强化草原征占用审核审批管理,落实土地用途管制制度。

(十八)健全水生生态保护修复制度

科学划定江河湖海限捕、禁捕区域,健全海洋伏季休渔和长江、黄河、珠江等重点河流禁渔期制度,率先在长江流域水生生物保护区实现全面禁捕,严厉打击"绝户网"等非法捕捞行为。实施海洋渔业资源总量管理制度,完善渔船管理制度,建立幼鱼资源保护机制,开展捕捞限额试点,推进海洋牧场建设。完善水生生物增殖放流,加强水生生物资源养护。因地制宜实施河湖水系自然连通,确定河道砂石禁采区、禁采期。

(十九)实行林业和湿地养护制度

建设覆盖全面、布局合理、结构优化的农田防护林和村镇绿化林带。严格实施湿地分级管理制度,严格保护国际重要湿地、国家重要湿地、国家级湿地自然保护区和国家湿地公园等重要湿地。开展退化湿地恢复和修复,严格控制开发利用和围垦强度。加快构建退耕还林还草、退耕还湿、防沙治沙,以及石漠化、水土流失综合生态治理长效机制。

六、健全创新驱动与约束激励机制

(二十)构建支撑农业绿色发展的科技创新体系

完善科研单位、高校、企业等各类创新主体协同攻关机制,开展以农业绿色生产为重点的科技联合攻关。在农业投入品减量高效利用、种业主要作物联合攻关、有害生物绿色防控、废弃物资源化利用、产地环境修复和农产品绿色加工贮藏等领域尽快取得一批突破性科研成果。完善农业绿色科技创新成果评价和转化机制,探索建立农业技术环境风险评估体系,加快成熟适用绿色技术、绿色品种的示范、推广和应用。借鉴国际农业绿色发展经验，加强国际间科技和成果交流合作。

（二十一）完善农业生态补贴制度

建立与耕地地力提升和责任落实相挂钩的耕地地力保护补贴机制。改革完善农产品价格形成机制，深化棉花目标价格补贴，统筹玉米和大豆生产者补贴，坚持补贴向优势区倾斜，减少或退出非优势区补贴。改革渔业补贴政策，支持捕捞渔民减船转产、海洋牧场建设、增殖放流等资源养护措施。完善耕地、草原、森林、湿地、水生生物等生态补偿政策，继续支持退耕还林还草。有效利用绿色金融激励机制，探索绿色金融服务农业绿色发展的有效方式，加大绿色信贷及专业化担保支持力度，创新绿色生态农业保险产品。加大政府和社会资本合作（PPP）在农业绿色发展领域的推广应用，引导社会资本投向农业资源节约、废弃物资源化利用、动物疫病净化和生态保护修复等领域。

（二十二）建立绿色农业标准体系

清理、废止与农业绿色发展不适应的标准和行业规范。制定修订农兽药残留、畜禽屠宰、饲料卫生安全、冷链物流、畜禽粪污资源化利用、水产养殖尾水排放等国家标准和行业标准。强化农产品质量安全认证机构监管和认证过程管控。改革无公害农产品认证制度，加快建立统一的绿色农产品市场准入标准，提升绿色食品、有机农产品和地理标志农产品等认证的公信力和权威性。实施农业绿色品牌战略，培育具有区域优势特色和国际竞争力的农产品区域公用品牌、企业品牌和产品品牌。加强农产品质量安全全程监管，健全与市场准入相衔接的食用农产品合格证制度，依托现有资源建立国家农产品质量安全追溯管理平台，加快农产品质量安全追溯体系建设。积极参与国际标准的制定修订，推进农产品认证结果互认。

（二十三）完善绿色农业法律法规体系

研究制定修订体现农业绿色发展需求的法律法规，完善耕地保护、农业污染防治、农业生态保护、农业投入品管理等方面的法律制度。开展农业节约用水立法研究工作。加大执法和监督力度，依法打击破坏农业资源环境的违法行为。健全重大环境事件和污染事故责任追究制度及损害赔偿制度，提高违法成本和惩罚标准。

（二十四）建立农业资源环境生态监测预警体系

建立耕地、草原、渔业水域、生物资源、产地环境以及农产品生产、市场、消费信息监测体系，加强基础设施建设，统一标准方法，实时监测报告，科学分析评价，及时发布预警。定期监测农业资源环境承载能力，建立重要农业资源台账制度，构建充分体现资源稀缺和损耗程度的生产成本核算机制，研究农业生态价值统计方法。充分利用农业信息技术，构建天空地数字农业管理系统。

（二十五）健全农业人才培养机制

把节约利用农业资源、保护产地环境、提升生态服务功能等内容纳入农业人才培养范畴，培养一批具有绿色发展理念、掌握绿色生产技术技能的农业人才和新型职业农民。积极培育新型农业经营主体，鼓励其率先开展绿色生产。健全生态管护员制度，在生态环境脆弱地区因地制宜增加护林员、草管员等公益岗位。

七、保障措施

（二十六）落实领导责任

地方各级党委和政府要加强组织领导，把农业绿色发展纳入领导干部任期生态文明建设责任制内容。农业部要发挥好牵头协调作用，会同有关部门按照本意见的要求，抓紧研究制定具体实施方案，明确目标任务、职责分工和具体要求，建立农业绿色发展推进机制，确保各项政策措施落到实处，重要情况要及时向党中央、国务院报告。

（二十七）实施农业绿色发展全民行动

在生产领域，推行畜禽粪污资源化利用、有机肥替代化肥、秸秆综合利用、农膜回收、水生生物保护，以及投入品绿色生产、加工流通绿色循环、营销包装低耗低碳等绿色生产方式。在消费领域，从国民教育、新闻宣传、科学普及、思想文化等方面入手，持续开展"光盘行动"，推动形成厉行节约、反对浪费、抵制奢侈、低碳循环等绿色生活方式。

（二十八）建立考核奖惩制度

依据绿色发展指标体系，完善农业绿色发展评价指标，适时开展部门联合督查。结合生态文明建设目标评价考核工作，对农业绿色发展情况进行评价和考核。建立奖惩机制，对农业绿色发展中取得显著成绩的单位和个人，按照有关规定给予表彰，对落实不力的进行问责。

二、各级领导批示和相关文件复印件

全国人民代表大会常务委员会办公厅

联〔2013〕27 号

陈光辉代表：

您关于全面推进我国大农业循环体系建设、解决三农问题的建议收悉。经研究，现作为第 9024 号建议转农业部会同国家林业局、国家发展改革委、财政部研究办理。

2013 年 5 月 3 日

联系单位：全国人大常委会办公厅联络局代表议案建议办理处
联系电话：(010) 83084718、83084697 (传真)

全国人民代表大会常务委员会办公厅

联〔2015〕11 号

陈光辉代表：

您关于创建国家多功能大循环农业改革实验区的建议收悉。经研究，现作为第 9394 号建议转农业部会同国家发展和改革委员会、财政部、国家林业局研究办理。

2015 年 4 月 29 日

联系单位：全国人大常委会办公厅联络局代表议案建议办理处
联系电话：(010) 83084693、63098413 (传真)

全国人民代表大会常务委员会办公厅

联〔2016〕24 号

陈光辉代表：

您关于请求在安徽创建国家多功能大循环农业改革实验区的建议收悉。经研究，现作为第 9759 号建议转农业部参阅。

2016 年 7 月 18 日

联系单位：全国人大常委会办公厅联络局代表议案建议办理处
联系电话：(010) 83084693、63098413 (传真)

全国人民代表大会常务委员会办公厅

联〔2014〕24 号

陈光辉代表：

您关于开创大循环农业破解三农系统难题的建议，关于简化手续、快捷开通新食品原料认证办证绿色通道、着重食品科学搭配的建议收悉。经研究，现分别作为第 9667 号建议转农业部参阅，第 9668 号建议转国家卫生和计划生育委员会会同国家食品药品监督管理总局研究办理。

2014 年 4 月 21 日

联系单位：全国人大常委会办公厅联络局代表议案建议办理处
联系电话：(010) 83084718、83084697 (传真)

第十章 多维生态农业 "3+1" 体系之体制机制创新的建议

这是一个包含四份手写批示及建议信件扫描影印件的页面，内容因影印质量原因难以完整辨识。主要可辨识内容摘录如下：

左上：安徽省人民代表大会常务委员会

尊敬的李克强总理：

您长期以来高度重视和大力支持发展循环经济、建设生态文明，这对从事这方面工作的同志是极大的鼓励和鞭策，我们决心把工作做得更好，不辜负您的期望。

十九大报告将"实施乡村振兴战略"作为一个新的发展理念，建设现代经济体系中要优先发展的战略提出来加以强调。这在我们党的历史上还是第一次，我们要以习近平新时代中国特色社会主义思想为根本指导，全面认真的贯彻这一战略，使广大乡村加快补上"三农"的短板，极大地推动农业农村现代化。我们认为发展多功能大循环农业是实施"乡村振兴战略"的一个重要方面。

几年来，在安徽省委省政府和有关部门的大力支持下，我们不仅注重对发展大循环农业的理论研究，更是加大深入实际、调查研究、总结经验、帮助指导发展多功能大循环农业；不仅帮助指导典型企业，还注重区域性推动，在宿州市和十几个县（市）进行宣传发动；不仅在省内，还在多个省（市）与全国一些论坛、研讨会宣传推广多功能大循环农业。

（2017）16387号
国务院复文 2017-12-07

右上：安徽省人民代表大会常务委员会

尊敬的汪洋副总理：

非常感谢您长期以来对我们工作的关心和大力支持！2013年5月14日，您在我报的《关于加快发展现代循环农业》的建议上作出重要批示，张宝顺书记、王学军省长、李锦斌副书记、梁卫国副省长看到批示后都慎重视，分别作出重要批示，有力地推动了安徽循环农业的发展。

我们遵照习总书记3月9日在安徽代表团听取全国人大代表审议政府工作报告时，对陈光辉代表关于"发展多功能大循环农业"的发言给予充分肯定的重要讲话精神，遵照您对循环农业的重要批示，全力以赴地推动多功能大循环农业的发展，省循研会、省循研究于9月28日-29日举办了"多功能大循环农业论坛"，北京、上海、江苏、浙江的同志也赶来参会，许多先进典型交流了发展多功能大循环农业的做法和成就。

习总书记在第七次中央财经领导小组会上强调，实施创新驱动发展战略，必须努力解决我国发展面临的现实问题。最担心的第一个问题是农业问题，指出了农业高成本、低效益，土地面源污染和重金属污染问题十分严重，并明确提出，解决这些问题有没有综合性方案？化肥施用量、农药施用量能不能减少？参加论坛的同志认为，大循环农业符合习总书记提出的解决问题"综合性方案"的要求。

（2014）16417号
国务院复文 2014-11-30

左下：关于提交本建议案的几点说明和要求

全国人大代表： 陈光辉

面对多年难以解决的三农问题我非常焦急。

我是一名长期从事山区工作30年的探索者、实践者，一直在探索和寻找中国农业发展新思路。我作为刚当选的新代表，更要尽到这份神圣的职责。

农业是一项非常复杂的系统工程问题，必须用系统工程的方法。建议案用了20000多字，系统的概括我多年的农业探索过程中所发现的问题以及研究这些问题的方法，又谈出如何解决这些问题的思考。

我很有可能会成为探索中国农业新模式的先驱者。因为我进行以种苗为产业链链主的全产业供应链、生物制品的大农业循环体系实践和研究过程中，所遇到的问题已不是我个人和企业能够解决的问题。需要国家出台相应的政策和有关部门的支持才能解决。因为有些条条框框不适合农业的发展，甚至是制约。

请全国人大常委会办公厅在审阅我提交的建议案的同时，也将本建议案转交国务院总理李克强同志审阅。

我们共同为实现中华民族的伟大复兴，为实现中国梦，为三农的梦、绿色的梦而努力奋斗，三农问题就是重中之重。现在距离2020年实现小康社会目标还剩7年，加油！

右下：关于对十三五纲要"农业现代化重大工程"提几点建议

案由：在十三五期间，农业现代化重大工程项目不能仅仅盯住18亿亩耕地生产和发展，中国是一个多山国家、草原大国，山区草原面积是耕地的4倍多，农业现代化重大工程项目应该全面涵盖国土46亿亩山区、30亿亩草原、18亿亩耕地、6亿亩内陆水域和海洋，也包括石漠化、沙漠化、荒漠化地区的治理。

案据：认为除了国家十三五纲要列出的高标准农田、现代种业、节水农业、农业机械化、智慧农业、农产品安全、新型经营主体、农村一二三产业融合八大重大项目以外，还要增加以下8项内容，因为农业是系统工程问题，必须用系统的方法，不然的话我们很难解决农药、化肥、废弃物污染问题，农民增收难等一系列问题。

植物、动物、微生物包括人都是生物，所列出的8个农业现代化重大项目不能没有生物技术的创新，生物技术和成果是发展现代农业的内在动力，生物技术创新可以推动中国农业绿色革命。因此建议：

一、建议把加快、加紧保护生物多样性和在全国

陈光辉代表

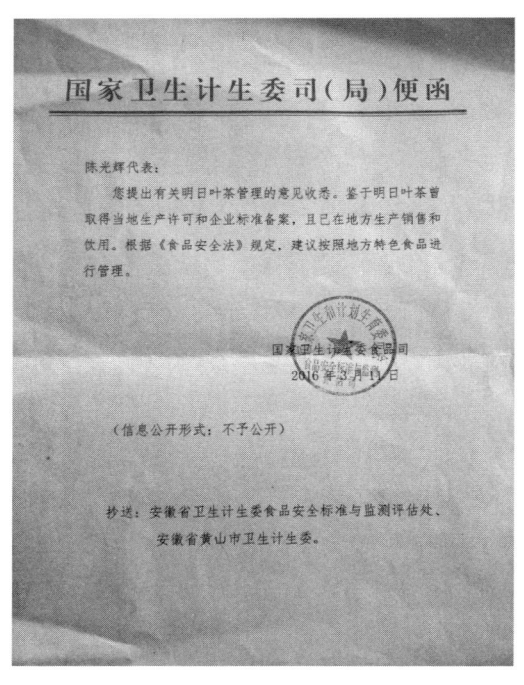

图10-3 多维生态农业发展相关文件

三、中央出台的16个一号文件（表10-1）

表10-1 历年出台的一号文件

序号	年份	题目	公布时间
1	2004	中共中央国务院关于促进农民增加收入若干政策的意见	2003年12月31日
2	2005	中共中央国务院关于进一步加强农村工作提高农业综合生产能力若干政策的意见	2004年12月31日
3	2006	中共中央国务院关于推进社会主义新农村建设的若干意见	2005年12月31日
4	2007	中共中央国务院关于积极发展现代农业扎实推进社会主义新农村建设的若干意见	2007年1月29日
5	2008	中共中央国务院关于切实加强农业基础设施建设进一步促进农民增收的若干意见	2008年1月30日
6	2009	中共中央国务院关于2009年促进农业稳定发展农民持续增收的若干意见	2008年12月31日
7	2010	中共中央国务院关于加大统筹城乡发展力度进一步夯实农业农村发展基础的若干意见	2009年12月31日
8	2011	中共中央国务院关于加快水利改革发展的决定	2010年12月31日
9	2012	中共中央国务院关于加快推进农业科技创新持续增强农产品供给保障能力的若干意见	2012年2月1日
10	2013	中共中央国务院关于加快发展现代农业进一步增强农村发展活力的的若干意见	2012年12月31日
11	2014	中共中央国务院关于全面深化农村改革加快推进农业现代化的若干意见	2014年1月19日
12	2015	中共中央国务院关于加大改革创新力度加快农业现代化建设的若干意见	2015年12月31日
13	2016	中共中央国务院关于落实发展新理念加快农业现代化实现全面小康目标的若干意见	2015年2月1日
14	2017	中共中央国务院关于深入推进农业供给侧结构性改革加快培育农业农村发展新动能的若干意见	2016年12月31日
15	2018	中共中央国务院关于实施乡村振兴战略的意见	2018年1月2日
16	2019	中共中央国务院关于坚持农业农村优先发展做好"三农"工作的若干意见	2019年1月3日

结　语

　　本书数十万字，序一、序二、序三长达万余字，涉及多部门、多层次、多方面、多学科、多领域，知识面较广，作者深入山区探索研究农业20年，深感《多维生态农业》一书来之不易，该书能够真实贴切反映农村问题，能够系统解决农业问题。本书告诉读者：化学农业为什么必须要转型？将如何转型？体制机制是否要随之配套创新转型？创新型多维生态农业新方法、新技术、新模式的意义何在？农业全过程绿色生产该怎样做到？多维生态农业的市场前景如何？中国农业现在存在哪些问题？农业资产融资难问题怎么解决？频繁的极端气候灾害的因果关系是什么？"三农"问题为什么是重中之重的问题？从这些敏感的问题中深刻领会中央全面深化农村改革、全面振兴乡村在当下的迫切性和重要性，作者认为深化农村改革的关键是围绕解放农村第一生产力的新型农业模式、全链绿色生产过程制定一系列方针政策。

　　农业是人类生存的命脉，关系生态系统安全、国家农业总体安全。农，天下大业，民以食为天，农业关乎全世界70多亿人的生产、生活、生态和生存，是人类的命脉；农，国之大纲，基础不牢地动山摇，是一场输不起的、没有硝烟的战争。有人说，谁控制了粮食就等于控制了人类，维护国家农业总体安全是最大的内部国防，食物对于人类生命维持周期只有七天，从某种角度农业安全关乎国家安全，农业兴亡匹夫有责。一个"农"字从宏观上构成本书对大农业的战略思考和以史为鉴的农业风险防范管控体系。农民好，大家好，社会和谐，物质富有，人民健康，生活才会更美好。

　　"三农"问题是重中之重。党中央审时度势，党的"十八大"以来，以习近平同志为核心的党中央致力于推动"三农"工作的理论创新、实践创新和制度创新。党的"十九大"又提出实施乡村振兴战略，并写入党章，体现了党中央对"三农"工作的高度重视，到2050年乡村全面振兴，"中国强，农业强，中国富，农民富，中国美，农村美"目标也全面实现，体现了党中央对亿万人民幸福生活的深切关怀，表明本届政府敢于挑战最难、最复杂"三农"问题，将增强亿万人民把高质量农业搞上去的信心和决心。在世界"危与机"的严峻大环境形势下，解决"三农"问题，实现乡村全面振兴，是拉动中国经济消费第三驾马车的需要，是培养农业复合型人才的需要，是农业绿色发展和环境保护的需要，是人民群众对高质量生活的需要，是亿万农民共同致富奔小康的需要，是未来4.8亿人养老康养的需要，是建设中国生态文明农业的需要，是国家巩固内部国防的需要。

目前到了该解决"三农"问题的时候了。改革开放40年来，祖国发展日新月异，科技创新硕果累累，各行各业比翼齐飞，但面积最大、群体最多、生物资源最丰富的中国农业却成了短板。习惯的视力是非常可怕的，几十年一成不变的承包制与化学农业生产方式留下一大堆农业遗留问题，与化学农业配套的那套体制机制也不适合新型农业模式的创新。大家都知道，青壮年农民现在几乎不种地了，有的人怕搞农业了，有些新型经营主体连年亏损，退出农业了……大家普遍认为，农业灾害多、风险大、周期长、见效慢、农药问题、化肥问题、废弃物污染问题、生产成本高问题、土地产出率低问题、农民增收难问题、农村空心化老龄化问题、生产技术落后问题、农业资产融资难问题、市场需求不平衡问题以及政策方针体制机制等存在100多个问题。

现实摆在我们面前，新中国成立70年来，"三农"问题一直是政府想解决而又久拖不决的问题，先后出台了16个中央1号文件都是聚焦"三农"问题，以习近平同志为核心的党中央更是前所未有的高度重视"三农"问题的解决和深化当下农村的全面改革。我们始终坚信伟大的党：没有伟大的共产党就没有新中国今天，只要回到正确的科学道路上，世上没有共产党人办不到的事，他领导亿万人民可以九天揽月，五洋捉鳖，创造了人间无数奇迹，也包括2018—2050年乡村全面振兴！现在终于盼到了该解决"三农"问题的时候了，脱贫攻坚全面小康的战斗已经打响，其力度深度广度让全世界为中国点赞。

《多维生态农业》是一本通过多物种多链循环混合种养模式替代传统单一农业模式、颠覆化学农业生产方式、构建农业全链全新绿色闭环大循环的理论与实践教材。

因为化学农业到了不可持续发展阶段。通过新型农业模式创新来颠覆几十年来的化学农业生产方式：单一化学农业+废弃物+污染人空气水土食品+人畜禽鱼虾抗生素等+生物抗药性=生态链恶性循环。

多维生态农业创造了一种源于自然森林农业的复合式循环农业模式：多物种混合种养+多链体内外循环+中医农业+多物种收益+多物种加工+多物种废弃物循环利用+多级能量物质流+多级循环增值+多维消费增值平台=多级财富倍增，再结合人工智能系统可以在办公室电脑、手机里"种田"和消费者全程可追溯系统，构建农业产—供—销全链全新绿色闭环大循环。新型人工智能生态稻田使土地产出率提高3~10倍以上，亩均纯收入提高50~100倍，通过多物种混合种养模式解放土地生产力，催生农业迭代升级，同时秸秆粪便废弃物再循环利用又等于增加了1/3的土地面积，而且多物种混合种养生产方式会让人民群众的生活物质变得极为富有。其一、通过多物种多链循环，不再是传统单一农业种瓜得瓜种豆得豆，而是种茶得多物种根、茎、叶、花、果实，种稻得稻、鳖、鱼、虾、药、草，种北方四季常绿树种构建林区牧区粮区水区农林牧副渔全面发展的大农业循环体系等；其二、通过新型模式多物种多链循环限制农药化肥等非自然物质介入农业，中医农业替代化学农业，秸秆粪便有机废弃物通过五化处理变废为宝，实现农业全过程绿色生产；其三、引发农业全方位大变革，因为先进生态农业模式绿色高效将解决长期不能解决好的农业资产融资难问题，让农药化肥等化学农业厂关门转型，让医院、药厂、药费减量化以及相关企业绿色转型，不破不立，这场农业大变革由此带来的新业态、新动能将层出不穷，多维生态农业把农业构成绿色闭环大循环，人类最基本的空气水土环境、食品从此安全了，生物链、生物链、生态链的传导途径安全了，生态系统安全了，才能维护国家农业总体安全。

多维生态农业与化学农业两种农业生产方式的根本转变会引发体制机制等农业全方位的变革和颠覆。通过创新农业新方法、新技术、新模式和农业系统解决方案的研究，即多物种多链绿色循环混合种养生产方式、农民获得多物种增收、企业进行多物种加工、多物种废弃物循环利用替代传统单一、生产成本越来越高的化学农业生产经营模式，完成真正意义上的农业调结构、转方式；中医农业药肥加工厂（中医农药、中医兽药、中医肥料、中医饲料等）会让生产农药化肥除草剂等企业转型关门；农业园多物种深加工及废弃物集中"五化"处理加工厂（废弃物能源化、饲料化、肥料化、基料化、原料化）会带来新型农业园厂房基建增量化、新兴农业人工智能装备制造业增量化、功能性食品增量化、精细化包装增量化以及农业复合型人才培训就业、农业新金融、物质能量流等要素全链的顶层设计；建立多维生态农业高级平衡的人工生产系统与人工生态系统共同体会改变我们的生产、生活、生态，遏制化学农业恶性循环下去，降低农业生产成本，从源头、根本上改善人类生存环境、食品安全和增强人民健康，让医院减量化、药费减量化、药厂减量化……从而引发农业全链及相关产业的全方位大变革，而且中国农村政策法律体制机制也将进入与科学技术第一生产力新模式相配套、相吻合的实质性深化改革阶段，中国农民通过多物种组装形成多种农业新模式增收致富，多种新模式组装形成天人合一的田园综合体，多个田园综合体通过农业技术集成创新、产业联盟、设备组装、标准化制定、互联网+组装形成一个个与田园综合体配套的农业园，多个农业园形成的康养特色小镇构建县域经济大循环农业体系，创建市场供求平衡、宏观区域规划下的不同地区新型农业模式微循环体系、田园综合体小循环体系、农业园中循环体系、县域经济大循环农业先进生产力改革实验区，将引发农业全生物链、全产业链、价值链、信息链、生态链、制度体制机制等全面深化改革，这是一条新路，这是一条好路，这是一条生态农业文明之路，毫不夸张地说这是一场农业革命，集人民群众伟大智慧的多维生态农业必将改天换地，化学农业在向合乎自然、合乎人性、合乎生物多样性的多维生态农业转型，百万亿级的新动能、新业态会给中国乃至世界带来无限商机。

  多维生态农业模式源于自然、效法自然，并按照人类对美好生活需求升级自然改造，创造了一种先进的生态农业种养技术方法，建立在新型多物种多链循环模式的基础上，2019年我们将即将到来的5G、数字化、人工智能系统装置引入多维生态农业，就可以在办公室电脑里"种田"和建立消费者可追溯系统，创建崭新的人工智能多维生态稻田模式，开启把中国化学农业生产方式引向高级生态文明农业的多维生态农业模式先河：人工智能+多物种多链循环模式。

  《多维生态农业》通过举一反三，还创新了人工智能+多维生态茶园、多维高效森林农业、多维生态库塘、多维生态平原、多维庭院经济、多维生态羊圈等11项模式和产品的国家发明专利，并利用6年时间完成了第一个新型茶园模式《国家生态农业综合标准化》体系的制定，历时13年完成了多维生态茶园全链模式的探索实践，并以99分的高分通过国家专家组验收，历时20年完成农业全链绿色闭环大循环的探索实践、思考总结和构想出书。

  21世纪具有革命性、创造性新东西——直奔交叉点。该书首次提出对《生物多维组合学》新课题的研究，从研究学习瑞典植物学家卡尔·林奈生物分类学到探索研究生物多维组合学，再到多维生态农业系统工程的跨越。"多维"把中国历朝历代的农业发展划分3个阶段：生物自然组合学+自然环境研究，原始森林农业阶段；生物与非自然物资组合学+人工自然环境研究，近代化学农业阶段；人工智能与生物组合学+人工自然环境研究，未来智慧农业阶段。3个阶段的划分有利于形成一个农业系统工程的综合性、整体性、突破性方案研究，加快推进中国农业进入生态文明农业的高级阶段，从宏观、微观上以及生产、生活、生态构想构建中国农业四大立体粮仓。

《多维生态农业》论述的是一个农业系统工程解决方案，构建了农业全链产融绿色大循环体系+复合式生态产业体系+多维消费增值平台+政府体制机制的三产融合，通过41项发明专利的技术集成构建全链农业大循环的"中国农业芯"。《多维生态农业》提出"2+1"方法论，三者兼容，从宏观、微观上形成农业系统解决方案，打造中国农业升级版。

今天，我们对农业系统难题的长久困惑似乎已豁然开朗，100多个农业问题交织起来的死结似乎也解开了，该放弃违背科学自然规律的化学农业生产方式，一条农业全链绿色多功能大循环的多维生态农业阳关大道已经展现在我们面前：多物种多链循环+中医农业+废弃物五化处理=农业全链绿色高质量生产，再加上人工智能、多维消费增值平台、体制机制创新配套构成农业全链闭环的大循环。"多维"让最难解决、最复杂的"三农"问题尽变得如此简单，从传统单一化学农业种养方法到生态化多物种多链循环种养模式发生的质变，再从多维生态农业绿色高质量、全链闭环到乡村全面振兴产生更大的量变与质变，将引发农村两种农业生产方式的大变革。

习近平总书记说：让中国农民走一条新路，一条好路。党中央全面振兴乡村的号角已经吹响，2019年中央一号文件农村农业优先发展的总方针已经出台，我们完全有理由相信21世纪最合乎自然规律、合乎人性、合乎生物多样性的绿色生态产业是实现可持续发展和消除贫困的最大绿色经济，是人类不可忽视的基础经济，是最有希望、最朝阳的绿色大健康产业，它会让世界环境变得更加美好，让我们的生活变得更加幸福，让我们的社会变得更和谐，一定要给我们子孙后代留下一片生生不息的净土。

参考文献

卞有生，金冬夏，邵迎晖. 2000. 国内外生态农业对比——理论与实践[M]. 北京：中国环境科学出版社.

曹俊杰. 2010. 山东省几种现代生态农业模式的特征及其功效分析[J]. 中国软科学，28（12）：107-114.

长铗，韩锋. 2016. 区块链：从数字货币到信用社会[M]. 北京：中信出版集团.

陈光辉. 2012. 脱贫致富的生态循环农业是最大的绿色经济[M]//中国可持续发展研究会. 里约之新：国际可持续发展新格局、新问题、新对策. 北京：人民邮电出版社（17）：139-145.

陈光辉，汪威力. 2017. 多维生态农业模式的探索[J]. 科技视界（5）：16-19.

陈光辉. 2014. 开创我国大循环农业 破解"三农"问题[M]//中国可持续发展研究会. 绿色发展：全球视野与中国抉择. 北京：人民邮电出版社（19）：153-164.

程序，曾晓光，王尔大. 1996. 可持续农业导论[M]. 北京：中国农业出版社.

丁毓良，武春友. 2007. 生态农业产业化内涵与发展模式研究[J]. 大连理工大学学报（社会科学版），11（4）：24-29.

樊同炽. 2000. 生态农业是农村经济持续发展的必由之路[J]. 生态经济（10）：38-39.

高文永，李景明. 2015. 中国农业生物质能产业发展现状与效应评价研究[J]. 中国沼气（2）：21-26.

苟在坪. 2008. 国外农业循环经济的发展[J]. 再生资源与循环经济，30（11）：41-44.

简鑫，杨骁. 2012. 循环经济理论指导下的生态工业园区构建探索[J]. 管理学家，29（2）：56-60.

刘大海. 2012. 关于当前农村劳动力转移培训工作的调查和思考[J]. 中国市场，32（27）：49-50.

骆世名. 2001. 农业生态学[M]. 北京：中国农业出版社.

王兆骞. 2001. 中国生态农业与农业可持续发展[M]. 北京：北京出版社.

郗晓薇. 2015. 多维生态产业园的景观规划研究[D]. 北京：北京林业大学.

杨丽妮. 2015. 谈农业生态园规划设计[J]. 山西建筑（36）：14-15.

袁勇，王飞跃. 2016. 区块链技术发展现状与展望[J]. 自动化学报（4）：3-16.

张晓东，林敏霞，邱美欢，等. 2014. 借鉴国内外成功模式和经验发展海南休闲农业的启示[J].

农学学报（12）：121-124.

张玉钧.2014.可持续生态旅游得以实现的三个条件[J].旅游学刊，29（4）：1-13.

郑军，史建民，杨晓杰.2010.产业集群：生态农业发展新思路[J].农业现代化研究，27（1）：38-42.

朱立志.2017.循环经济增值机理——基于农业循环经济的探索[J].世界农业（4）：220-225.

致　谢

值本书付梓出版之际，笔者要特别感谢袁隆平院士、陈宗懋院士、许智宏院士、范光陵院士四位为《多维生态农业》题字签名与厚爱，特别感谢中国社会科学院一带一路国际智库专家委员会、蓝迪国际智库专家委员会，特别感谢以下帮助和支持作者事业的各位亲朋好友（排名不分先后）：

石山先生，国务院农村政策研究中心原顾问、原农业部副部长；

季昆森先生，安徽省人大原副主任、安徽省循环经济研究院院长；

郭书田先生，农业部政策体改法规司原司长；

朱立志先生，中国农业科学院博士生导师；

刘金先生，中国科学院植物研究所研究员；

张四维先生，中国科学院植物研究所高级实验师；

刘忠章先生，中国食品工业协会花卉食品专业委员会教授级总工程师；

贺乙峰先生，重庆中瀚中医农业科技集团董事长；

邵曙光女士，华侨茶业发展研究基金会秘书长；

杨剑波先生，安徽省农业科学院原院长；

李艾青先生，安徽省农村农业厅农学博士、研究院；

聂苏先生，安徽省村社发展促进会副会长；

单洪林先生，中国科学技术协会部门负责人；

江懋女士，黄山市融资担保集团有限公司总经理；

姚蕾女士，上海交通大学农学院教授、博士生导师；

王文俊先生，中恒三三股份有限公司董事长；

陆健健先生，华东师范大学博士生导师；

唐有为先生，上海茶叶进出口公司原经理；

陶立先生，安徽省科鑫养猪育种有限公司董事长；

王桂和先生，合肥桂和农牧渔发展有限公司总经理；

李雷先生，安徽省立腾同创生物科技股份公司总经理；

薛利先生，安徽多多利农业科技有限公司总经理；

王守红先生，临泉守红现代农业科技公司总经理；

邹海平先生，安徽格义循环经济产业园有限公司董事长；

陈锡萍女士，六安亿牛乳业有限公司总经理；

何许旺先生，安徽省宿松县春润食品有限公司董事长；

邓佩刚先生，深圳前海天幕科技有限公司董事长；

赵小弟先生，深圳前海天幕科技有限公司总经理；

徐海波先生，安徽省黟县农友种植专业合作社理事长。

本书的出版还要特别感谢国家发展改革委、财政部、农业农村部、科技部、中国科学院植物研究所、中国农业科学院、中国技术市场协会、中国人口与发展研究中心、华侨茶业发展研究基金会、上海交通大学农学院、安徽省循环经济研究院、安徽省农业科学院、黄山学院、池州学院、黄山市委市政府、休宁县委县政府等以及长期以来对多维生态农业关心和支持的朋友们。